时空测量原理
Principle of Spacetime Measurement

韩春好　著

U0264654

科学出版社
北　京

内 容 简 介

本书在 9 个基本公设的基础上系统阐述了时空测量与时空参考系理论，分析讨论了欧几里得-牛顿空间、闵可夫斯基空间和黎曼-爱因斯坦空间的时空度量问题。内容涵盖微分几何、矢量张量分析、狭义相对论、广义相对论和天文参考系等基本内容。

本书可供时空测量工作者和相对论爱好者参考，亦可作为高等院校理工科学生和研究生的辅导教材。

图书在版编目(CIP)数据

时空测量原理/韩春好著. —北京：科学出版社，2017.10
ISBN 978-7-03-054429-2

I.①时⋯ II.①韩⋯ III.①广义相对论-研究 IV.①O412.1

中国版本图书馆 CIP 数据核字(2017) 第 220919 号

责任编辑：周 涵 赵彦超/责任校对：张凤琴
责任印制：张 伟/封面设计：耕者设计工作室

科 学 出 版 社 出版
北京东黄城根北街 16 号
邮政编码：100717
http://www.sciencep.com

北京虎彩文化传播有限公司 印刷
科学出版社发行 各地新华书店经销
*

2017 年 10 月第 一 版 开本：720×1000 B5
2019 年 1 月第三次印刷 印张：13 3/4
字数：278 000
定价：**89.00** 元
(如有印装质量问题，我社负责调换)

前　言

天地玄黄　宇宙洪荒　上善若水　大美类光
古往今来　精神永驻　繁星闪烁　四面八方
大学之道　正心明德　科技强国　法儒安邦
人生陋室　厚德载物　志存高远　君子自强
易理万千　道法自然　佛光普照　知足安康

　　"绝美宇宙，有着令人叹为观止的谜团。宇宙的奇迹是一场意外，还是有人精心设计的结果？几个世纪以来宗教和科学一直针锋相对。如今科学界正积极探索造物主。理论物理学家认为，造物主隐遁于数学之中；神经科学家觉得造物主或许就存在于我们的大脑里；计算机编码员则认为造物主是他们的同行，世界是造物主运行的模拟程序……"这是科教电视片《与摩根·弗里曼一起穿越虫洞》的开篇语。

　　在长期的读书、教书和思考中，作者对宇宙、人生也有些许心得，置于开篇之首，供读者批评，或许可以共勉。

　　我们很幸运，我们生活在一个科学技术高速发展的时代。科学发现，技术创新，万马奔腾，日新月异。计算机、通信、互联网、航空航天、微电子、基因工程等高科技使生产效率急速提高；太空望远镜、电子对撞机让我们的视野不断扩大。人类生活丰富多彩。我们对赖以生存的宇宙，不仅观察得越来越远，而且越来越细致入微。真可谓既可上"九天揽月"，亦可下"五洋捉鳖"。

　　我们很无奈，我们生活在一个物质和精神双重污染的时代。大气污染、水污染、光污染、噪声污染等环境污染无处不在；经济腐败、文化腐败、科技腐败等腐败现象屡见不鲜。太多的利益、太多的诱惑、太多的浮躁。人生就像一辆高速行驶的列车，既不知从何处来，亦不知到何处去。由生至死，忙忙碌碌，看不到满天的星河，没有驻足的思考，以至于"时间去哪了"变成了社会热点话题。

　　我们很悲哀，我们处在一个"专家"多、"大师"少的时代。尽管人才众多，知识呈大爆炸态势，但社会文明和精神文明却进步不大。从社会形态上看，世界仍没有逃离弱肉强食的蛮野，战火硝烟不断。这种科技发展与社会文明的失衡随时都可能葬送整个人类。从科学理念上看，我们对生命、对宇宙的认知并未取得本质上的突破，对于"万有引力"、"磁力"和"光"这些基本东西仍然说不清道不明，而许多物理学理论却从以观测和实验为基础走向了纯数学抽象，与欧几里得几何的逻辑体系相差甚远，玄之又玄，几乎是不食人间烟火，自娱自乐。为了解释一些新的宇宙观测现象，科学家不得不引入"暗物质"、"暗能量"和"高维度空间"这些与普通常识相悖、令常人难以想象的东西。但是，从哲学观念上看，大爆炸宇宙学并没有比老子的宇宙观高明多少。

我泱泱华夏文明从远古走来，光耀五洲。但在 19 世纪中叶之后的一百多年中，由于鸦片战争，华夏文明逐渐变得有些"无精打采"。西方列强不仅毁掉了一个强大的东方帝国，更重要的是打掉了中华民族的自信。百余年中一股股否定中国文化、全面西化的运动思潮在我中华大地上频频涌现。直到今天，"中医不科学"、"周易是迷信"之类的陈词滥调还沉淀在许多国人的脑海之中。

我们既不要妄自菲薄，也不能妄自尊大，更不能闭关自守。在传承东方文明的同时，我们必须学习西方先进的思想理念，汲取西方文化之精华，做到中西兼蓄，取长补短。美国物理学会 (APS) 第一任会长亨利·罗兰 (Henry Rowlland，1848~1901)1883 年在美国科学促进会 (AAAS) 年会上说："我时常被问及这样的问题'纯科学和应用科学究竟哪个对世界更重要？'为了应用科学，科学本身必须存在。假如我们停止科学的进步而只留意科学的应用，我们很快就会退化成中国人那样。多少代人以来他们 (在科学上) 都没有什么进步，因为他们只满足于科学的应用，却从来没有追问过他们所做事情的原理。这些原理就构成了纯科学。中国人知道火药的应用已经若干世纪，如果他们应用正确的方法，探索其特殊应用的原理，他们就会在获得众多应用的同时发展出化学，甚至物理学。因为只满足于火药能爆炸的事实，而没有寻根问底，中国人已经远远落后于世界的进步 ……"这篇"为纯科学呼吁"的演讲被誉为美国科学的"独立宣言"。

知耻而后勇。亨利·罗兰的话应该永远为我们所铭记。

时间、空间是最基本的物理量，科技问题在本质上是物质 (能量) 与时间、空间的问题。测量是科学的基础。俄罗斯科学家门捷列夫 (Dmitri Ivanovich Mendeleyev，1834~1907) 说过："没有测量就没有科学。"作者长期从事天体测量、卫星导航和时间频率的学习、教学和工程建设工作，深感要弄清楚"时间"、"空间"、"引力"、"光"和与之相关的"精密测量"问题不是一件易事。为抛砖引玉，现将作者 30 余年对欧几里得、牛顿、爱因斯坦等西方科学巨匠的时空理论的理解与心得，写成此书，供读者参考或批判。一家之言，谬误难免，敬请读者批评指正。

"路漫漫其修远兮，吾将上下而求索。"但愿此书不会浪费您太多的宝贵时间。

韩春好

2014 年 2 月于北京小牛坊

符 号 约 定

本书采用了以下符号和约定:

(1) 三维空间坐标用 $x^1(\equiv x)$、$x^2(\equiv y)$、$x^3(\equiv z)$ 表示; 时间坐标用 $x^0(\equiv ct)$ 表示;

(2) 空间坐标指标用拉丁字母 i、j、k、l 等标记;

(3) 时空坐标指标用希腊字母 α、β、μ、ν 等标记;

(4) 时空度规采用一负三正 $(-,+,+,+)$ 形式, 即

$$\eta_{\mu\nu} \equiv \begin{cases} -1, & \mu=\nu=0 \\ +1, & \mu=\nu=i=1,2,3 \\ 0, & \mu \neq \nu \end{cases}$$

(5) 采用爱因斯坦求和规则, 公式中重复指标表示求和, 如:

$$a^i b_i \equiv \sum_{i=1}^{3} a^i b_i, \quad g_{\alpha\beta} a^\alpha b^\beta \equiv \sum_{\alpha=0}^{3} \sum_{\beta=0}^{3} g_{\alpha\beta} a^\alpha b^\beta$$

(6) 矢量用 $\vec{v}$ 表示, 度规张量用 $\vec{g}$ 表示, n 阶张量采用 $\overset{(n)}{\vec{T}}$ 表示;

(7) 坐标基底矢量用矢量符号和上下标表示, 下标表示坐标基底 (协变基底) 矢量, 上标表示对偶坐标基底 (逆变基底) 矢量, 即

$$\vec{e}_\alpha \equiv \vec{\partial}_\alpha \equiv \frac{\vec{\partial}}{\partial x^\alpha}, \quad \vec{e}^\alpha \equiv \vec{\partial}^\alpha \equiv \frac{\vec{\partial}}{\partial x_\alpha}$$

(8) 张量的坐标分量用字母及上下标表示, 上标表示张量的逆变坐标分量, 下标表示张量的协变坐标分量, 如: v^μ 表示矢量 $\vec{v}$ 的逆变坐标分量, $g_{\mu\nu}$ 表示度规张量 $\vec{g}$ 的协变坐标分量, $T^{\alpha\beta\gamma}$ 表示张量 $\overset{(3)}{\vec{T}}$ 的逆变坐标分量, 即

$$\vec{v} = v^\alpha \vec{e}_\alpha = v_\beta \vec{e}^\beta$$
$$\vec{g} = g_{\mu\nu} \vec{e}^\mu \vec{e}^\nu = g^{\alpha\beta} \vec{e}_\alpha \vec{e}_\beta$$
$$\overset{(3)}{\vec{T}} = T^{\alpha\beta\gamma} \vec{e}_\alpha \vec{e}_\beta \vec{e}_\gamma = T_{\alpha\mu\nu} \vec{e}^\alpha \vec{e}^\mu \vec{e}^\nu$$

目　　录

第1章　绪　　论

1.1　宇宙及其感知

天地万物称为"宇宙"。尸子 (尸佼，战国，BC390~BC330) 说："四方上下曰宇，往古来今曰宙。"宇宙是时间、空间、质量和能量构成的有机统一体。

宇宙的奥秘是人类科学探索的永恒主题。古希腊毕达哥拉斯 (Pythagoras, 约BC580~BC500) 认为宇宙由"点"和"面"构成，而波兰天文学家哥白尼 (Nikolaj Kopernik, 1473~1543) 则认为宇宙是一个球形。老子 (李耳，约 BC571~BC471) 认为宇宙起源于"无"，现代主流科学家则认为宇宙起源于一个点的大爆炸。无论宇宙从何而来，也不管其结局如何，生活在宇宙中的人们都会一代一代地探索下去，没有终极答案。

人类对宇宙的认识源于人体感官对外在事物的感知。人体在发育到一定程度之后，就会通过自己的"视觉"、"听觉"、"味觉"和"触觉"细胞对"外在的"事物产生"感知"，并在头脑中形成"意识"。这种独立于"意识"之外的所有东西，被称为"客观"世界。

对于外部世界发生的任何一件事，如一个爆炸或一个声响，我们都能感觉其发生的"方位"、离我们的"远近"以及发生的"时刻"。这就是我们最为基本的"时间"和"空间"概念。利用我们的时间空间感，我们又能够对外界事物形成一系列其他不同的概念，并根据其特性进行分类。能被我们"直接"感知的东西大致可分为两类：一种被称为"物质"，另一种被称为"能量"。现代物理学认为物质有六种存在形态：固态、液态、气态、等离子态、玻色–爱因斯坦凝聚态和费米子凝聚态。它们是物质在不同温度下的表现形态。随着温度的变化，物质可以从一种形态变化为另一种形态。能量在通常情况下虽然不具备普通物质所具有的形态、体积、重量 (质量) 和结构等特性，但却有大小和强弱之分。"光"是一种典型的能量，它由物质产生，然而却是无形的。光不像物质一样能通过逐级分解来加深认识。因此，从某种意义上说，光在本质上是一种比物质更难理解的东西。长期的科学研究表明，"光"是处于一定波长范围 (380~780nm) 的电磁波。

人类对世界的认知基本上都是通过眼睛观察物质所发射或反射的"光"得到的。所有物质都具有发射和吸收电磁波的属性。尽管绝大部分电磁波不能被肉眼直接观测，但基本上都可以通过"感光"设备 (如射电望远镜、红外望远镜等) 进行感知。可以说，人们对世界 (特别是遥远的天体) 的认知基本上都是通过电磁信号观测完成的。

人们所感知的世界形形色色，千姿百态，但都具有"时间"和"空间"两种不同的属性。"时间"反映了"事物"(如物质的某一运动状态) 存在的"持续性"，空间则反映了"事物"的"广延性"。例如，对于任何物体，我们都有长度和体积概念，以反映其空间特性，同时，它的运动或持续时间又会反映其时间特性。"时间"和"空间"是事物存在的基本形式。一方面，我们所感知的事物都具有一定的时间和空间属性；另一方面，离开物质去讨论时间和空间也不可能有任何意义。也就是说，时间、空间和物质永远不能绝对分离。我们之所以能够将物质、能量和时间、空间从宇宙中进行分离，其根本原因在于物质、能量在时间和空间分布上的不均匀性。通过对事物的"感知"，我们的大脑会产生"意识"，并形成我们的基本世界观。人类长期的观测实践表明，世界上没有绝对相同的事物，但很多事物在某些特性上具有一定的类似性。因此，为了便于认识、交流和鉴别，人们通常把差异在一定范围内的事物定义为"相同"。这样我们就可以对世界上的各种事物加以分类，并研究其"规律性"。辩证唯物主义认为世界上任何事物的变化都是有规律的，并且这些规律是可以被认知的。人类对客观事物构成、分类及其变化规律的认知，称为"科学"，是我们认识和研究物质时空运动规律的基础。

现代科学技术种类繁丰，但应用最为广泛的科学理论和技术方法基本上都是以欧几里得几何和牛顿力学为基础的。欧几里得 (Euclid, 古希腊，BC330~BC275) 的《几何原本》不仅建立了一套完整的科学理论体系，更重要的是建立了一套科学的论证方法。牛顿 (Isaac Newton, 英国，1643~1727) 的《自然哲学之数学原理》是以欧几里得几何为基础的。爱因斯坦 (Albert Einstein, 犹太裔，1879~1955) 说："如果欧几里得未能激发起你少年时代的科学热情，那么你肯定不会是一个天才的科学家。"爱因斯坦站在巨人的肩膀上，为现代物理学奠定了基础。因此，欧几里得、牛顿和爱因斯坦 (图 1-1-1) 是人类历史上最伟大的科学家。

(a)   (b)   (c)

图 1-1-1   欧几里得 (a)、牛顿 (b) 和爱因斯坦 (c)

科学和技术的问题在本质上是时间、空间、物质及其相互关系的问题。由于天文卫星、空间望远镜和甚长基线干涉测量 (VLBI)、卫星激光测距 (SLR)、月球激光测距 (LLR)、全球卫星导航系统 (GNSS) 等测量技术以及原子钟和频标技术的快速发展，人类的精密时空测量范围不断扩大，测量精度不断提高。时空观测范围达几十亿光年，空间测量不确定度达 10^{-12} 量级，时间计量不确定度达到 10^{-15} 以上。高精度的测量必须有高精度的理论模型与之相适应。广义相对论和量子力学已经成为大尺度空间测量和精密时间计量的理论基础。在人类发现的四类基本力 (万有引力、电磁力、弱核力与强核力) 中，万有引力是最弱的，也是最长程的作用力。可以说宏观宇宙的结构和运动变化是由万有引力决定的。研究大尺度时间、空间和万有引力的基本理论是广义相对论。迄今为止，它是描述宏观物质运动最为严谨的理论体系，是空间科学、卫星导航等大尺度时空精密测量工程和技术的理论基础。

任何理论都是人类理性思维的结果。科学的源泉在于对宇宙的精心观察，对时间、空间、物质及其相互关系的精密测量。因此，精密时空测量是科学宇宙观形成和科学技术发展的基础。

1.2 时空测量与真理的相对性

为了研究事物的规律性，人们往往有意识地开展对事物的"观测"或"实验"活动。显然，由于"观者"和"观测仪器"的差异，对于同一事物，其"观测"或"实验"结果往往是会有差异的，这种"差异"通常被称为"观测误差"。所谓"观测误差"是指"观测值"相对其"真值"或"期望值"的偏差。另一方面，对事物进行"观测"的过程往往也会对事物的状态产生一定影响，并导致事物自身在一定程度上产生变化。因此，人们对客观事物的认识是一个非常复杂的、渐进的"过程"。

人类分析总结的所有"自然规律"都源于观测。自然规律不仅要与一定的观测结果相符合，而且必须是普适的。但"自然"终归是自然，在整个宇宙空间中没有绝对相同的事物。所谓"相同"是人为定义的，或者说是有条件的、相对的 (其差异是我们不关心的或者是可以忽略的)。从本质上说，所有的概念和定义都是一种人为约定。不仅如此，由于我们的观测是局域的、有限的，永远无法涵盖所有的样本，而且分析总结"规律"所依赖的观测都存在一定的误差，因此，由科学研究所给出的"规律"或"真理"只能是相对的。这就是说，人类根据观测所给出的"规律"只是对客观世界 (或大自然) 的一种近似刻画。今天被认为是真理的东西，在将来或许就会被否定或者部分否定。但是，科学的发展是永无止境的，"相对真理"总是在一步步向"绝对真理"逼近。

任何"正确性"都是有先决条件的。不论是理论模型的正确性，还是观测结果的正确性，都只能根据一定的精确程度来进行判定。在给定的时空范围内，如果误差是可以容忍的，那么就可以说它是正确的，否则，则认为是不正确的，或者是错误的。

例如，就地球的形状而言，说它是球形是对的，说它是椭球也是对的。无论"球"还是"椭球"都是地球形状的一种近似。说水平面是平面是对的，但说海平面是平面在大尺度上就不正确。看你讨论的是什么问题，看其产生的误差是否是可以容忍的。在某一精确程度上来说是对的，而在更高的精确程度上可能就被认为是错的。在小尺度空间中是对的东西，在大尺度空间中可能就不正确。

理论和测量结果的精确性通常用相对误差来表示。所谓相对误差是指一个物理量的误差与其真值的比值。例如，长度测量的不确定度为 1×10^{-6}(1ppm)：对于 1m 的长度，测量误差大约是 1μm(67%的概率，或 1 个标准差)；同样，对于 1km 的长度，测量误差约为 1mm；对于 1000km，测量误差约为 1m。

为了对客观物理量进行定量描述，人们首先需要对一些基本物理量的单位进行定义。中国古人称之为"度"、"量"、"衡"。古人云"为之度，以一天下之长短；为之量，以齐天下之多寡；为之权衡，以信天下之轻重"(吴承洛，1937)。秦始皇统一度量衡的目的就是通过规范度量器具，实现天下长度、容量和重量等计量单位的统一。但由于历史原因，不同地区、不同国家、不同时期所使用的计量单位往往是不一致的。

进入 18 世纪以后，英、法、德等国相继爆发了工业革命，科学技术得到迅猛发展，因此对国际计量单位统一的需求日益迫切。1791 年，法国国民代表大会通过了以长度单位"米"为基本单位的决议。1875 年 5 月 20 日，17 个国家代表在法国巴黎共同发起并签订了"米制公约"，为米制的传播和发展奠定了基础。米制公约组织的基本宗旨是建立保存国际计量原器并进行各国基准的比对和技术协调，以保证在国际范围内计量单位和物理量测量的统一。米制公约组织的最高组织形式是国际计量大会 (CGPM)，国际计量大会每四年召开一次，第一届大会召开于 1889 年。国际计量大会的组织领导机构是国际计量委员会 (CIPM)，由缔约国的 18 名成员组成，每两年召开一次工作会议。中国于 1977 年加入国际米制公约组织，从 1979 年开始王大珩院士、高洁院士和段宇宁研究员相继当选为国际计量委员会委员。国际计量委员会的执行机构是国际计量局 (BIPM)，设在法国巴黎，是国际计量科学研究的中心。由国际计量局给出的计量单位称为国际单位制 (SI)。国际计量委员会下设 10 个咨询委员会，负责国际单位制的研究和协调工作。在国际单位制计量单位中，基本单位有 7 个，分别为质量单位千克 (kg)、时间单位秒 (s)、长度单位米 (m)、温度单位开尔文 (K)、电流强度单位安培 (A)、发光强度单位坎德拉 (cd) 和物质的量单位摩尔 (mol)。目前，基本国际单位制的不确定度如表 1-2-1 所示。

表 1-2-1　基本物理量及其不确定度

基本量	单位	现行定义	不确定度
时间	s	Cs 超精细分裂	10^{-16}
长度	m	通过光速定义	10^{-12}
质量	kg	原器质量	10^{-8}
电流	A	$I=V/R$ (V/Ω)	10^{-9}
热力学温度	K	水的三相点温度	10^{-5}
发光强度	cd	特殊光源的发光效率	10^{-4}
物质的量	mol	碳的摩尔质量	

1.3　关于"光"和"电磁波"

我们赖以生存的客观世界由时间、空间、质量和能量构成。然而，我们所"看"到的任何事物都是通过"光"或"电磁波"感知的。因此，研究光 (或电磁波) 的时空特性对于了解和认识整个宇宙具有十分重要的意义。

众所周知，光是一种能量形态，它可以从一个物体传播到另一个物体，而无须任何物质作媒介。通常人们将这种能量的传递方式称为辐射，其含义是类光能量由光源向四面八方传播。光的本质是什么？是"粒子"还是"波"？这是困扰人类百年，甚至几千年的科学难题。爱因斯坦说，对于这个问题，他思考了 50 年，但丝毫也没有接近答案。

对光本质的回答不仅是科学的基本问题，更重要的是其结果会直接影响到相关技术的发展，因此具有重大的科学意义和应用价值。2015 年恰逢阿拉伯科学家伊本·海赛姆 (Ibn al-Haytham, 965~1039)5 卷本《光学之书》诞生 1000 年，为了促进光学研究，联合国宣布 2015 年为"光和光基技术国际年"(简称国际光年)。

光的波动说和粒子说之争最早可追溯到公元前 4 世纪。古希腊哲学家亚里士多德 (Aristotle, 古希腊，BC384~BC322) 认为光是一种气元的扰动；而另一位哲学家德谟克利特 (Demokritos, 古希腊，约 BC460~BC370) 则认为光是一种粒子，他认为世界上的任何物质，包括光在内，都是由很小的、看不见的原子构成的。

对于光的研究，从古代的墨子 (墨翟，中国，约 BC480~BC390)、亚里士多德、欧几里得、伊本·海赛姆到近代的笛卡儿 (René Descartes, 法国，1596~1650)、牛顿、惠更斯 (Christiaan Huyghens, 荷兰，1629~1695)、胡克 (Robert Hooke, 英国，1635~1703)、托马斯·杨 (Thomas Young, 英国，1773~1829)、菲涅耳 (Augustin-Jean Fresnel, 法国，1788~1827)、麦克斯韦 (James Clerk Maxwell, 英国，1831~1879)、洛伦兹 (Hendrik Antoon Lorentz, 荷兰，1853~1928)、普朗克 (Max Planck, 德国，1858~1947)、爱因斯坦等，可以罗列出一大批著名科学家，他们或支持微粒说或支持波动说，都对人类对光的认知做出了杰出贡献。这里要谈一下墨子，尽管

他的理论没有纳入西方的科学体系，但他称得上东方最伟大的科学家，他对数学、物理学都有相当深刻的研究，英国著名学者李约瑟 (Joseph Needham, 1900～1995) 在《中国科学技术史》中说，墨子关于光学的研究"比我们所知的希腊要早"。

大科学家牛顿支持德谟克利特的微粒说，但大多数科学家倾向于光是一种"波"。因为按照牛顿理论，光在不同介质传播所发生的"折射"现象是由于介质对光子施加了"力"的结果，因此，光在高密度介质中的传播速度要快，然而实验结果却恰恰相反。另外，微粒说也很难解释光的"干涉"现象，而按照胡克和惠更斯的波动理论可以很好地解释这些现象。困扰"波动说"的难题是传播介质问题。光可以在真空中传播，如果真空什么也没有，如何形成波动？显然，对于这个问题，微粒说更具有说服力。波动必须有承载的媒介，如果光是波，那么"真空"就非空。这就是存在"以太" (ether) 的合理性。根据最新提出的弦理论，"以太"是一种"弦网液体"，光波是弦网液体的弦密度波 (文小刚，2012)。作者对光及其**"波粒二象性"**的理解如下。

光和电磁波是同一种能量的存在形式，称为"类光"能量。所有物质都具有"吸收"和"释放""类光"能量 (电磁辐射) 的特性。物质对"类光"能量的释放或吸收呈现量子 (离散的固定份额) 特性，因此称为"光子"。就像落于"水"面的"石子"会形成水波一样，光子在时空中形成涟漪，并以电磁波的形式传播。

根据量子物理学，当物质的能态发生改变时，就会吸收或发射出一定能量的"光子"。光子的能量与光的频率成正比，即

$$E = h\nu \tag{1-3-1}$$

这就是著名的普朗克公式，其中 ν 为频率，h 为普朗克常量

$$h = 6.62606876 \times 10^{-34} \text{J} \cdot \text{s}$$

而根据爱因斯坦相对论，物质的能量与质量之间的关系为

$$E = Mc^2 \tag{1-3-2}$$

从而光子的质量可以表达为

$$M = h\nu/c^2 \tag{1-3-3}$$

因此，从本质上看，光或电磁波也可以被认为是物质的一种存在形式。

"类光"能量在时空中以波动形式传播，其波长与光子的能量相关，可以从无穷长到无穷短。通常分为无线电波、毫米波、红外线、可见光波、紫外线、γ 射线等。图 1-3-1 为电磁辐射波谱示意图。

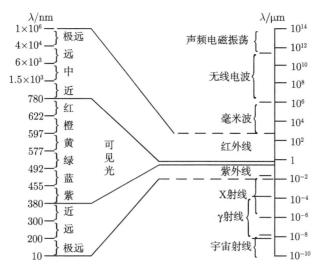

图 1-3-1 电磁辐射波谱示意图

观者所观测"光子"的波长不但与发光物质有关, 也与观者与光源的相对时空状态有关。由于观者与光源的相对运动, 光子的波长会发生"红移"或者"蓝移"的现象。当观者远离光源时, 光子的频率降低, 波长增大, 颜色偏红, 称为"红移"; 反之, 当观者趋向光源时, 光子的频率增高, 波长缩短, 颜色偏蓝, 称为"蓝移"。同样, 由于观者和光源所处的时空引力场的差异, 光子的波长也会发生"红移"或者"蓝移"现象。光由强引力场到弱引力场, 由于观者当地的时钟变快 (引力场越强, 原子钟的秒长越长), 光的观测频率变小, 波长增大, 发生"红移"; 反之, 光由弱引力场到强引力场, 由于观者的时钟变慢, 光的观测频率增大, 波长变短, 发生"蓝移"。

为了对不同观者所获得的观测结果进行分析比较或研究事物的物理特性, 通常将与光源处于相同状态 (本地静止) 的观者所观测的频率, 称为光辐射的"本征"(或者"固有") 频率。在天文学中, 为了区别"速度"和"引力场"两种不同因素造成的观测红移现象, 一般将前者称为"速度红移"或"多普勒红移", 将后者称为"引力红移"。

物理实验和天文观测表明, 光子的传播速度与介质有关, 与"光源"无关。以超新星爆发为例, 由于光源离我们非常遥远, 如果光速满足伽利略速度叠加原理, 那么我们应该首先接收到朝向我们的爆炸信号, 再经过一定时段 (与距离相关) 后才能看到横向的爆炸, 但是, 由射电望远镜看到的超新星爆发并没有表现出各向异性的景象。

"光速与光源无关, 在真空中光速为常数"是狭义相对论的基本假设, 并为迈克耳孙–莫雷实验 (双 M 实验) 所验证, 因此称为**"光速不变原理"**。在相对论框架下，任何物质的运动速度均不可能超过光速。但是，我们知道，"真空"是相对的，对于大尺度时空的不同区域，"光速"是否会发生变化？显然，要回答这个问题，我们首先需要解决两个问题，一是如何定义不同时空区域共同的"时间"和"长度"基准，二是如何对不同时空区域的"光速"进行测量。事实上，对于这两个问题我们迄今都没有很好的解决办法。相对论在本质上是把光速定义成了时空的度量基准，或者说，"光速不变"是相对论的一个"约定"(赵峥，2015)。任何观者对时间和空间进行度量，所采用的长度单位和时间单位之间都满足同一个"光速"数值。这也是将时间和空间进行统一的基本要求。在四维时空的度量意义上，"时间乘以光速"与"空间长度"等价，因此"距离"和"时间"仅需要定义一个基本度量"单位"。

1.4 关于"时间"和"空间"

时间、空间以及时空中的质量和能量构成了我们赖以生存的整个世界。事实上，任何生物都能够感觉到"时间"和"空间"的存在。时间是一维的，具有流逝性和不可逆性；空间是三维的，具有无限延展性。时间、空间是科学和技术的基本问题。人类对于时间、空间的测量能力和认知水平决定了科学和技术的发展水平。尽管有很多科学家相信空间在微观尺度上可能高于三维，但科学上至今并未发现大于 $44\mu m$ 尺度的高维度空间存在。

时间、空间是什么？爱因斯坦说："别人在很小的时候就已经搞清楚了，而我的智力发育迟，长大了也未搞清楚，于是，我一直揣摩这个问题。结果就比别人钻研得深一些。"时间、空间的本质问题不仅是一个科学问题，也是一个哲学问题，甚至是一个宗教问题。从古至今都没有圆满的答案。但是无论如何，随着哲学和自然科学的发展，人类对时空本质问题的认知会不断深入，同时人类时空观的演变也会对哲学和自然科学的发展方向产生深远影响。

科学的时空观主要归结为经典力学的绝对时空观和相对论时空观。牛顿认为"绝对的、真正的数学的时间，就其本质而言，是永远均匀地流逝着，与任何外界事物无关。绝对空间就其本质而言，是与任何外界事物无关的，它永远不动，永远不变。因而，时间和空间是彼此独立的，互不相关的，并且不受物质和运动的影响。"而同时代的德国数学家莱布尼茨 (Gottfried Wilhelm Leibniz，1646~1716) 对时空的看法与牛顿完全不同，他认为不存在绝对的时间和绝对的空间，时间和空间都是相对的。空间是物体和现象有序性的表现方式，时间是相继发生的现象的罗列。时间和空间不能脱离物质客体而独立存在。

爱因斯坦认为既不存在绝对时间，也不存在绝对空间。时间和空间都和观测者(简称观者) 有关。时间和空间是一个统一体，称为"时空"，时间和空间是"时空"

相对于观者的投影 (狭义相对论)。时空不仅与观者有关, 也与时空中的引力场有关 (广义相对论)。

恩格斯 (Friedrich von Engels, 德国, 1820~1895) 的《自然辩证法》批判地继承了以往各派哲学和科学的时空观, 认为时间和空间是物质存在的基本形式, 是物质固有的普遍属性。时间是指物质运动过程的持续性和顺序性, 空间是指运动物质的伸张性和广延性, 时间、空间和物质是不可分割的。辩证唯物主义承认时间、空间的客观性、绝对性和无限性, 同时又承认时间和空间的具体形态和具体特征具有多样性、相对性和具体事物空间的有限性。

无论时空的本质如何, 从一个观者的角度看, 宇宙中发生的任何一个事件, 都可以用"距离"、"方位"和"发生时刻"对其进行标识。毫无疑问, 对于同一个事件, 不同观者会给出不同的距离、方位甚至是不同的发生时刻。但对于两个确定的事件, 不同观者所给出的时间间隔和空间间隔是否一致呢? 牛顿的回答是: 对于两个确定的事件, 它们之间的时间间隔和空间距离与观测者无关, 是客观的、绝对的; 并且, 空间中所有事件之间的关系都可以用欧几里得几何进行描述。

对于同样的问题, 爱因斯坦的回答却是不同的, 他认为无论时间间隔还是空间距离都和观测者相关。不同的观者会给出不同的时间和空间观测结果。1905 年爱因斯坦在德国《物理学杂志》上发表了著名的《论动体的电动力学》论文, 是相对论 (后人称为狭义相对论) 的开山之作。

相对论时空与牛顿时空的差异在于观者所观测的时间和空间是否与"观者"自身相关。狭义相对论的核心问题是"同时性"问题 (张元仲, 1979, 2015)。对于相对运动的观者, 其"同时性"定义是不同的。然而, 观者的"同时性"差异恰恰起因于"距离"的相对性。因此认识和理解空间的相对性更为重要。

据传牛顿在花园里思考万有引力问题时, 一个苹果从树上落下, 从而受到启发并发现了万有引力定律。无论传说是否具有真实性, 我们借题发挥, 重新审视一下牛顿的"苹果落地"问题。

如果一个苹果从 5m 高的树上掉到地上, 假设苹果离开树枝的事件记为 E_1, 落到地面的事件记为 E_2, 毫无疑问, 对于地面上静止的观者而言, 这两个事件之间的空间距离为 5m, 时间间隔差不多为 1s。可是对相对于地面运动的观者而言, 这个结果就不正确了。我们可以设想一下, 相对于地心不动的观者, 由于地球的自转, 在苹果下落的时间里, 果树与地面一起向东移动了 400 多米, 也就是所谓的"坐地日行八万里", 因此在该观者看来, E_1 和 E_2 之间的空间间隔应该是 400 多米。同样, 相对于日心不动的观者, 这两个事件的空间距离则成为 30 多千米了, 因为地球的公转速度为 30km/s。

此类例子甚多。例如, 在轮船的同一位置上先后燃放两个爆竹, 从轮船上看, 两个"爆竹"没有距离, 但对岸上的人来说, 两个爆竹确是在不同的地方燃放的,这与古人所说的"刻舟求剑"是同一道理。

由此可见,"距离"是与观者有关的。对于物体的运动轨迹也是如此,匀速火车或飞机上自由下落的物体,在乘客看来是沿直线 (铅垂线) 下落的,但在地面上的人看来却是一条抛物线。这表明"空间轨迹"也不是一个"客观"实在,而是与观者相关的,不同的观者往往会给出不同的观测结果。显然,无论是"空间距离"还是"空间轨迹"都不具备绝对性,从而"空间"自身也就不具备绝对性。这可以称为**"空间相对性原理"**。

对于时间,问题则显得有些复杂。对于相对于观者空间位置不变的一系列事件,其时序是唯一确定的,而对于不同位置发生的事件要确定其时序则并非那么简单,首先需要定义什么是**"同时"**。

事实上,人们在生活和科学实践中存在先验的**"同时性"**概念:如果有两个事件被"我"在同一时刻看到,而且所发生的地点离"我"远近相同,那么"我"就认定它们是"同时"发生的,或者说这两个事件发生在相同的时刻。

两个确定的事件,如果对某一观者而言是同时发生的,那么是否所有的观者都会得出相同的结论呢?答案是否定的。根据上面"距离"的讨论,事件到观者的"距离"本身是与观者相关的,因此其"同时性"概念一定是与观者相关的。在某一观者看来是同时发生的事件,对另一相对运动的观者而言,就不是同时发生的。例如,对于远去的火车,如果车厢的前后门对于乘客是同时关闭的,那么在月台上的人看来,一定是后门先关。也就是说,对某一观者同时发生的事件对另一观者而言可能是有先有后。这是爱因斯坦狭义相对论的基本原理。

对于两个有相对运动的观者,如果相互观察对方的时钟 (相同的理想钟),双方都会发现对方的时钟比自己的时钟走得要慢。这就是通常所说的狭义相对论效应:"运动的时钟变慢"。然而,毫无疑问,这种时钟变慢效应是观者自身而不是时钟造成的。因此作者将其归结为"视效应"。

再退一步,对于相对静止的观者,事件之间的时间间隔是否相同呢?答案也不是肯定的。我们知道任何时钟都是通过某种物质运动实现的,物质运动不仅与其自身结构有关,还与其外部的物理环境有关。即使两个观者相对静止,使用相同结构的"理想钟",由于观者所处环境的不同,也会产生差异。根据广义相对论,处于不同引力场的时钟 (如原子钟),其秒长是不同的。对于不同海拔的原子钟,海拔高的原子钟要比海拔低的原子钟走得快。这是时间相对性的另一种表现,称为时钟的广义相对论效应。用一句通俗的话来说就是"头发比脚趾老得快"。

既然"时间"和"空间"都与"观者"相关,那么还有什么"客观性"而言呢?这个问题我们可以这样回答,对于一个物体,与其相对静止的观者所看到的时空属性是客观的,是物质自身所"固有的",这种时间被称为物质的"本征时间"(proper time),亦称为"固有时间"或者"原时";与其对应的空间长度则被称为物质的"本征长度"或"固有长度"(proper length)。它们与观者及坐标系选择无关。

综上所述,对于宇宙中的任意两个事件,其时间间隔和空间间隔是与观者相关的,并不具备与观者无关的"客观性"。而事件自身却是客观的,因此两个事件之间的相互关系必然存在某种与观者无关的物理量。

俄裔德国科学家闵可夫斯基 (Hermann Minkowski, 1864~1909) 将这个客观物理量定义为事件之间的"时空间隔"。闵可夫斯基将时间和空间合称为"时空"(space-time),并提出用一维"虚数"空间表示"时间",三维"实数"空间表示"空间",两者合并构成的"四维复数空间"表示"时空"。时空中任意两个邻近点之间的距离称为"时空线元",用 ds 表示,即

$$ds^2 = -c^2 dt^2 + d\vec{x}^2 = -c^2 dt'^2 + d\vec{x}'^2 \tag{1-4-1}$$

通常将公式 (1-4-1) 称为闵可夫斯基度规。该式表明,"时空间隔"与观者无关。也就是说,对于两个确定的事件,不同观者可能给出不同的时间和距离结果,但其"时空间隔"却是相同的。"时间"间隔和"空间"距离只是"时空间隔"相对于观者的"投影"。

简而言之,对"观者"而言,"时间"和"空间"是客观的;对"宇宙"而言,"时间"和"空间"并不具有客观性,客观存在的只是"时空"。"时间"和"空间"因"观者"而存在。相对于某一观者相隔"很远"的两个事件,在另外的观者看来可能很近;同样,对于某一观者相隔"很久"的两个事件,在另外的观者看来可能时间很短。然而,两个事件之间的"时空间隔"是与观者无关的,是它们之间最短"时空"连线的"长度"。

类光能量在时空中的传播路径称为类光测地线。如果定义类光测地线的线长为"零",那么根据时空线元的"虚"、"实"特性,可以将时空中的曲线分为"类时"(time-like)、"类光"(null) 和"类空"(space-like) 三类,分别满足如下基本条件:

$$ds^2 < 0, \quad 类时$$
$$ds^2 = 0, \quad 类光$$
$$ds^2 > 0, \quad 类空$$

显然,宇宙中所有物质的世界线都是类时的,其速度不可能大于光速。

"类光测地线长度为零"反映了"能量"与"物质"之间的根本区别。它表明光子的"粒子"特性只是一种"观测特性"。因为只要是真实的"粒子",它就一定有"本征时间",有"有生之年",因而也就会表现出"类时"特性。

1.5 关于"引力"和"斥力"

现代科学技术的基础是牛顿力学。牛顿力学包括"牛顿运动学三定律"和"万有

引力定律"。特别是"万有引力定律",几乎是迄今解释各种宇宙现象的理论基石。"万有引力定律"不但使勒维耶 (Urbain Jean Joseph Le Verrier, 法国, 1811~1877) 和伽勒 (Galle Johann Gottfried, 德国, 1812~1910) 于 1846 年发现了海王星, 也为爱因斯坦创立广义相对论奠定了实验基础。

当然, 牛顿力学并非牛顿一人之功劳, 是诸如哥白尼、伽利略 (Galileo Galilei, 意大利, 1564~1642)、开普勒 (Johannes Kepler, 德国, 1571~1630)、笛卡儿、胡克、惠更斯等一大批杰出科学家的心血的结晶。其科学渊源甚至可以追溯到阿基米德 (Archimedes, 古希腊, BC287~BC212)、欧几里得、亚里士多德和毕达哥拉斯。当然我们也不能忘记墨子, 他在《墨经》中对"运动"、"力"和"杠杆"等力学概念都有系统的研究。就万有引力而言, 第谷 (Tycho Brahe, 丹麦, 1546~1601) 和开普勒可以说是功不可没。没有第谷对行星运动的长期连续观测, 就没有开普勒的行星运动三定律, 没有行星运动三定律, 也就不可能有"万有引力定律"的发现。为此, 我们有必要重温一下开普勒分别发表于 1609 年《新天文学》和 1619 年《宇宙谐和论》中的第一、第二和第三定律:

行星运动第一定律 (轨道定律): 所有行星都在大小不同的椭圆轨道上运动, 太阳位于椭圆的一个焦点上;

行星运动第二定律 (面积定律): 在同样的时间里, 行星向径在轨道平面上所扫过的面积相等;

行星运动第三定律 (谐和定律): 行星公转周期的平方与它同太阳距离的立方成正比。

在科学尚处于懵懂期的 17 世纪初叶, 开普勒能从一堆杂乱无章的地面观测资料中分析总结出行星运动三定律, 简直令人匪夷所思! 联想到开普勒科幻著作《梦游》(1600 年著) 所提到的"喷气推进"、"零重力"和"宇宙服"这些当今社会才有的航天概念, 就更是让人感到不可思议, 或许这就是天意。现在的问题是, 除"万有引力"之外, 宇宙中是否存在"万有斥力"? 这可以说既是一个重大的哲学问题, 也是一个科学难题。在科学和哲学界一直存在着巨大分歧。

"万有斥力"概念是康德 (Immanuel Kant, 德国, 1724~1804) 根据二律背反原理首先提出来的。黑格尔 (Georg Wilhelm Friedrich Hegel, 德国, 1770~1831) 在《自然哲学》中说:"引力概念本身包含着**自为存在**和**扬弃自为存在**的连续性两个环节","那就是它们被理解为分离的力, 相当于吸引力与排斥力, 在更为精细的规定中, 它们被理解为向心力与离心力, 而这些分离的力像引力一样, 被假定为作用于物体","这不能不归功于康德, 康德完成了物质的理论, 因为他认为物质是斥力和引力的统一。他的理论的正确之处, 在于他承认引力为包含在自为存在概念中的第一个环节, 因而确认引力为物质的构成因素, 与斥力有同等重要性。"

黑格尔认为"万有引力与惯性定律直接相矛盾。"恩格斯在《自然辩证法》中进一步明确"全部重力论是奠基在这个说法上的：吸引是物质的本质。这当然是不对的。凡是有吸引的地方，它都必定被排斥所补充。所以黑格尔说得很对：物质的本质是吸引和排斥。""一切运动的基本形式都是接近和分离、收缩和膨胀，——一句话，吸引和排斥这一古老的两极对立。⋯⋯ 一切运动都存在于吸引和排斥的相互作用中。"恩格斯认为"根据辩证法本身就可以预言：**真正的物质理论必须给予排斥和吸引同样重要的地位；只以吸引为基础的物质理论是错误的、不充分的、片面的。**"

作者赞成康德、黑格尔和恩格斯的观点。既然有万有引力，就应该有万有斥力。这是矛盾对立统一哲学的基本原理和必然结果，同时也与中国的阴阳学说相符合。作者认为能量是物质存在的一种特殊形式，是万有斥力的源泉，也是其存在的直接证据。当物质以普通形式存在时，产生引力场，当物质以能量形式存在时，就产生斥力场。进一步说就是：物质产生引力，引力产生实物；能量产生斥力，斥力产生虚空；质量和能量可以相互转化；引力与斥力在宇宙中同时存在，引力与斥力平衡是万物存在的基础。

苹果落地，是地球引力的结果；石头被炸开，是炸药产生能量而形成斥力的结果；物质的三态 (固态、液态和气态) 变化是物质内能不同的结果；地球大气层是地球引力和大气 (热能量) 斥力平衡的结果；地球能够绕太阳公转，是太阳引力和地球公转离心力 (公转动能形成) 相互平衡的结果。宇宙万物莫非如此。

1.6　关于"质量"和"能量"

质量和能量是宇宙万物两种不同的表现形式。质量和能量不能离开时间、空间而独立存在，时间和空间也只能通过物质和能量来感知。时间、空间、质量和能量既具有相对性，也具有统一性。我们之所以能够将质量和能量从时间、空间中分离出来，其根本原因是质量、能量在时间和空间分布上的不均匀性。

辩证唯物主义认为物质是无限可分的，大的物体可以分解为小的块体或粉尘，微粒可以分解成分子、原子、质子 (中子)、电子甚至更为微小的物质单元。能量是由物质产生的。它不仅以电磁波的形式存在于空间之中，而且以物质内能的形式存在于物体之内。科学实验表明，物质在分解到一定程度后会以微小的"能量团"形式存在。因此，质量和能量具有等价性，能量可视为物质存在的一种特殊形式。

爱因斯坦认为质量和能量等价，并给出了著名的质能表达式

$$E = Mc^2 \tag{1-6-1}$$

爱因斯坦的质能关系开创了人类和平利用原子能的新时代，同时也导致了原子弹、氢弹这种大规模杀伤武器的诞生。

如果把能量纳入物质的范畴之内，我们可以定义物体的总质能为物体的质量 (取光速为 1) 与能量之和，即

$$\varepsilon \equiv E + mc^2 \qquad\qquad (1\text{-}6\text{-}2)$$

其中，ε 表示系统的总质能；E 为系统的类光能量 (以普通能量的形式存在)；m 为系统的静质量 (以物质的形式存在)；c 表示光速。

显然，对于任何一个与宇宙空间没有质量和能量交换的孤立系统，其总质能应保持不变。这可以称为 **"质能守恒定律"**。如果宇宙起源于无，那么宇宙的总质能应该为 0。

公式 (1-6-2) 与爱因斯坦质能公式在质能关系上有相同含义，能量与质量等价。对于任何一个孤立系统，其能量的增加等于其质量的减小，即

$$dE = -dmc^2 \qquad\qquad (1\text{-}6\text{-}3)$$

冰变成水，水变成蒸汽，是吸收 (类光) 能量的结果，蒸汽变成水、水变成冰则是释放 (类光) 能量的结果。质量使物质相聚，能量使物质相散。聚之以形，散之以气。能量和质量可以相互转换。

从引斥力场的角度来看，质量的减小 (或能量的增加) 意味着引力场减弱，斥力场增强。因此，质量与能量的相互转化过程，也是引力场与斥力场的相互转化过程。这意味着宇宙中引力场和斥力场是可以相互转化的。

1929 年美国天文学家哈勃 (Edwin P. Hubble, 1889~1953) 发现宇宙中所有的遥远星系都在相互远离，因此导致了美籍苏联物理学家伽莫夫 (George Gamow, 1904~1968) 大爆炸宇宙论 (1946 年) 的诞生。现代天文学观测表明，宇宙不仅在膨胀，而且在加速膨胀。为了用引力理论解析一系列宇宙观测现象，天文学家不得不引入 "暗物质"(dark matter) 和 "暗能量"(dark energy) 等新概念，并依此估计出能量约占宇宙总质能的 68%，物质约占宇宙总质能的 32%。在这其中，无论是物质还是能量，大部分都是不能直接观测的。所谓不能直接观测就是说它们既不发射电磁波，也不反射和吸收电磁波。因此，暗物质和暗能量对电磁信号是透明的。人类所能直接感知的普通物质 (天体、星系等) 只占宇宙的 5%。

作者认为，在引力物理 (包括牛顿力学与广义相对论) 框架下，引入 "暗物质" 和 "暗能量" 也许是必需的，但如果考虑万有斥力的存在，这些新概念的引入也许就是不必要的。暗能量在一定意义上与爱因斯坦宇宙常数相当，因此可以理解为真空能量 (赵峥，2015)。当然，作者在该领域研究甚少，也许是妄加评议。但从概念上说，天体系统之间是相互吸引还是相互排斥完全取决于引力场和斥力场的强弱。如果由质量所形成的引力场是主导，则相互吸引 (如恒星系统、星系等)，如果由能量所形成的斥力场是主导，则相互排斥。从目前观测结果看，宇宙在大尺度上是一个以能量为主的斥力场，而在恒星系统 (如太阳系) 和星系尺度上则表现为引力场。

能量在宇宙中是普遍存在的，而且随着天体的演化，空间能量在不断增加。根据黑格尔 "自为存在" 和 "扬弃自为存在" 的哲学思想，就像人或任何其他生物一

样，世间万物从形成之后就进入了否定自身存在的演化过程。如影随形，宇宙从未停止过从有形向无形的演化。作者认为，无论这种演化呈现什么样的形式 (如恒星辐射、超新星爆发、恒星与星系形成等)，但从总体上说，就像放射性元素一样，我们的宇宙会不断地将物质转化成能量，并一直膨胀下去，直到消亡。当然，在消亡之后也许会有新的宇宙创生，周而复始。

因此，在考虑天体系统内部的物质运动时，我们不应该忘记能量和斥力场的存在。人类通过观测太阳系天体运动所形成的理论和规律 (包括万有引力常数) 能否直接应用于星系和其他更大尺度的天体系统中，本身就是一个值得深入研究和探讨的科学难题。显然，这在天文学和宇宙学中显得尤为重要。

中国古人认为，"世间万物，莫非阴阳"，"万物扶阴而抱阳"，"阴阳平衡而万物生"。根据以上讨论，无论时间空间，还是物质能量都符合这种"阴阳"世界观。对宇宙而言，"时空"是"阴"，"物质"是"阳"；对"时空"而言，"时间"是"阴"，"空间"是"阳"；对"物质"而言，"质量"是"阴"，"能量"是"阳"；对"相互作用"而言，"引力"是"阴"，"斥力"是"阳"。

中国古人把时间称为"光阴"的确有些不可思议。如果把空间称为"光阳"，那么是否可以认为"光阴 + 光阳 = 炁 (虚无)"？值得进一步思考的是，老子的"无极生太极，太极生两仪"和"佛家"的"世间万物，皆是化相"都与现代的大爆炸宇宙学理论有些相似。

这种观念背后是否隐藏着更深层面的科学和哲学含义呢？作者百思不得其解，愿读者能给出更深入的思考。

1.7　关于"惯性"和"万有引力"

宇宙规模巨大，无论是有限还是无限，人们在探讨某一物体的运动规律时，都不可能将整个宇宙纳入其考虑范围，而是将其局限在一定的时空范围内。例如，描述火车的运动是以地面为参考的，描述卫星的运动是以地球为参考的，描述地球和行星的运动则是以太阳为参考的。然而，从概念上讲，宇宙万物都在发生相互作用。因此，为了顾及遥远质量和能量的影响，我们可以将物质 (能量) 之间的相互作用分为"近场"和"远场"两部分。其中，"近场"物质 (能量) 产生的作用称为"力"，"远场"物质 (能量) 产生的作用称为"惯性"。不管宇宙在大尺度上是以能量还是以物质为主，在某一天体系统 (如太阳系) 中，其质能总是以物质为主体的，因此天体系统内部物质间的相互作用始终以"万有引力"的形式呈现。

对于在宇宙中处于孤立状态的天体系统，由于宇宙中遥远物质 (能量) 对系统内物质的影响可以视为"相同"，因此可以将其归结为通常称为"惯性"的时空属性，并将惯性对物质运动的影响称为"惯性作用"。显然，对仅在惯性作用下运动

的观者 (称为惯性观者) 而言, 物质的运动仅需要考虑系统内物质之间的相互影响。这种影响就是我们所熟知的 "万有引力"。由于 "万有引力" 作用仅与物质之间的相对位置有关, 所以可以采用 "场" 的形式加以描述。

就太阳系而言, 宇宙其他天体和能量是非常遥远的 (离太阳最近的恒星为半人马座 α, 距离为 4.22 光年), 它们对太阳系天体的运行轨道以及潮汐影响完全可以忽略, 因此从宇宙整体看, 太阳系可以视为一个孤立系统, 并可作为一个质点进行处理。因而以太阳系质心为 "观者" 的局域空间是惯性空间。但是, 对于太阳系之内的天体而言, 其相对运动主要由它们之间的引力作用所决定, 因此必须采用 "惯性空间 + 引力场" 的方式进行描述。

需要注意的是, "惯性" 和 "引力场" 是一个问题的两个方面, 是我们对宇宙引斥力场进行人为区分的两种不同形式, 其分离是相对的、有条件的。从严格意义上讲, 只有形状和质量完全可以忽略、在宇宙中处于自由运动状态的粒子才符合 "惯性观者" 的基本条件。由于惯性和引力的分离, 在 "惯性空间" 中宇宙引斥力场的作用是相同的, 因此惯性空间具有均匀或平直的特性, 从而有欧几里得几何和牛顿运动学定律成立。

例如, 对人造天体而言, 其大小和质量是完全可以忽略的, 因此当其处于自由飞行状态时, 以其质心为 "观者" 的局域空间可以视为惯性空间。但是这个惯性空间与太阳系质心惯性空间是不同的, 它不仅包括宇宙遥远天体的作用, 也包含太阳系天体的影响。太阳系质心惯性空间的 "惯性作用" 源于太阳系以外的所有质量和能量, 但并不包括太阳系以内的天体。这种差异会直接导致在不同惯性空间中, 惯性参考架的 "非旋转" 特性会有微小的差异。

另一个需要注意的问题是惯性空间的局域特性。由于潮汐力的作用, 惯性定律只是在局域空间范围内才成立。因此, 在一般情况下, 天体相距越远, 惯性空间的尺度就会越大。

第三个需要注意的问题是惯性空间的相对性。惯性空间不是绝对的, 选择的孤立系统不同等价于 "惯性空间" 或者 "真空" 的定义不同。太阳系可以看成一个孤立系统, 银河系也可以看成一个孤立系统, 同样是惯性空间, 前者扣除的是太阳系天体的引力场影响, 后者却要扣除整个银河系引力场的影响。因此, 不同惯性空间的 "真空本底" 是不同的。这种差异不仅会导致时空度量单位的不同, 也会导致各种物理常数产生一定差异。

1.8 关于 "自由运动" 和 "受迫运动"

早在古希腊时代, 科学的先祖亚里士多德就把宇宙中的运动分为两大类: "自然运动" (或称为自由运动) 和 "受迫运动" (或称为受力运动)。"滚石上山" 是受迫运动,"飞流直下"是自然运动。那么,我们要问,天体的运动是"受迫运动"还是"自然运动"?毫无疑问,按照亚里士多德的观点,是"自然运动"。

然而,牛顿认为天体的运动是受迫运动,是万有引力造成的。牛顿认为时间是均匀的,空间是平直的,如果不受力,天体就不会沿圆或椭圆轨道运动,而应该是沿直线运动。牛顿力学是以绝对时间、绝对空间和绝对质量为前提的。在牛顿理论框架下,时间、空间和物质都是独立的客观存在,所有的曲线运动或加速运动都是受力运动。

牛顿是成功的,他的运动学定律和万有引力定律成为经典,应用三百年而毫不逊色,为近代科学技术的发展奠定了坚实的基础。然而美中不足的是,万有引力的超距作用始终让人难以理解,特别是万有引力公式在洛伦兹变换下不具备协变性(狭义相对性原理)更是让爱因斯坦耿耿于怀,从而导致了广义相对论的诞生。

从某种意义上说,爱因斯坦广义相对论回归了亚里士多德的运动学观点。为什么一定要认为时间和空间是平直的呢?如果把引力场包含在时空之内,那么天体运动就可以不用万有引力,而由时空的几何特性进行解析。

事实上,尽管人们可以根据空间物质分布的不均匀性,经过抽象思维和实验的方式形成所谓的"真空"概念,但这种物质与时空的分离是有条件的、相对的。在严格意义上,人们不可能将物质和空间进行绝对分离。由于宇宙规模巨大,任何观者都不可能将所有遥远质量和能量的影响从观者的"空间"中彻底扣除。我们通常所说的"惯性空间"不仅与所谓的"惯性观者"有关,而且具有一定的空间局域性。相对于观者局域空间,宇宙的"引斥力场"在很大程度上是以隐性能量的形式存在的。因此,所谓的"真空"并不是真正意义上的"空",任何观者给出的"真空"都应该包含一定的"能量本底"。也就是说处于不同宇宙环境的观者,其"真空"本底是不同的。

既然如此,那么"量子跃迁"、"电磁波传播"等物理过程和各种物理常数,如万有引力常数,是否会受到"真空"能量的影响呢?进一步说这些差异是否会影响时间空间的度量特性呢?答案应该是肯定的。

事实上,由于宇宙引斥力场的存在,在大的空间尺度上,人们甚至找不到一条真正意义上的"直线"。这就是说,时空在大尺度上并不是不均匀的,因此,从一般意义上说,爱因斯坦的"弯曲时空"假设比牛顿的"绝对时间"和"绝对空间"假设更具有一般性。

在广义相对论框架下,万有引力被视为时空的一种"几何属性",而不是牛顿力学意义上的"力"。爱因斯坦认为时空的质能分布决定了时空的几何特性,时空的几何特性决定了物质在时空中的运动状态,"时空"和"物质"不能绝对分离。按照美国著名物理学家惠勒 (John Archibald Wheeler, 1911~2008) 的话说,是物质告诉时空如何弯曲,而时空告诉物质如何运动。

为了反映宇宙时空的局域平直和大尺度平滑的物理特性, 相对论把"时空"视为一个流形 (manifold), 并用四维伪黎曼空间 $(-, +, +, +)$ 加以描述。所谓"流形"是指处处连续、平滑的数学"空间"。

宇宙中发生的任何一个"事件"(event) 都可以用"时空流形"的一个点表示。任何两个事件在流形上的"时空间隔"都是一个客观物理量, 与观者无关。粒子的运动轨迹是时空流形上的一条曲线, 称为"世界线"(world-line)。"自由质点"的世界线是"时空流形"上的短程线 (亦称为测地线)。

显然, 相对论框架下的"自由质点"与牛顿的"自由质点"有着本质的区别。后者是在"惯性空间"或没有引力场条件下讨论的。

根据广义相对论, 在引力场情况下, 时空度规不再满足闵可夫斯基度规形式, 一般将其表达为

$$ds^2 = g_{\mu\nu}(x^\alpha)dx^\mu dx^\nu \equiv \sum_{\mu=0}^{3}\sum_{\nu=0}^{3} g_{\mu\nu}(x^\alpha)dx^\mu dx^\nu \qquad (1\text{-}8\text{-}1)$$

公式中上下指标重复表示求和 (称为爱因斯坦求和法则), $g_{\mu\nu}(x^\alpha)$ 称为度规系数, 是时空点位坐标 $\{x^\alpha\}$ 的函数。其中四维时空坐标与时间和三维空间坐标的关系为

$$\begin{cases} x^0 \equiv ct \\ x^\alpha \equiv x^i, \quad \alpha \neq 0, i = 1, 2, 3 \end{cases} \qquad (1\text{-}8\text{-}2)$$

根据广义相对论, 时空度规由宇宙的质能分布决定, 时空度规与时空能量–动量张量之间的关系满足爱因斯坦引力场方程。度规系数可以通过求解场方程得到。

1.9   关于"直线"与"短程线"

"时空弯曲"和"坐标任意性"是理解广义相对论的难点所在。由于人类关于时空物理量的所有概念都是以平直空间为参考的, 所以要对"弯曲时空"的坐标给出"直观"的几何意义的确是件非常困难的事情, 加上求解引力场方程对坐标条件选择的任意性, 所以相对论框架下的时空度规和时空坐标更加难以理解。

要理解"时空度规"和"时空弯曲", 我们首先需要明确什么是"平直空间"。"弯曲"总是相对"平直"而言的。平直的概念无疑起源于"直线"。"直线"似乎是简单得不能再简单, 人人皆知的东西。但仔细琢磨, 要给出其清晰的物理定义, 也未见得非常容易。

"直线"是人类生产实践中抽象出来的概念, 在科学上源于欧几里得几何, 并为牛顿力学所直接采用。欧几里得几何是建立在 5 个公理、5 个公设和一系列定义基础上的, 其中第一和第二公设在《几何原本》中表述如下:

公设 1   过两点可以作一条直线。

公设 2 直线可以向两端无限延伸。

牛顿的《自然哲学之数学原理》是以《几何原本》为基础的。牛顿在"运动的公理或定律"一章中将运动学第一定律和第二定律描述如下：

定律 I 每个物体都保持其静止或匀速直线运动的状态，除非有外力作用于它迫使它改变那个状态。

定律 II 运动的变化正比于外力，变化的方向是沿外力作用的直线方向。

由此可见"直线"在欧氏几何和牛顿力学中占有多么重要的地位。《几何原本》将"点"、"线"、"面"定义如下：

定义 1（点） 点不可以分解成部分。

定义 2（线） 线是无宽度的长度。

定义 3 线的两端是点。

定义 4（直线） 直线是点沿着一定方向及其相反方向无限平铺的。

定义 5（面） 面只有长度和宽度。

定义 6 一个面的边是线。

定义 7(平面) 平面是直线的均匀分布。

显然，欧几里得的直线定义并不严格，更像是一个直观的概念。也就是说，无论欧几里得还是牛顿都没有给出非常明确的"直线"定义。

毋庸置疑的是，三维空间的度量都是以"点"和"线"为基础的。然而，不管是"点"还是"线"，要具有测量意义，就必须与一定的"物质"相挂钩。事实上能够进行测量的东西不是空间自身，而是物体的形状和物体的轨迹。与物质无关的"点"和"线"不可能有任何测量意义。但是，我们知道，由微小物质及其运动所代表的"点"和"线"并不是"绝对"的几何量。根据空间的相对性，在观者空间静止不动的一个"点"，在另外的观者看来可能是空间的一条"线"。同样，对于某一观者而言作"直线"运动的粒子，在另外的观者看来其轨迹可能是一条"曲线"。由此可见，"点"、"线"、"直线"、"曲线"这些概念在本质上都是与"观者"相关的。

时间计量也有类似性，我们只能采用某种物质的周期性运动来定义。

抛开定义，在生产实践中，人们如何判断一条线是否为直线呢？或者说，直线的基本判据是什么？毫无疑问，你的回答一定是"光"。无论木工、瓦工、工程师还是科学家，几乎所有的人都以光作为评判物体是否平直的标准。我们之所以认为大地是球形，是因为大海上远方驶来的船最先露出的是桅杆。因为光是直的，所以海面就是弯的。

但是，我们也十分清楚，说"光是直线"是有条件的。光在不同的介质中传播，会产生折射现象。大气中的光线不是直线，插入水中的筷子更像是被折断一样。因此，我们只能认为光在"真空"中的传播路径是直线。

然而，什么是真正意义下的"真空"？"真空"是否包含宇宙的引斥力场在内？现代科学实验表明，引斥力场如大气介质一样也会使光线发生折射现象，或者说在引力场中传播的光线并不是真正意义上的"直线"。

这就使我们犯难了，如果我们要在大空间尺度上找到真正意义上的"直线"，就必须扣除时空引斥力场对光线所产生的影响。然而，引斥力场是不可屏蔽的，对所有的物质都有影响，而且无论如何我们都没有办法将整个宇宙的引斥力场从时空中彻底剥离。既然如此，倒不如索性把引斥力场作为时空的属性一起包含在"真空"之内。这就是广义相对论。

然而，如果这样，那么在大的空间尺度上就不可能有直线存在。也就是说，"直线"不可能在空间中无限延伸，能够延伸的只是"光线"。因此对大尺度空间而言，"直线"不再是直接可用的概念。我们用"短程线"的概念取代"直线"，定义真空中的"光线"为空间中的"短程线"，并根据时空的统一性，将短程线的概念进一步推广到整个时空。

因为有"直线"和"平面"，所以我们可以说什么是"曲线"什么是"曲面"。但我们并没有"曲体"的概念。地面是弯曲的，因为它是二维的，是相对平面而言的。我们能说一个三维实体，例如，一个天体或者一个苹果，其内部是弯曲的吗？显然不能。我们只能说其内部不均匀。桌面不平，不能怨木头弯曲，而是木工没有加工好。

禅宗六祖惠能大师 (638~713) 说："菩提本无树，明镜亦非台，本来无一物，何处惹尘埃。"与此同理，在宇宙中，时空物质浑然一体，何言平与弯？说时空弯曲，倒不如说时空不均匀。

1.10　关于"时空度规"

相对论的时空弯曲是通过"时空度规"反映的，而时空度规由爱因斯坦场方程决定。我们知道，爱因斯坦场方程共有 10 个独立方程，时空度规共有 6 个独立参数，因此要给出方程的解还必须附加 4 个约束条件，这 4 个约束条件称为坐标条件。从数学上讲，坐标是可以任意选定的，因此现代多数物理学家认为"坐标"是没有物理意义的。这一点恰恰是作者所不能接受的。显然要理解坐标的意义，必须了解掌握"时空度规"。因此，三十多年来，我一直在问别人，也在问自己：什么是时空度规？如何理解相对论时空"坐标"的含义？这里谈一下个人的观点。

"时空度规"可理解为给两个时空点"距离"赋值的规则和方法。时空度规包括"度量单位"和"度量方法"。上帝给了我们时间和空间，但并没有告诉我们如何对其进行度量。

时空度规是人为定义的。古夏禹"声为律，身为度"、"左准绳，右规矩"是一种原始的时空度量规则和方法。北京到巴黎有多远？你可以回答两个城市之间的直线距离，也可以说两个城市沿地面最短连线的距离，甚至可以说两个城市之间的铁路 (或公路) 里程。几个答案都有合理性，结果却不同，这是度量规则不同造成的。

欧几里得几何是空间的一种度量规则和方法。它规定："长度单位"恒定，不随点位改变，任意两点的"距离"沿直线度量。关于"直线"我们已在 1.9 节进行了讨论。说欧几里得几何是"数学"，倒不如说是"物理"。欧几里得的原意是构成宇宙的"元素"。它不仅回答了我们"几"的问题，也回答了我们"何"的问题。这也许就是明代科学家徐光启 (1562~1633) 将其译为《几何原本》的奥妙所在。可惜我们今天只把它看成了数学知识。

显然，欧几里得几何规定了空间"距离"的客观"量值"。你可以使用不同的尺子度量空间，也可以采用不同的坐标系，但是，两个时空点之间的"距离"是"恒定的"，是与测量者无关的。那么我们不禁要问，这个原则在相对论下是否仍然成立呢？答案似是而非。在相对论框架下，两个时空点之间的"距离"也是恒定的，与观者无关，若对其深究，会发现其度量规则是不同的。

在相对论框架中时空距离由时空的"线元长度"表示。如果线元是"类光"的，那么其"长度值"为"零"；如果线元是"类空"的，其"长度值"是大于零的实数；如果线元是"类时"的，其"长度值"为虚数。仔细分析可以发现，相对论时空线元的长度在本质上是以"时空点"本地的"光"为度量基准的。如果"时间"由本地电磁振荡"周期"为基准进行计量，"长度"以本地"光"的"波长"为基准进行量度，那么，在定义"周期"和"波长"之间满足"光速"为常数的情况下，时空"距离"就会具有与欧氏直角坐标相类似的表达形式 (闵可夫斯基空间度规)。我们知道，"光速"采用值是一个与地点和方向无关的常数，因此在任何局域，时空度量都是各向同性的。

从相对论的时空度规可知，如果两个点相距较远，那么其"距离"是"沿短程线"计量的。由此可见，无论欧几里得的空间度量规则还是爱因斯坦的时空度量规则，在本质上都是"以'光'为基准的"，所不同的是，前者是以"没有引力场影响"的"光"为基准的，而后者是以"受引力场影响"的"光"为基准的。

爱因斯坦以"本地光"为基准来定义时空度规的好处在于，在这种度量规则下，光和自由粒子都沿着时空中的"短程线"运动。这不仅可以给出牛顿的万有引力公式，而且可以解析许多万有引力所无法解释的物理现象，如水星近日点进动、光线引力弯曲、雷达回波延迟和引力场原子钟变慢等。

除"直线"与"短程线"的概念差异之外，由于相对论处处以本地光为度量基准定义时空的线元长度，所以必然会导致"度量单位"与欧氏空间的度量单位不同。我们知道，光子的"本征频率"由发光体的物理属性和环境因素共同决定，这包括不同的发光粒子 (原子、离子)、不同能级间的跃迁、不同的运动状态、不同的环境温度、湿度和磁场等。由于时空引斥力场的差异，不同区域的光跃迁和光速必然也会有一定的差异。

广义相对论把宇宙的引斥力场包括在"真空"之内，以真空条件下的"光线""光速"和"光频"作为"方向"、"长度"和"时间"基准对时空进行度量，时空不可能满足欧几里得几何学特性。试想一下，如果定义"度量单位"随地点而变，那么即使对于一个平面，其度量结果也会变成一个曲面。

假如我们采用欧几里得的空间概念，选择一个特定的观者，并根据某一类光能量的跃迁频率和传播速度复现一个不受引斥力场影响的"机械钟"和"机械尺"，并推广到与观者相对静止的所有空间点上，其结果会如何？毫无疑问，以该"机械钟"和"机械尺"对时空进行度量，类光能量的频率和波长就会随空间点位的变化而变化。就像地球大气会对光产生影响一样，引力场也会使光速发生改变。

毫无疑问，由时空逐点测量给出的时空坐标和时空度规会具有十分明晰的物理意义。如果我们能够定义并实现足够精确的"天文钟"(坐标钟) 和"原子钟"(原时钟)，并将其逐点进行比较，我们就能够精确测定地球的重力场信息，并给出地球附近空间的时空度规。但遗憾的是，这种逐点测量的方式并不具有可操作性。我们能够做的基本上是先根据理论建立时空度规，然后再通过观测来验证理论的正确性。

但是，在一般情况下，广义相对论效应不仅取决于时空的几何属性，而且与坐标的选择有关。如果我们知道笛卡儿坐标条件下的时空度规，那么我们就可以给出"光"相对于欧氏空间的引力场效应。然而我们迄今都无法知道在相对论框架下什么样的时空坐标是欧氏空间的"笛卡儿坐标"。这或许是相对论时空"坐标"没有明确物理意义的原因所在。

尽管如此，优越坐标的概念还是存在的。一个适当的坐标系应该使物质的运动方程尽可能简单 (Brumberg,1991)。如果坐标的选择不当，观测方程就会出现一些复杂或难以理解的相对论效应成分。

综上所述，除了时空统一性之外，相对论和牛顿万有引力理论之间的最大差异在于两者采用了完全不同的时空度量规则！爱因斯坦的空间是包含引力场的，欧几里得和牛顿的空间是不包含引力场的。如果认为欧几里得的距离单位是均匀的，那么相对论的度量单位 (固有单位) 就是不均匀的。反之，如果认为相对论的度量单位均匀，那么，欧几里得、牛顿的度量单位自然就是不均匀的，因此也就会有随时空点变化的度规系数存在。

但是，到底哪一种"距离"定义更符合我们的时空观？毫无疑问，欧几里得的概念更为直观。从观测结果看，处于不同海拔的原子钟，钟速的确是不同的，这与相对论理论符合得很好，称为相对论效应。但是，这种相对论效应是否对所有的计时仪器都存在？例如，我们可以说"山上的原子钟比山下的原子钟走得快"，我们是否也可以说"山上的日晷时间比山下的日晷时间走得快"? 想来未必。这说明相对论的时间计量规则是有某些先决条件的，只可惜爱因斯坦并没有意识到这一点。他把时间定义为"理想钟的读数"，但并没有说明什么是理想钟。事实上，在爱因斯坦时代连原子钟都没有，因此他很难把相对论的"时间膨胀"说清楚。

"量值"必须与"度量单位"结合才能反映"物理量"的大小。相对于欧几里得–牛顿时空，相对论的"度量单位"是随观者时空位置而变的。因此无论对于"时间"还是"距离"，其量值的变化都不能归结为"时间"和"距离"自身，变化的仅仅是其度量的"数值"! 也就是说，"时间膨胀"膨胀的不是"时间"，而是"时间"的"数值"。

相对论时空度量虽然在观者的局域空间中具有可直接测量性，但在大尺度空间中却没有像欧几里得几何那样有明确清晰的物理意义。因此从人类的理性思维来看，有直观意义的只能是欧氏空间坐标。这个时空坐标是不应该受引力场影响的。

现代的时间和长度计量的确都是以"光"为参考的。SI 中"秒"和"米"的定义如下：

"秒是铯 133 原子超精细能级间跃迁辐射 9192631770 周所经历的时间间隔。"

"米是光在真空中传播 1/299756371 秒所经过的空间距离。"

显然，米长取决于秒长，光速是常数。铯原子超精细能级间的跃迁辐射与"光"在本质上是相同的，只是波长不同。现行的秒定义之所以选择铯原子的微波辐射，完全是为了实现和使用上的方便。随着"光频标"技术的发展，秒长的定义极有可能由现在的微波能量跃迁转变成光波跃迁。目前国际计量局正在开展该方面的研究，以使时间计量具有更高的精确度。不过，秒长基准的定义无论是采用微波还是光波，其概念却是完全相同的。

需要注意的是，现行度量单位的定义虽然满足相对论时空度量的基本原则，但并没有与具体的参考系发生联系，因此"SI 秒"和"SI 米"仅具有局域时空的测量意义。这对于大尺度时空度量是远远不够的。要实现大尺度时空的精确度量，必须明确局域测量结果与欧几里得时空坐标之间关系。在大尺度时空中具有欧几里得几何意义的只能是"坐标量"。

1.11 时空度量的基本约定

任何概念都是一种约定，任何理论都有先决条件。爱因斯坦认为评判一种理论不仅要看它是否与经验事实相符，而且要注意其前提条件以及理论自身的内在完备性。在人类的知识宝库里，欧几里得的《几何原本》是最为久远、最为权威的经典著作，他构建了以基本定义、公设和公理为前提进行演绎、最为严密的逻辑推理体系。斯宾诺莎的《伦理学》是按这种模式阐述的，牛顿的《自然哲学之数学原理》也是按这种模式阐述的。为了更准确地理解相对论时空度量，作者根据人类现有的经验与知识对时空度量作如下基本约定或公设：

公设 1(宇宙构成)　宇宙是由"时间"、"空间"、"质量"和"能量"构成的统一体。四者之间既相对独立，又相互统一，并具有一定的相互作用。

释义　天地万物的总和称为宇宙。任何观者都能够感受到宇宙中"时间"、"空间"、"质量"和"能量"的存在。**时间**是流逝的，具有不可逆性；**空间**是三维的，具有无限延展性；质量是物质的量。任何物质具有一定的结构、体积和质量 (重量)；**能量**仅具有强弱或大小，但没有具体的体积和结构。物质 (质量) 和能量都具有一定的时间和空间属性。物质 (质量) 和能量不能离开时间、空间而独立存在，时间和空间也只能通过物质 (质量) 和能量来感知。宇宙中所有的物质 (质量) 和能量之间都存在相互作用。由于质量和能量之间可以相互转换，所以能量也可以视为一种特殊形式的物质，从而将质量和能量统称为更为广义的"物质"。

公设 2(时空相对性与局域平直性)　观者的时间和空间是相互独立的。在观者的局域范围内，时间是均匀的，空间是平直的，欧几里得几何学成立。

释义　对观者而言，时间和空间是两个完全不同的概念，是相互独立的客观物理量。对处于自然运动状态的自由观者，在其局域时空范围内，宇宙中遥远的质量和能量所产生的影响可以被认为是相同的 (等效原理)，因此，在观者局域空间中不需要考虑遥远物质所产生的影响。对于局域范围内的物质，由于其分布的不均匀性，观者可以在一定程度上通过实验和抽象思维的方式将物质从空间中分离出来 (有差异就有鉴别)。这意味着任何观者都可以在其局域空间范围内形成所谓的"真空"概念。在"真空"条件下 (或扣除局域物质的影响)，观者所计量的"时间"可以被认为是"均匀"的，其"空间"是"平直"的。因此，在观者的局域空间中，**欧几里得几何学成立**。

公设 3(时空统一性)　时间和空间共同构成"时空"，宇宙中的"事件"与"事件"之间存在与观者无关的"时空间隔"度量，处于自然运动状态 (自由) 观者的局域时空是闵可夫斯基空间。

释义　没有绝对的时间和空间。宇宙中任意两个"事件"的"空间距离"和"时间间隔"都与观者相关，不是不变量。观者在时空中的运动状态不同，时间和空间的度量结果亦不同。因此，不同观者所给出的"时间"和"距离"结果没有直接的可比对性。然而，宇宙中发生的事件自身却是一种客观实在。尽管不同观者会给出不同的"时间间隔"和"空间距离"度量结果，但两个事件之间应该存在与观者无关的、能够反映这种"时间"与"空间"特性的物理量，这就是所谓的**"时空间隔"**。闵可夫斯基认为"时空"可以由一维"虚数空间" (表示时间) 和三维"实数空间"构成的四维复数空间表示，因此将其称为**闵可夫斯基空间**。"时空间隔"由观者的

"时间间隔"和"空间距离"复合而成。对观者而言，时间和空间既相对独立，又相互统一，"时空间隔"才是与观者无关的"客观"物理量。"时间间隔"和"空间距离"仅是观者对于"时空间隔"的不同感知形式。总之，无论在大尺度上还是在小尺度上，时间和空间都不是独立的存在。对于同一个事件，不同运动观者所给出的时空坐标之间满足洛伦兹变换。

公设 4(波粒二象性)   任何物质都具有发射和吸收"类光"能量的特性。物质对"类光能量"的吸收和释放呈"量子"特性；"类光能量"在空间中以波动形式传播。传播速度与传播介质有关，与光源和观者的运动状态无关。

释义   光和电磁波是同一种能量存在形式，称为"类光"能量。观者对任何事物的感知都是通过"类光"信号观测完成的。光或电磁波是人类观察宇宙的基本媒介。宇宙中所有的物质都具有"吸收"和"释放"(包括反射)"类光"能量 (电磁辐射) 的特性。物质对"类光"能量的释放或吸收呈现量子 (离散的固定份额) 特性，因此称为"光子"(量子物理学已经成为描述微观物理现象的理论基础)。类光能量在"观者"的"空间"中以波动形式传播。观测表明，类光能量在空间中的传播速度仅与传播介质有关，与"光源"和"观者"的运动状态无关。在没有传播介质的"真空"条件下，"光速"是一个不变量。

公设 5(时空度量准则)   宇宙中任何区域的时空度量都以当地的"类光"能量为基准。"真空"中的光速为常数。观者的时间单位由类光能量的本征频率定义，长度单位由类光能量的本征波长定义。

释义   宇宙中发生的任何一个"事件"，如一个爆炸、一个"声响"、一道亮光或物体的一个瞬间位置，都具有"方位"、"距离"和"发生时刻"等基本时空属性，观者要对其进行测量必须有记录事件"发生时刻"的"时钟"、测量"空间距离"的"尺子"与标志"方位"的空间参考架。真空中的"光线"是两个空间点之间的最短连线，是定义和度量空间方位、空间距离的自然基准。"时钟"和"尺子"是时间和空间度量的基本工具，观者要对时间和空间进行度量必须有明确的"时间单位"和"长度单位"。时间单位和长度单位是人为定义的。本公设要求处于宇宙中任何位置的观者，时间和空间的度量都以本地的"类光"能量为基准。真空中的光速采用不变的常数值。时间单位"秒"和长度单位"米"因为光速定义而相互关联。所谓"本征频率"和"本征波长"是指观者与光源处于同一时空状态时所测得的频率值和波长值。

公设 6(惯性与引力场)   质量和能量在时空中形成引斥力场。在孤立天体 (或天体系统) 的有限范围内，时空引斥力场可以用"惯性"和"引力场"表示。

释义   宇宙中所有的物质 (能量) 之间都在发生相互作用，物质的质量使物质相互吸引，能量使物质相互排斥，物质在时空中形成引斥力场。引力和斥力的平衡是万物存在的基础。时空引斥力场由质量和能量的时空分布决定。物质 (能量) 和时空的分离是以物质在空间的分布不均匀性为前提的, 是相对的。由于宇宙规模巨大 (无论是有限还是无限), 人类所能观测的时空范围有限, 所以在探讨某一物体的运动规律时, 任何观者都不可能将宇宙中所有遥远物质 (能量) 的影响从其整个 "空间" 中彻底扣除。在宇宙中, 与其他天体系统没有质量和能量交换、绝对孤立的系统是不存在的。但是, 如果系统外天体的引潮力对系统内物质的运动可以忽略不计, 那么这样的天体系统可以视为 **孤立系统**。对于孤立的天体系统 (如太阳系), 由于宇宙中遥远物质 (能量) 对局域时空范围的影响可以视为 "相同", 所以可以将这种影响表示为时空的 "惯性", 时空惯性对物质运动的影响称为 "惯性作用"。因此, 在孤立天体系统的局域空间范围内, 仅需要考虑 "域内" 物质之间的相互作用。天体系统是以质量为主体的, 所以在系统内万有引力起主导作用, 并可以通过 "引力场" 加以描述。

公设 7(黎曼–爱因斯坦空间)   包含惯性和引力场作用的时空是一个伪黎曼空间, 称为黎曼–爱因斯坦空间, 时空度规取决于时空中的质能分布, 并满足爱因斯坦场方程。

释义   引力场不仅产生万有引力, 对量子跃迁、电磁波传播以及空间惯性等都会产生直接影响。事实上, 质量和能量所产生的引斥力场无处不在, 所以在时空中很难将 "惯性" 和 "引力场" 进行严格分离。因而在大尺度上, 空间不再具有 "均匀" 或 "平直" 的特性。换句话说, 时空在大尺度上是不均匀的, 不存在欧氏几何意义上的 "直线" 和 "平面", 因此欧几里得几何学不成立, 描述时空的有效工具不再是欧氏几何而是黎曼几何。由于引力场对物质的影响仅与时空位置有关, 所以将 "引力场" 一起纳入 "时空" 概念之内, 并利用时空度规加以描述是合理可行的。换句话说, 在广义相对论框架下, "真空" 包含时空引力场在内, 时空的几何属性由质量和能量的分布决定, 物质的运动规律由时空的几何属性决定, 其相互关系满足爱因斯坦场方程。从数学上看, 黎曼–爱因斯坦空间是一个弯曲的伪黎曼空间。

公设 8(物质的自由运动)   在没有外力的情况下, 所有物质在时空中沿短程线或测地线运动。电磁波的路径是 "类光" 测地线, 自由质点 (或检验体) 的路径是 "类时" 测地线。

释义   短程线亦称测地线(geodesic line), 是两点之间的最短连线。物质在时空中的运动轨迹称为世界线。质量、形状和大小可以忽略、处于自然运动状态的粒子称为 **自由粒子**, 亦称 **检验体**。物质在时空中的运动分为 "自由运动" 和 "受迫 (或受力) 运动" 两类。**物质在 '自由' 状态下沿短程线运动** 既是一种科学信念, 也可以说是短程线的一种定义。根据公设 5, 时空以 "类光" 能量为基准进行度量, 因此, 短程线在本质上是由 "光" 在时空中的传播路径所决定的。光在时空中的传播路径称为 **类光测地线**(null geodesic line)。类光测地线的四维线长恒为零, 因此也称为零测地线。对观者而言, 两个空间点之间的最短连线是光在 "真空" 中的传播轨迹，而时间计量要求"真空"中的光速保持不变。时空引斥力场决定了物质在时空中的存在形式和运动状态。但是所谓"自由运动"与"受迫运动"的区分却是人为的、相对的。因此不同的"自由运动"定义会给出不同的时空度规理论。在牛顿理论框架下，"自由运动"是指物体仅在"惯性"作用下的运动状态，万有引力是"力"，引力场中的物质运动是"受力运动"。因此定义时空度规的"类光"能量也应该是不受引力场的影响。在这种情况下，时空是均匀的，光在均匀的"真空"中沿直线传播 (这也可以说是直线的定义)，而且光速不变。但是，在广义相对论框架下，"万有引力"被视为时空的一种"属性"，物质在引力场中的运动是"自由运动"。因此"真空"是包含引力场的，由"真空"中的"光"所定义的短程线，相对于"直线"而言自然也就是"弯曲"的。

公设 9(欧几里得–牛顿空间)　扣除引力场影响的观者空间是一个三维欧氏空间，称为欧几里得–牛顿空间。在该空间中可以构建欧氏几何和牛顿力学意义上的笛卡儿惯性坐标系，并建立均匀统一的时间坐标参考。

释义　在大尺度时空测量中，欧氏坐标的概念、定义和实现对于我们把握世界的宏观图像具有十分重要的现实意义。为此，我们定义**扣除引力场作用的"惯性"空间是欧几里得–牛顿空间**，简称欧氏空间。尽管欧氏坐标在引力场中并没有直接的可测量意义，但对于"孤立天体系统"的有限空间范围，我们可以通过坐标条件约定，在一定的精度条件下将"惯性"和"引力场"进行分离。"惯性"对时空的影响是"均匀的"，"引力场"对时空的影响则是不均匀的。也正是因为这种不均匀性，我们才能感觉到引力场的存在。既然可以分离，那么我们当然可以把不包含引力场作用的空间定义为欧几里得–牛顿空间。对于均匀平直的欧氏空间，我们总可以构建坐标单位统一、坐标轴相互正交的笛卡儿惯性坐标系，并建立均匀统一的时间坐标参考。在该参考系中，牛顿运动学定律成立。

需要注意的是，该公设与其他公设不同，仅是一种实用性约定。其定义和适用范围取决于时空测量的精度要求。我们知道，"惯性"和"引力场"的分离完全是人为的，而且只对孤立天体系统有实用意义。宇宙天体是分层次的，孤立系统选择的不同，"惯性空间"的"真空本底"不同。这种不同不仅会导致时空度量单位的不同，也可能会导致各种物理常数产生一定差异。任何理论的正确性都需要通过测量进行验证，由观测反演给出的欧几里得坐标必须在一定精度下满足欧几里得几何关系。这是我们评判时空度规和"坐标选择"合理性的唯一依据。

第2章　欧氏空间与伽利略变换

2.1　欧氏空间的标量与矢量

2.1.1　标量和矢量的概念

宇宙中发生的任何一件事情,均称为"事件"。一个"事件"代表时空中的一个"点",具有"空间位置"和"发生时刻"两个属性。为了对事件进行定量描述,观者不仅需要一个能够记录事件"发生时刻"的"时钟",而且需要构建能表达"空间距离"和"方位"的观者局域参考架。

由于时空的局域均匀平直性,任何观者都可以在其局域空间中构建以自己为原点的"局域空间参考架"。三维空间参考架一般由三个相互独立的空间矢量构成,称为**坐标基底矢量**。观者空间的任何一个点或矢量在参考架中都可以用三个"数字"表示。这三个数字统称为"**坐标**"。

观者利用自己的局域参考架和所携带的"时钟",就可以对宇宙中的事物进行观测。一般而言,观者所观测的物理量有两种类型: 一类是只有大小没有方向的物理量,称为"**标量**",如温度、质量、面积等;另一类是既有大小又有方向的物理量,称为"**矢量**",如速度、加速度、力等。由于观者局域空间满足欧几里得几何(公设 2),因此矢量可以用观者局域空间中的有向线段表示。任一矢量 $\vec{a}$ 可以表示为

$$\vec{a} = \overrightarrow{op} \tag{2-1-1}$$

其中,o 为矢量的起始点,p 为矢量的终点。矢量的长度称为矢量的模,用 $|\vec{a}|$ 表示,记为

$$a \equiv |\vec{a}| = |\overrightarrow{op}| \tag{2-1-2}$$

模为零的矢量称为零矢量。

2.1.2　矢量运算法则

数学上定义矢量运算满足下列规则:

1. 矢量相等

如果两个矢量 $\vec{a}$ 和 $\vec{b}$ 具有相同的方向和相等的模,则称这两个矢量相等,记为

$$\vec{a} = \vec{b} \tag{2-1-3}$$

2. 矢量倍乘

如果两个矢量 $\vec{a}$ 和 $\vec{b}$ 具有相同的方向，长度不等，则称这两个矢量为倍数关系。其中一个矢量可以用另一个矢量乘以一个实数得到，即

$$\vec{a} = \beta\vec{b} \tag{2-1-4}$$

如果两个矢量的方向相反，则可以将其中一个矢量表示为另一个矢量与一个负数的乘积。为此，可以定义矢量倍乘的一般关系，即

β 为正值时，表示 $\vec{a}$ 和 $\vec{b}$ 方向相同；

β 为负值时，表示 $\vec{a}$ 和 $\vec{b}$ 方向相反；

β 为零时，表示 $\vec{a}$ 为零矢量。

3. 矢量加法运算

两个矢量 $\vec{a}$ 和 $\vec{b}$ 之间可以进行加法运算，称为**矢量和**。矢量和遵循平行四边形法则，如图 2-1-1 所示，并且满足交换律和结合律。

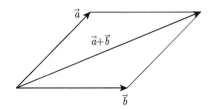

图 2-1-1 矢量求和平行四边形法则

(1) 交换律

$$\vec{a} + \vec{b} = \vec{b} + \vec{a} \tag{2-1-5}$$

(2) 结合律

$$(\vec{a} + \vec{b}) + \vec{c} = \vec{a} + (\vec{b} + \vec{c}) \tag{2-1-6}$$

显然，根据**矢量和**可以确定**矢量差**的计算。

4. 矢量点积运算

两个矢量 $\vec{a}$ 和 $\vec{b}$ 之间可以进行**点积**运算。$\vec{a}$ 和 $\vec{b}$ 的点积定义为

$$\vec{a} \cdot \vec{b} \equiv ab\cos\theta \tag{2-1-7}$$

其中，θ 为 $\vec{a}$ 和 $\vec{b}$ 两个矢量之间的夹角。点积运算服从下列规则。

(1) 交换律

$$\vec{a} \cdot \vec{b} = \vec{b} \cdot \vec{a} \tag{2-1-8}$$

(2) 分配律

$$\vec{a} \cdot (\vec{b} + \vec{c}) = \vec{a} \cdot \vec{b} + \vec{a} \cdot \vec{c} \tag{2-1-9}$$

5. 矢量叉积

两个矢量 $\vec{a}$ 和 $\vec{b}$ 作叉积 (亦称为矢量积)，其结果是垂直于 $\vec{a}$ 和 $\vec{b}$ 所在平面的一个新的矢量，该矢量的模为

$$|\vec{a} \times \vec{b}| \equiv ab\sin\theta \tag{2-1-10}$$

三个矢量之间满足右手螺旋规则，如图 2-1-2 所示。

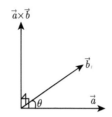

图 2-1-2　矢量叉积示意

由此可知，若两矢量之间交换叉积的顺序，其结果相反

$$\vec{a} \times \vec{b} = -\vec{b} \times \vec{a} \tag{2-1-11}$$

叉积满足分配律

$$\vec{a} \times (\vec{b} + \vec{c}) = \vec{a} \times \vec{b} + \vec{a} \times \vec{c} \tag{2-1-12}$$

但不满足结合律

$$\vec{a} \times (\vec{b} \times \vec{c}) \neq (\vec{a} \times \vec{b}) \times \vec{c} \tag{2-1-13}$$

三个矢量的二重叉积满足

$$\vec{a} \times (\vec{b} \times \vec{c}) = (\vec{a} \cdot \vec{c})\vec{b} - (\vec{a} \cdot \vec{b})\vec{c} \tag{2-1-14}$$

6. 矢量混合积

两个矢量作叉积再与另一矢量作点积，称为三个矢量的**混合积**。矢量的混合积满足下列关系：

$$\begin{aligned}
(\vec{a} \times \vec{b}) \cdot \vec{c} &= (\vec{b} \times \vec{c}) \cdot \vec{a} \\
&= (\vec{c} \times \vec{a}) \cdot \vec{b} = -(\vec{c} \times \vec{b}) \cdot \vec{a} \\
&= -(\vec{b} \times \vec{a}) \cdot \vec{c} = -(\vec{a} \times \vec{c}) \cdot \vec{b}
\end{aligned} \tag{2-1-15}$$

混合积运算满足 $\vec{a}$、$\vec{b}$、$\vec{c}$ 顺时针为正、逆时针为负的规则，如图 2-1-3 所示。

图 2-1-3 矢量混合运算规则示意

显然, 如果三个矢量位于同一个平面, 则其混合积为零。反之, 如果三个矢量的混合积不为零, 则表明这三个矢量相互独立。所谓相互独立就是其中任一矢量都不可能用另外两个矢量 (数乘或矢量和) 表示。

2.2 矢量并积与张量运算

2.2.1 矢量并积与张量

我们知道, 对于一个标量场, 其梯度是一个矢量, 那么对于一个矢量场, 其梯度是什么? 也就是说, 在很多物理学问题中, 仅用标量和矢量进行数学表达往往是不够的。为此本节引入矢量并积 (也称为外积、劈积或张量积) 的概念, 以形成不同于标量和矢量的新的物理量, 称为张量。

张量是由多个矢量按一定顺序排列构成的物理量。矢量排列也可以视为矢量的一种运算, 称为矢量并积, 或矢量外积或劈积, 用符号 $\wedge$ 表示。例如, 由矢量 $\vec{a}$ 和矢量 $\vec{b}$ 进行并积, 可以构成一个 **2 阶张量**

$$\overleftrightarrow{T}^{(2)} = \vec{a} \wedge \vec{b}$$

2 阶张量用 $\overleftrightarrow{T}^{(2)}$ 表示, 其几何意义相当于由矢量 $\vec{a}$ 和 $\vec{b}$ 构成一个叉子, 如图 2-2-1 所示。但需要注意的是构成叉子的两个矢量是有先后顺序的。这就是说, 矢量并积是矢量的排列而不是组合。因此, $\vec{a} \wedge \vec{b}$ 和 $\vec{b} \wedge \vec{a}$ 代表两个不同的 2 阶张量, 或者说

$$\vec{a} \wedge \vec{b} \neq \vec{b} \wedge \vec{a} \tag{2-2-1}$$

图 2-2-1 2 阶张量 $\vec{a} \wedge \vec{b}$ 示意

同样, 由 3 个矢量进行并积运算可以形成一个 3 阶张量, 如图 2-2-2 所示。3 阶张量用 $\overleftrightarrow{T}^{(3)}$ 表示, 其几何意义相当于由 3 个矢量构成的一个三叉戟。类似地, 由 n 个矢量并积可以构成一个 n 阶张量。n 阶张量用 $\overleftrightarrow{T}^{(n)}$ 表示, 可视为一个 n 头叉子。

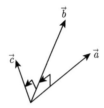

图 2-2-2   3 阶张量 $\vec{a} \wedge \vec{b} \wedge \vec{c}$ 示意

毫无疑问，矢量可以视为 1 阶张量，而标量则可以视为 0 阶张量。在实际应用中并积符号"∧"可以省略，如

$$\vec{a}\vec{b} \equiv \vec{a} \wedge \vec{b} \tag{2-2-2}$$

2.2.2   张量运算

张量由矢量并积构成，因此其运算规则可以定义如下：

1. 张量加法运算

同阶张量可以作加 (减) 法运算，满足交换律和结合律。

(1) 交换律

$$\vec{A}^{(n)} + \vec{B}^{(n)} = \vec{B}^{(n)} + \vec{A}^{(n)} \tag{2-2-3}$$

(2) 结合律

$$(\vec{A}^{(n)} + \vec{B}^{(n)}) + \vec{C}^{(n)} = \vec{A}^{(n)} + (\vec{B}^{(n)} + \vec{C}^{(n)}) \tag{2-2-4}$$

2. 张量并积

一个 n 阶张量和一个 k 阶张量作并积运算形成一个 $(n+k)$ 阶张量。张量并积满足结合律和分配律

(1) 结合律

$$(\vec{A}^{(n)} \wedge \vec{B}^{(m)}) \wedge \vec{C}^{(k)} = \vec{A}^{(n)} \wedge (\vec{B}^{(m)} \wedge \vec{C}^{(k)}) \tag{2-2-5}$$

(2) 分配律

$$\begin{cases} (\vec{A}^{(n)} + \vec{B}^{(n)}) \wedge \vec{C}^{(k)} = \vec{A}^{(n)} \wedge \vec{C}^{(k)} + \vec{B}^{(n)} \wedge \vec{C}^{(k)} \\ \vec{A}^{(n)} \wedge (\vec{B}^{(k)} + \vec{C}^{(k)}) = \vec{A}^{(n)} \wedge \vec{B}^{(k)} + \vec{A}^{(n)} \wedge \vec{C}^{(k)} \end{cases} \tag{2-2-6}$$

但不满足交换律

$$\vec{A}^{(n)} \wedge \vec{B}^{(k)} \neq \vec{B}^{(k)} \wedge \vec{A}^{(n)} \tag{2-2-7}$$

3. 张量的点积和双点积运算

两个张量的点积是将两个张量相邻的两个矢量作点积运算。一个 n 阶张量与一个 k 阶张量作点积运算，其结果是一个 $(n+k-2)$ 阶张量。例如

$$\begin{cases} (\vec{a} \wedge \vec{b}) \cdot \vec{c} = (\vec{b} \cdot \vec{c})\vec{a} \\ (\vec{a} \wedge \vec{b}) \cdot (\vec{c} \wedge \vec{d}) = (\vec{b} \cdot \vec{c})\vec{a} \wedge \vec{d} \\ \vec{a} \cdot (\vec{b} \wedge \vec{c} \wedge \vec{d}) = (\vec{a} \cdot \vec{b})\vec{c} \wedge \vec{d} \end{cases} \tag{2-2-8}$$

张量的点积运算满足结合律和分配律。

(1) 结合律

$$(\overset{\leftrightarrow}{A}{}^{(n)} \wedge \overset{\leftrightarrow}{B}{}^{(m)}) \cdot \overset{\leftrightarrow}{C}{}^{(k)} = \overset{\leftrightarrow}{A}{}^{(n)} \wedge (\overset{\leftrightarrow}{B}{}^{(m)} \cdot \overset{\leftrightarrow}{C}{}^{(k)}) \tag{2-2-9}$$

(2) 分配律

$$\begin{cases} (\overset{\leftrightarrow}{A}{}^{(n)} + \overset{\leftrightarrow}{B}{}^{(n)}) \cdot \overset{\leftrightarrow}{C}{}^{(k)} = \overset{\leftrightarrow}{A}{}^{(n)} \cdot \overset{\leftrightarrow}{C}{}^{(k)} + \overset{\leftrightarrow}{B}{}^{(n)} \cdot \overset{\leftrightarrow}{C}{}^{(k)} \\ \overset{\leftrightarrow}{A}{}^{(n)} \cdot (\overset{\leftrightarrow}{B}{}^{(k)} + \overset{\leftrightarrow}{C}{}^{(k)}) = \overset{\leftrightarrow}{A}{}^{(n)} \cdot \overset{\leftrightarrow}{B}{}^{(k)} + \overset{\leftrightarrow}{A}{}^{(n)} \cdot \overset{\leftrightarrow}{C}{}^{(k)} \end{cases} \tag{2-2-10}$$

但不满足交换律

$$\overset{\leftrightarrow}{A}{}^{(n)} \cdot \overset{\leftrightarrow}{B}{}^{(m)} \neq \overset{\leftrightarrow}{B}{}^{(m)} \cdot \overset{\leftrightarrow}{A}{}^{(n)} \tag{2-2-11}$$

两个张量的**双点积**是把两个张量相邻的四个矢量从内到外依次进行点积运算。一个 $n(n \geqslant 2)$ 阶张量与一个 $k(k \geqslant 2)$ 阶张量作双点积运算，其结果是一个 $(n+k-4)$ 阶张量，如

$$\begin{cases} (\vec{a} \wedge \vec{b}) \cdot\cdot (\vec{c} \wedge \vec{d}) \equiv (\vec{b} \cdot \vec{c})(\vec{a} \cdot \vec{d}) \\ (\vec{a} \wedge \vec{b} \wedge \vec{c}) \cdot\cdot (\vec{d} \wedge \vec{e} \wedge \vec{f}) \equiv (\vec{c} \cdot \vec{d})(\vec{b} \cdot \vec{e})\vec{a} \wedge \vec{f} \end{cases} \tag{2-2-12}$$

4. 张量缩并

构成张量的任意两个矢量作点积，称为张量的缩并。缩并后张量的阶数降两级。例如，对于一个 4 阶张量

$$\overset{\leftrightarrow}{T}{}^{(4)} = \vec{a} \wedge \vec{b} \wedge \vec{c} \wedge \vec{d}$$

其缩并后为一个 2 阶张量，有如下 6 种形式：

$$\begin{cases} (\vec{a} \cdot \vec{b})\vec{c} \wedge \vec{d} = \vec{a} \cdot \vec{b} \wedge \vec{c} \wedge \vec{d} \\ (\vec{a} \cdot \vec{c})\vec{b} \wedge \vec{d} = \vec{a} \cdot \vec{c} \wedge \vec{b} \wedge \vec{d} \\ (\vec{a} \cdot \vec{d})\vec{b} \wedge \vec{c} = \vec{a} \cdot \vec{d} \wedge \vec{b} \wedge \vec{c} \\ (\vec{b} \cdot \vec{c})\vec{a} \wedge \vec{d} = \vec{a} \wedge \vec{b} \cdot \vec{c} \wedge \vec{d} \\ (\vec{b} \cdot \vec{d})\vec{a} \wedge \vec{c} = \vec{a} \wedge \vec{b} \cdot \vec{d} \wedge \vec{c} \\ (\vec{c} \cdot \vec{d})\vec{a} \wedge \vec{b} = \vec{a} \wedge \vec{b} \wedge \vec{c} \cdot \vec{d} \end{cases} \tag{2-2-13}$$

2.3   仿射坐标及其变换

2.3.1   空间参考架与仿射坐标

根据公设 2，在宇宙中的任何局域范围，时空都是平直的。因此观者可以根据公设 5 研制自己的"时钟"和"米尺"，对时间和空间距离进行度量。但是仅有时钟和米尺是不够的，对于方位测量，我们必须构建作为方向参考的空间参考架。空间参考架通常由三个相互正交的单位矢量构成，称为笛卡儿参考架 (Cartesian frame) 或者笛卡儿坐标系 (Cartesian coordinate system)。有了空间参考架，我们就可以对任一空间矢量进行数字化表达。但从一般意义上说，构成空间参考架的三个矢量只需要相互独立，不一定相互正交，也不一定是单位矢量。这种一般概念上的参考架通常称为"**仿射参考架**"或"**仿射坐标系**"。显然，不同仿射参考架坐标之间的变换是线性变换。因此，通常将不同仿射参考架之间的坐标变换称为"**仿射变换**"(affine transformation)。

对于一个给定的空间参考架 $\{\vec{e}_1 \quad \vec{e}_2 \quad \vec{e}_3\}$，任一矢量 $\vec{x}$ 都可以用坐标基底矢量的倍乘以及矢量加法表示

$$\vec{x} = \sum_{i=1}^{3} x^i \vec{e}_i \equiv x^i \vec{e}_i \tag{2-3-1}$$

这里采用爱因斯坦求和规则，上下指标重复表示求和，以省略求和符号 "$\sum$"。其中数字 x^i 或 $(x^1 \quad x^2 \quad x^3)$ 是 $\vec{x}$ 相对于空间参考架坐标基底矢量 $\vec{e}_i$ 的坐标分量，称为**仿射坐标**，也可简称为坐标。

2.3.2   仿射变换

毫无疑问，对于同一矢量，不同的参考架将给出不同的仿射坐标。不同仿射参考架之间的坐标转换是仿射变换。

如果两个参考架 $\{\vec{e}_i'\}$ 和 $\{\vec{e}_i\}$ 之间满足

$$\vec{e}_i' = J_i^j \vec{e}_j \tag{2-3-2}$$

则 $\vec{a}$ 的对应坐标 $\{a'^i\}$ 与 $\{a^i\}$ 之间满足

$$\vec{a} = a^i \vec{e}_i = a'^i \vec{e}_i' = a'^i J_i^j \vec{e}_j \tag{2-3-3}$$

因此

$$a^i = J_j^i a'^j \tag{2-3-4}$$

从而，不失一般性

$$x^i = J_j^i x'^j \tag{2-3-5}$$

其中 $[J_j^i]$ 称为雅克比矩阵 (Jacobian matrix)

$$J_j^i \equiv \frac{\partial x^i}{\partial x'^j} \tag{2-3-6}$$

公式 (2-3-5) 的矩阵形式为

$$\begin{bmatrix} x^1 \\ x^2 \\ x^3 \end{bmatrix} = \begin{bmatrix} J_1^1 & J_2^1 & J_3^1 \\ J_1^2 & J_2^2 & J_3^2 \\ J_1^3 & J_2^3 & J_3^3 \end{bmatrix} \begin{bmatrix} x'^1 \\ x'^2 \\ x'^3 \end{bmatrix} \tag{2-3-7}$$

因此对于任意一个 n 阶张量，不同参考架下的坐标分量之间满足

$$T^{i_1 i_2 \cdots i_n} = \frac{\partial x^{i_1}}{\partial x'^{j_1}} \frac{\partial x^{i_2}}{\partial x'^{j_2}} \cdots \frac{\partial x^{i_n}}{\partial x'^{j_n}} T'^{j_1 j_2 \cdots j_n} \tag{2-3-8}$$

2.4 逆变坐标与协变坐标

2.4.1 对偶基底矢量

对于任一仿射坐标系，我们都可以根据其坐标基底矢量 $\{\vec{e}_i\}$ 构建一组与之相对应的、新的坐标基底矢量 $\{\vec{e}^i\}$，满足

$$\vec{e}^i \cdot \vec{e}_j = \delta_j^i \equiv \begin{cases} 1, & i = j \\ 0, & i \neq j \end{cases} \tag{2-4-1}$$

其中，δ_j^i 称为克罗内克符号

$$\delta_j^i = \delta_i^j = \delta^{ij} = \delta_{ij} = \begin{cases} 1, & i = j \\ 0, & i \neq j \end{cases} \tag{2-4-2}$$

通常将 $\{\vec{e}^i\}$ 称为 $\{\vec{e}_i\}$ 的对偶基底矢量 (dual base vectors)。

事实上，$\{\vec{e}^i\}$ 和 $\{\vec{e}_i\}$ 是两个不同的仿射参考架，但由于二者互为对方的对偶基底 (矢量)，两个参考架的基底矢量之间存在简单明确的对应关系 (2-4-1)，因此可以将它们视为同一个空间参考架。根据公式 (2-4-1)，在三维空间中，对偶基底 (矢量)$\vec{e}^i$ 可以表示为

$$\begin{cases} \vec{e}^1 = [(\vec{e}_2 \times \vec{e}_3) \cdot \vec{e}_1]^{-1}(\vec{e}_2 \times \vec{e}_3) \\ \vec{e}^2 = [(\vec{e}_3 \times \vec{e}_1) \cdot \vec{e}_2]^{-1}(\vec{e}_3 \times \vec{e}_1) \\ \vec{e}^3 = [(\vec{e}_1 \times \vec{e}_2) \cdot \vec{e}_3]^{-1}(\vec{e}_1 \times \vec{e}_2) \end{cases} \tag{2-4-3}$$

2.4.2 逆变坐标与协变坐标

不难理解，一个矢量既可以用参考架的基底矢量 $\vec{e}_i$ 表示，也可以用其对偶基底矢量 $\vec{e}^i$ 表示，即

$$\vec{a} = a^i \vec{e}_i = a_j \vec{e}^j \tag{2-4-4}$$

其中

$$\begin{cases} u^i \equiv \vec{a} \cdot \vec{e}^i \\ a_i \equiv \vec{a} \cdot \vec{e}_i \end{cases} \tag{2-4-5}$$

分别称为矢量 $\vec{a}$ 的逆变坐标分量和协变坐标分量。与之对应，将 $\vec{e}_i$ 称为参考架的 (协变) 基底矢量 (covariant base vectors)，$\vec{e}^i$ 称为逆变基底矢量 (contravariant base vectors)，x^i 称为逆变坐标 (contravariant coordinates)，x_i 称为协变坐标 (covariant coordinates)。

引进对偶基底矢量的基本目的是简化仿射坐标系中的矢量张量运算。

2.5 度规系数与度规张量

2.5.1 坐标系与度规系数

根据公式 (2-4-1) 和 (2-4-4)，可以将逆变坐标和协变坐标之间的关系表示为

$$\begin{cases} x_i = x^j \vec{e}_j \cdot \vec{e}_i = g_{ij} x^j \\ x^i = x_j \vec{e}^j \cdot \vec{e}^i = g^{ij} x_j \end{cases} \tag{2-5-1}$$

其中

$$\begin{cases} g_{ij} \equiv \vec{e}_i \cdot \vec{e}_j \\ g^{ij} \equiv \vec{e}^i \cdot \vec{e}^j \end{cases} \tag{2-5-2}$$

分别称为协变度规系数 (covariant metric coefficients) 和逆变度规系数 (contravariant metric coefficients)。两者之间满足如下关系：

$$g_{ij} g^{jk} = \delta_{ik} \tag{2-5-3}$$

而逆变基底矢量与协变基底矢量之间的关系满足

$$\begin{cases} \vec{e}_i = g_{ij} \vec{e}^j \\ \vec{e}^i = g^{ij} \vec{e}_j \end{cases} \tag{2-5-4}$$

从公式 (2-4-5) 和公式 (2-5-2) 可以看出，当基底矢量 $\vec{e}_i$ 增大时，x_i 和 g_{ij} 增大，而 x^i 和 g^{ij} 减小，也就是说，x_i 和 g_{ij} 总是与 $\vec{e}_i$ 的变化相同，而 x^i 和 g^{ij} 则与 $\vec{e}_i$ 的变化相反。这是将上标称为"逆变"，下标称为"协变"的原因所在。

2.5.2　度规张量

如果定义 2 阶张量

$$\vec{g} \equiv \vec{e}_i \wedge \vec{e}^i = \vec{e}_i\vec{e}^i = g_{ij}\vec{e}^i\vec{e}^j = g^{ij}\vec{e}_i\vec{e}_j \tag{2-5-5}$$

那么度规系数 g_{ij} 和 g^{ij} 分别是该 2 阶张量的协变坐标分量和逆变坐标分量，因此将其称为**度规张量**(metric tensor)。

度规张量是一个空间不变量，与坐标系的选择无关。根据坐标变换公式 (2-3-2) 或公式 (2-3-5)，可以给出

$$\vec{g} = \vec{e}_i\vec{e}^i = \vec{e}'_j\vec{e}'^j \tag{2-5-6}$$

根据坐标系和度规系数的定义，矢量的模的平方可以表示为

$$\begin{aligned} a^2 &\equiv |\vec{a}|^2 = \vec{a} \cdot \vec{a} = \vec{a} \cdot \vec{g} \cdot \vec{a} = a^i a_i \\ &= g_{ij}a^i a^j = g^{ij}a_i a_j \\ &= g'_{ij}a'^i a'^j = g'^{ij}a'_i a'_j \end{aligned} \tag{2-5-7}$$

可见，矢量的模是与坐标系和度规系数无关的量。因此，我们不禁要问，作为一个数值，是什么决定了矢量模的长度呢？除了矢量自身的因素之外，是否还有其他的因素？答案是肯定的，这就是"长度"的**度量规则**。

度量规则包括长度的"计量单位"和度量方法。事实上，无论"计量单位"，还是度量方法，都不是绝对客观的，而是人为定义或约定的。例如，对于地面上的两点，我们可以定义其距离为沿地面的最短连线，也可以定义为两点的直线距离，其结果显然是不同的。但在确定的度量规则下，不管选择什么样的坐标系，两个空间点的距离却是唯一确定的。表征时空度量规则的物理量就是度规张量。它告诉我们**"在任何空间位置的任何空间方向上，什么是单位长度"**。度规张量与坐标系选择无关。

欧几里得–牛顿空间是没有任何"物质"存在、处处均匀的理想空间。空间距离采用统一的长度单位，比如"米"、"英尺"①等，沿"直线"进行计量。所谓"直线"是"真空"中的"光线"。而"真空"的含义就是没有任何东西存在。从现在的角度来看，欧几里得–牛顿空间是不应包括引力场在内的。

2.5.3　度规张量的基本特性

容易证明，在欧几里得–牛顿空间中，度规张量具有如下基本特性：

(1) 度规张量是一个 2 阶对称张量

---

① 1 英尺 $=3.048\times10^{-1}$ 米。

$$\begin{cases} g_{ij} = g_{ji} \\ g^{ij} = g^{ji} \end{cases} \tag{2-5-8}$$

(2) 度规张量是一个不变张量 (与空间位置无关)

$$\frac{\partial \vec{\vec{g}}}{\partial x^i} \equiv 0 \tag{2-5-9}$$

(3) 三维空间的度规系数矩阵有三个大于 0 的特征值。在笛卡儿坐标条件下

$$\lambda_1 = \lambda_2 = \lambda_3 = +1 \tag{2-5-10}$$

(4) 逆变度规系数与协变度规系数互逆

$$g_{ij} g^{jk} = \delta_i^k \tag{2-5-11}$$

(5) 度规张量是与坐标系无关的物理量。任意两个坐标系的度规系数之间满足如下的变换关系:

$$\begin{cases} g'_{ij} = \dfrac{\partial x^k}{\partial x'^i} \dfrac{\partial x^l}{\partial x'^j} g_{kl} \\ g'^{ij} = \dfrac{\partial x'^i}{\partial x^k} \dfrac{\partial x'^j}{\partial x^l} g^{kl} \end{cases} \tag{2-5-12}$$

(6) 度规张量与矢量 (张量) 作点积, 矢量 (张量) 不变

$$\begin{cases} \vec{\vec{g}} \cdot \vec{a} = \vec{a} \cdot \vec{\vec{g}} = \vec{e}_i \vec{e}^i \cdot a^j \vec{e}_j = a^i \vec{e}_i = \vec{a} \\ \vec{\vec{g}} \cdot \vec{T} = \vec{T} \cdot \vec{\vec{g}} = T^{k_1 k_2 \cdots k_n} \vec{e}_{k_1} \vec{e}_{k_2} \cdots \vec{e}_{k_n} \cdot \vec{e}^i \vec{e}_i = \vec{T} \end{cases} \tag{2-5-13}$$

据此, 两个矢量的点积可以表示为

$$\begin{aligned} \vec{a} \cdot \vec{b} &= \vec{a} \cdot \vec{\vec{g}} \cdot \vec{b} = \vec{\vec{g}} \cdot \cdot \vec{a}\vec{b} \\ &= g_{ij} a^i b^j = g^{ij} a_i b_j = a^i b_i = a_i b^i \end{aligned} \tag{2-5-14}$$

同样, 张量的缩并也可以用坐标分量进行表达, 例如

$$\vec{\vec{g}} \cdot \cdot \vec{a}\vec{b} = \vec{a} \cdot \vec{\vec{g}} \cdot \vec{b} = \vec{a}\vec{b} \cdot \cdot \vec{\vec{g}} = \vec{a} \cdot \vec{b} = a_i b^i \tag{2-5-15}$$

$$\vec{\vec{g}} \cdot \overset{(2)}{\vec{T}} = \overset{(2)}{\vec{T}} \cdot \cdot \vec{\vec{g}} = g_{ij} T^{ij} = T_j^j = T \tag{2-5-16}$$

$$\vec{\vec{g}} \cdot \overset{(n)}{\vec{T}} = g_{jk} T^{jk i_1 \cdots i_{n-2}} \vec{e}_{i_1} \vec{e}_{i_2} \cdots \vec{e}_{i_{n-2}} \tag{2-5-17}$$

$$\overset{(n)}{\vec{T}} \cdot \cdot \vec{\vec{g}} = g_{jk} T^{i_1 \cdots i_{n-2} jk} \vec{e}_{i_1} \vec{e}_{i_2} \cdots \vec{e}_{i_{n-2}} \tag{2-5-18}$$

2.6　参考架下的张量运算

2.6.1　张量的坐标表达

在观者空间参考架下，任何张量都可以表示为基底矢量并积 (称为张量基底) 及其倍乘的和。其中倍乘数称为张量的坐标分量。不难理解，对于任意的一个 n 阶张量，可以用其逆变坐标分量表示，也可以用其协变坐标分量表示，或者混合坐标分量表示，即

$$
\begin{aligned}
\vec{T}^{(n)} &= T^{i_1 i_2 \cdots i_n} \vec{e}_{i_1} \vec{e}_{i_2} \cdots \vec{e}_{i_n} = T_{i_1 i_2 \cdots i_n} \vec{e}^{i_1} \vec{e}^{i_2} \cdots \vec{e}^{i_n} \\
&= T^{i_1 \cdots i_k}_{i_{k+1} \cdots i_n} \vec{e}_{i_1} \vec{e}_{i_2} \cdots \vec{e}_{i_k} \vec{e}^{i_{k+1}} \cdots \vec{e}^{i_n} = \cdots
\end{aligned}
\tag{2-6-1}
$$

其中，$\vec{e}_{i_1} \vec{e}_{i_2} \cdots \vec{e}_{i_n}$ 称为 n 阶 (协变) 张量基底，$T^{i_1 i_2 \cdots i_n}$ 称为 n 阶张量的逆变坐标分量；$\vec{e}^{i_1} \vec{e}^{i_2} \cdots \vec{e}^{i_n}$ 称为 n 阶逆变 (或对偶) 张量基底，$T_{i_1 i_2 \cdots i_n}$ 称为 n 阶张量的协变坐标分量；$\vec{e}_{i_1} \vec{e}_{i_2} \cdots \vec{e}_{i_k} \vec{e}^{i_{k+1}} \cdots \vec{e}^{i_n}$ 称为 n 阶混合张量基底，$T^{i_1 \cdots i_k}_{i_{k+1} \cdots i_n}$ 称为 n 阶张量的混合坐标分量。显然，对于一个 n 阶张量，混合张量基底的组合数为 2^n，形式多样，因此，在高阶张量情况下我们一般不予采用。

2.6.2　矢量运算

1. 矢量加法

两个矢量的矢量和等于其坐标分量之和

$$
\vec{a} + \vec{b} = (a^i + b^i) \vec{e}_i = (a_i + b_i) \vec{e}^i
\tag{2-6-2}
$$

2. 矢量点积

两个矢量的点积运算可以表示为

$$
\vec{a} \cdot \vec{b} = a^i b_i = a_i b^i = g_{ij} a^i b^j = g^{ij} a_i b_i
\tag{2-6-3}
$$

3. 矢量叉积

两个矢量的叉积运算可以表示为

$$
\vec{a} \times \vec{b} = a^i \vec{e}_i \times b^j \vec{e}_j = a^i b^j \vec{e}_i \times \vec{e}_j =
\begin{vmatrix}
\vec{e}_2 \times \vec{e}_3 & \vec{e}_3 \times \vec{e}_1 & \vec{e}_1 \times \vec{e}_2 \\
a^1 & a^2 & a^3 \\
b^1 & b^2 & b^3
\end{vmatrix}
\tag{2-6-4}
$$

其中，$|\alpha_{ij}|$ 表示对矩阵 $[\alpha_{ij}]$ 进行行列式运算。

同理，公式 (2-6-4) 也可表示为

$$\vec{a} \times \vec{b} = a_i b_j \vec{e}^i \times \vec{e}^j = \begin{vmatrix} \vec{e}^2 \times \vec{e}^3 & \vec{e}^3 \times \vec{e}^1 & \vec{e}^1 \times \vec{e}^2 \\ a_1 & a_2 & a_3 \\ b_1 & b_2 & b_3 \end{vmatrix} \tag{2-6-5}$$

或者在采用混合张量基底的情况下

$$\vec{a} \times \vec{b} = \begin{vmatrix} \vec{e}_2 \times \vec{e}^3 & \vec{e}_3 \times \vec{e}^1 & \vec{e}_1 \times \vec{e}^2 \\ a^1 & a^2 & a^3 \\ b_1 & b_2 & b_3 \end{vmatrix} = \begin{vmatrix} \vec{e}^2 \times \vec{e}_3 & \vec{e}^3 \times \vec{e}_1 & \vec{e}^1 \times \vec{e}_2 \\ a_1 & a_2 & a_3 \\ b^1 & b^2 & b^3 \end{vmatrix} \tag{2-6-6}$$

4. 矢量并积

两个矢量的并积可以用下式表示：

$$\vec{a} \wedge \vec{b} = a^i b^j \vec{e}_i \vec{e}_j = a_i b_j \vec{e}^i \vec{e}^j$$
$$= a^i b_j \vec{e}_i \vec{e}^j = a_i b^j \vec{e}^i \vec{e}_j \tag{2-6-7}$$

2.6.3 张量运算

1. 张量加法

同阶张量相加等于其相同的分量相加，可以表示为

$$\vec{A}^{(n)} + \vec{B}^{(n)} = (A^{i_1 i_2 \cdots i_n} + B^{i_1 i_2 \cdots i_n})\vec{e}_{i_1}\vec{e}_{i_2}\cdots\vec{e}_{i_n}$$
$$= (A_{i_1 i_2 \cdots i_n} + B_{i_1 i_2 \cdots i_n})\vec{e}^{i_1}\vec{e}^{i_2}\cdots\vec{e}^{i_n}$$
$$= (A^{i_1 \cdots i_k}_{i_{k+1}\cdots i_n} + B^{i_1 \cdots i_k}_{i_{k+1}\cdots i_n})\vec{e}_{i_1}\vec{e}_{i_2}\cdots e_{i_k}\vec{e}^{i_{k+1}}\cdots\vec{e}^{i_n} \tag{2-6-8}$$

2. 张量点积

张量 $\vec{A}^{(n)}$ 和张量 $\vec{B}^{(m)}$ 的点积可以表示为

$$\vec{A}^{(n)} \cdot \vec{B}^{(m)} = A^{i_1 i_2 \cdots i_n}\vec{e}_{i_1}\vec{e}_{i_2}\cdots\vec{e}_{i_n} \cdot B_{j_1 j_2 \cdots j_m}\vec{e}^{j_1}\vec{e}^{j_2}\cdots\vec{e}^{j_m}$$
$$= A^{i_1 i_2 \cdots i_n} B_{i_n j_2 \cdots j_m}\vec{e}_{i_1}\vec{e}_{i_2}\cdots\vec{e}_{i_{n-1}}\vec{e}^{j_2}\cdots\vec{e}^{j_m}$$
$$= A_{i_1 i_2 \cdots i_n} B^{i_n j_2 \cdots j_m}\vec{e}^{i_1}\vec{e}^{i_2}\cdots\vec{e}^{i_{n-1}}\vec{e}_{j_2}\cdots\vec{e}_{j_m} \tag{2-6-9}$$

例如，一个矢量和一个 2 阶张量的点积可以表示为

$$\vec{a} \cdot \vec{T}^{(2)} = a^j T_{jk}\vec{e}^k = a_j T^{jk}\vec{e}_k \tag{2-6-10}$$

$$\vec{T}^{(2)} \cdot \vec{a} = T_{jk}a^k\vec{e}^j = T^{jk}a_k\vec{e}_j \tag{2-6-11}$$

如果一个 2 阶张量分别与两个矢量作点积, 其结果为一个标量

$$\vec{a} \cdot \vec{T}^{(2)} \cdot \vec{b} = a^j T_{jk} b^k = T_{jk} a^j b^k \tag{2-6-12}$$

3. 张量并积

张量 $\vec{A}^{(n)}$ 和张量 $\vec{B}^{(m)}$ 的并积可以表示为

$$\begin{aligned}
\vec{A}^{(n)} \wedge \vec{B}^{(m)} &= A^{i_1 i_2 \cdots i_n} \vec{e}_{i_1} \vec{e}_{i_2} \cdots \vec{e}_{i_n} \wedge B^{j_1 j_2 \cdots j_m} \vec{e}_{j_1} \vec{e}_{j_2} \cdots \vec{e}_{j_m} \\
&= A^{i_1 i_2 \cdots i_n} B^{j_1 j_2 \cdots j_m} \vec{e}_{i_1} \vec{e}_{i_2} \cdots \vec{e}_{i_n} \vec{e}_{j_1} \vec{e}_{j_2} \cdots \vec{e}_{j_m}
\end{aligned} \tag{2-6-13}$$

2.7 伽利略变换

2.7.1 笛卡儿坐标

如果所选择的三个基底矢量相互垂直并且是单位矢量, 则逆变坐标基底矢量 $\vec{e}^i$ 与协变基底矢量 $\vec{e}_i$ 相等, 即

$$\begin{cases} \vec{e}^i = \vec{e}_i \\ g_{ij} = g^{ij} = \delta_{ij} \end{cases} \tag{2-7-1}$$

因而, 协变坐标与逆变坐标相等

$$x_i = x^i \tag{2-7-2}$$

满足这种特性的参考架称为**笛卡儿 (坐标) 参考架**。由笛卡儿参考架给出的仿射坐标称为笛卡儿坐标或直角坐标。笛卡儿参考架是科学技术工作中最为常用的空间坐标系统, 一般称其为直角坐标系。

在笛卡儿坐标条件下, 矢量的点积公式可以简化为

$$\vec{a} \cdot \vec{b} = a^i b_i = a_i b^i = \delta_{ij} a^i b^j \tag{2-7-3}$$

而矢量叉积公式也可简化为

$$\vec{a} \times \vec{b} = a^i \vec{e}_i \times b^j \vec{e}_j = \varepsilon_{ijk} a^i b^j \vec{e}_k = \begin{vmatrix} \vec{e}_1 & \vec{e}_2 & \vec{e}_3 \\ a^1 & a^2 & a^3 \\ b^1 & b^2 & b^3 \end{vmatrix} \tag{2-7-4}$$

其中

$$\varepsilon_{ijk} = \begin{cases} 1, & ijk = 123, 231, 321 \\ -1, & ijk = 213, 312, 132 \\ 0, & i = j \ \text{或} \ j = k \ \text{或} \ i = k \end{cases} \tag{2-7-5}$$

毫无疑问, 在观者局域空间中, 可以构建原点和坐标轴指向 (坐标基底矢量) 不同的笛卡儿坐标系。对于局域空间中两个相对静止的观者, 由于它们具有相同的时间和空间, 其参考架只有坐标原点和坐标基底的不同, 所以对于同一事件, 其空间坐标之间应满足如下变换关系:

$$x^i = x_0^i + R_j^i \tilde{x}^j \tag{2-7-6}$$

其中, x_0^i 是 $\tilde{x}^j$ 原点的位置坐标。公式 (2-7-6) 形式的坐标变换称为**伽利略变换**。

2.7.2 坐标旋转变换

如果两个观者处于同一位置, 则两个笛卡儿坐标系的原点相同, 其差异仅在于坐标轴的指向。在此情况下, 坐标变换矩阵 $R(\equiv [R_j^i])$ 满足

$$R^{-1} = R^{\mathrm{T}} \tag{2-7-7}$$

即 R 的逆等于其转置。因此, 坐标变换关系式 (2-7-6) 可以进一步简化为

$$\begin{cases} x^i = R_j^i x'^j \\ x'^i = R_i^j x^j \end{cases} \tag{2-7-8}$$

或者

$$[x] \equiv \begin{bmatrix} x^1 \\ x^2 \\ x^3 \end{bmatrix} = R[x'], \quad [x'] \equiv \begin{bmatrix} x'^1 \\ x'^2 \\ x'^3 \end{bmatrix} = R^{\mathrm{T}}[x] \tag{2-7-9}$$

其中坐标变换矩阵 R 可以通过坐标系绕坐标轴的空间旋转给出。

1. 绕 x 轴的旋转

如果两个笛卡儿坐标系的 $x(\equiv x^1 = x'^1)$ 轴指向相同, 则

$$\begin{cases} \vec{e}_1' = \vec{e}_1 \\ \vec{e}_2' = \vec{e}_2 \cos\theta + \vec{e}_3 \sin\theta \\ \vec{e}_3' = -\vec{e}_2 \sin\theta + \vec{e}_3 \cos\theta \end{cases} \tag{2-7-10}$$

其中

$$\theta = \arctan[(\vec{e}_2' \cdot \vec{e}_3)/(\vec{e}_2' \cdot \vec{e}_2)] \tag{2-7-11}$$

从而

$$R_x(\theta) \equiv \begin{bmatrix} 1 & 0 & 0 \\ 0 & \cos\theta & \sin\theta \\ 0 & -\sin\theta & \cos\theta \end{bmatrix} \tag{2-7-12}$$

2. 绕 y 轴的旋转

如果两个笛卡儿坐标系的 $y(\equiv x^2 = x'^2)$ 轴指向相同, 则有

$$\begin{cases} \vec{e}_1' = \vec{e}_1 \cos\phi - \vec{e}_3 \sin\phi \\ \vec{e}_2' = \vec{e}_2 \\ \vec{e}_3' = \vec{e}_1 \sin\phi + \vec{e}_3 \cos\phi \end{cases} \tag{2-7-13}$$

或者

$$R_y(\phi) \equiv \begin{bmatrix} \cos\phi & 0 & -\sin\phi \\ 0 & 1 & 0 \\ \sin\phi & 0 & \cos\phi \end{bmatrix} \tag{2-7-14}$$

3. 绕 z 轴的旋转

如果两个笛卡儿坐标系的 $z(\equiv x^3 = x'^3)$ 轴指向相同, 则

$$\begin{cases} \vec{e}_1' = \vec{e}_1 \cos\varphi + \vec{e}_1 \sin\varphi \\ \vec{e}_2' = -\vec{e}_2 \sin\varphi + \vec{e}_1 \cos\varphi \\ \vec{e}_3' = \vec{e}_3 \end{cases} \tag{2-7-15}$$

或者

$$R_z(\varphi) \equiv \begin{bmatrix} \cos\varphi & \sin\varphi & 0 \\ -\sin\varphi & \cos\varphi & 0 \\ 0 & 0 & 1 \end{bmatrix} \tag{2-7-16}$$

4. 复合旋转

事实上, 对于任意两个笛卡儿参考架, 其坐标变换可以通过三个坐标旋转变换实现。如图 2-7-1 所示, $O\text{-}xyz$ 到 $O\text{-}x'y'z'$ 的变换, 可以表示为

$$\begin{cases} [x'] = R[x'] \\ R = R_z(\psi)R_X(\theta)R_z(\phi) \end{cases} \tag{2-7-17}$$

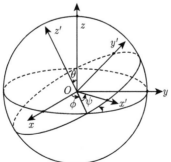

图 2-7-1 欧拉角示意

通常将两个笛卡儿坐标系之间的三个旋转角称为欧拉角。欧拉 (Leonhard Euler, 1707~1783) 是瑞士数学家。

2.8 曲线坐标与仿射联络

2.8.1 曲线坐标与基底矢量

"**坐标系**" (coordinate system) 是指按照一定规则给空间点位赋值 (称为坐标) 的方法, 是定量描述物质空间运动的基础。由于局域空间的均匀和平直特性, 观者空间中的任何矢量、张量都可以按照欧氏几何的法则进行比较。坐标系是对空间矢量、张量进行量化的基本参考和依据。

在科学实验和工程技术中, 最常使用的坐标系是笛卡儿坐标系。由于其坐标轴相互正交, 坐标单位处处相同, 因此笛卡儿坐标具有十分明确的物理意义。但在很多情况下, 使用曲线坐标也是非常方便的, 如球面坐标、极坐标等。在某些特殊情况下, 人们甚至会使用更为复杂的坐标系统。例如, 在大地测量学中, 通常采用椭球面作为地球表面的近似, 以椭球面经纬度作为地面点的坐标。事实上, 道路上的里程碑也可以视为一种曲线坐标。

对某一观者而言, 空间是唯一的, 因此不同坐标系之间可以进行相互转换。坐标系既不会改变空间的度量特性, 也不会改变事物的物理特性。因此, 从理论上说, 只要"坐标"与空间点位一一对应, 那么所有坐标系都是等价的。

在采用曲线坐标的情况下, 坐标基底矢量是坐标曲线的切矢量, 矢量的模 (长度) 为 1 个单位坐标的长度。因此坐标基底矢量定义为

$$\vec{e}_i(x^k) \equiv \lim_{\delta x^i \to 0} \frac{\overrightarrow{P(x^k)P(x^k+\delta x^i)}}{\delta x^i} \equiv \vec{\partial}_i = \frac{\vec{\partial}}{\partial x^i} \tag{2-8-1}$$

显然, 这样定义的基底矢量是随空间点位而变化的。空间位置不同, 坐标基底矢量也不同。

根据坐标基底矢量的定义, 其对偶 (协变) 基底矢量可以表示为

$$\vec{e}^i(x^k) \equiv \vec{\mathrm{d}}_i \equiv \vec{\mathrm{d}}x^i \tag{2-8-2}$$

显然, 对于坐标系 $\{x^i\}$ 和 $\{x'^i\}$, 同一空间点位上的基底矢量之间满足

$$\begin{cases} \vec{e}'_i \equiv \vec{\partial}_{i'} \equiv \dfrac{\vec{\partial}}{\partial x'^i} = \dfrac{\partial x^j}{\partial x'^i}\vec{e}_j \\ \vec{e}^{i'} \equiv \vec{\mathrm{d}}_{i'} \equiv \vec{\mathrm{d}}x'^i = \dfrac{\partial x'^i}{\partial x^j}\vec{e}^j \end{cases} \tag{2-8-3}$$

直线坐标可视为曲线坐标的特例, 因此公式 (2-8-1) 和 (2-8-3) 可以作为坐标基底矢量的一般定义和转换关系。

2.8.2 曲线坐标系中的度规张量

在欧几里得几何学中，最重要的概念是"直线"。"曲线"是相对"直线"而言的。空间中的任意两点之间都存在一条且只有一条直线。两点之间的距离定义为两个点之间"直线"线段的长度。这是欧几里得几何的基础和核心。因此，无论什么人，使用什么坐标，两点之间的距离是唯一的，不变的。这种空间度量的不变性和唯一性，是欧氏空间度量的基本规则，称为**"欧氏度规"**(Euclidean metric)。显然，满足欧氏度规的空间就是欧氏空间，在欧氏空间中，欧几里得几何学成立。

在欧氏空间中，如果采用笛卡儿坐标系，那么任何两个临近空间点之间的距离都可以用坐标的增量表示

$$ds^2 = dx^2 + dy^2 + dz^2 \tag{2-8-4}$$

然而，如果使用球坐标 $\{r, \theta, \phi\}$，则距离公式改变为

$$ds^2 = dr^2 + r^2(d\theta^2 + \sin^2\theta d\phi^2) \tag{2-8-5}$$

因此，在一般意义上，无论采用曲线坐标还是直线坐标，距离增量和坐标增量之间的关系都可以表示为

$$ds^2 = g_{ij}(x^k)dx^i dx^j \tag{2-8-6}$$

通常将其称为**线元 (长度) 的度规表达式**，其中度规系数 $g_{ij}(x^k)$ 是点位坐标的函数。显然，对于两个任意坐标系 $\{x^i\}$ 和 $\{x'^i\}$，有

$$ds^2 = g_{ij}(x^k)dx^i dx^j = g'_{kl}(x'^i)dx'^k dx'^l \tag{2-8-7}$$

因此，曲线坐标与仿射坐标一样，度规系数满足一般的坐标变换关系

$$g'_{kl} = g_{ij}\frac{\partial x^i}{\partial x'^k}\frac{\partial x^j}{\partial x'^l} \tag{2-8-8}$$

2.8.3 仿射联络

度规系数是由曲线坐标计算直线距离的基本依据。度规系数不为常数是曲线坐标与仿射坐标之间的最大差异。在欧氏空间中，度规系数的变化是度规基底矢量随空间点位变化造成的。根据公式 (2-5-2)，有

$$\frac{\partial g_{ij}}{\partial x^k} = \frac{\partial}{\partial x^k}(\vec{e}_i \cdot \vec{e}_j) = \frac{\partial \vec{e}_i}{\partial x^k} \cdot \vec{e}_j + \frac{\partial \vec{e}_j}{\partial x^k} \cdot \vec{e}_i \tag{2-8-9}$$

如果定义

$$\frac{\partial \vec{e}_i}{\partial x^j} \equiv \Gamma_{ij}^k \vec{e}_k \tag{2-8-10}$$

或者

$$\Gamma_{ij}^k \equiv \frac{\partial \vec{e}_i}{\partial x^j} \cdot \vec{e}^k \tag{2-8-11}$$

则

$$g_{ij,k} \equiv \frac{\partial g_{ij}}{\partial x^k} = g_{jl}\Gamma_{ik}^l + g_{il}\Gamma_{jk}^l \tag{2-8-12}$$

其中，Γ_{ij}^k 称为仿射联络系数，亦称为克里斯托费尔 (Christoffel) 符号，反映了坐标基底矢量随空间坐标的变化。

2.9　张量微分与仿射联络表达

2.9.1　张量微分

如果一个物理量随空间位置而变，那么就可以将其视为空间坐标的函数。因此，可以对其进行微分运算。在空间坐标增量为 $\mathrm{d}x^i$ 的情况下，矢量 $\vec{v}$ 的增量可以表示为

$$\mathrm{d}\vec{v} = \mathrm{d}[v^i(x^k)\vec{e}_i(x^k)] = \mathrm{d}v^i\vec{e}_i + v^i\mathrm{d}\vec{e}_i \tag{2-9-1}$$

根据公式 (2-8-10)，有

$$\mathrm{d}\vec{e}_i \equiv \Gamma_{ij}^k \mathrm{d}x^j \vec{e}_k \tag{2-9-2}$$

则

$$\mathrm{d}\vec{v} = \left(\frac{\partial v^i}{\partial x^j}\mathrm{d}x^j + \Gamma_{jk}^i v^j \mathrm{d}x^k \right) \vec{e}_i \tag{2-9-3}$$

若进一步令

$$\begin{cases} v_{,j}^i \equiv \dfrac{\partial v^i}{\partial x^j} \\ v_{;j}^i \equiv v_{,j}^i + \Gamma_{jk}^i v^k \end{cases} \tag{2-9-4}$$

分别表示 v^i 对坐标 x^j 的普通 (偏) 导数和绝对 (偏) 导数 (亦称为协变导数)，那么公式 (2-9-3) 可以进一步简化为

$$\mathrm{d}\vec{v} = (\mathrm{d}v^i + \Gamma_{jk}^i v^j \mathrm{d}x^k)\vec{e}_i \equiv \mathrm{D}v^i\vec{e}_i \tag{2-9-5}$$

其中，$\mathrm{d}v^i, \mathrm{D}v^i$ 分别称为矢量 $\vec{v}$ 的普通坐标增量和绝对坐标增量

$$\begin{cases} \mathrm{d}v^i \equiv v_{,j}^i \mathrm{d}x^j \\ \mathrm{D}v^i \equiv v_{;j}^i \mathrm{d}x^j = \mathrm{d}v^i + \Gamma_{jk}^i v^j \mathrm{d}x^k \end{cases} \tag{2-9-6}$$

因此，矢量 $\vec{v}$ 对 x^j 的偏导数可以表示为

$$\frac{\partial \vec{v}}{\partial x^j} = v_{;j}^i \vec{e}_i \equiv (v_{,j}^i + \Gamma_{jk}^i v^k)\vec{e}_i \tag{2-9-7}$$

同理，根据公式 (2-5-9)，有

$$\frac{\partial \vec{g}}{\partial x^i} = \frac{\partial \vec{e}_j}{\partial x^i}\vec{e}^j + \vec{e}_j\frac{\partial \vec{e}^j}{\partial x^i} \equiv 0 \tag{2-9-8}$$

$$\vec{e}_j \frac{\partial \vec{e}^j}{\partial x^i} = -\frac{\partial \vec{e}_j}{\partial x^i} \vec{e}^j = -\Gamma_{ji}^k \vec{e}_k \vec{e}^j \qquad (2\text{-}9\text{-}9)$$

$$\frac{\partial \vec{e}^j}{\partial x^i} = -\Gamma_{ki}^j \vec{e}^k \qquad (2\text{-}9\text{-}10)$$

也可将公式 (2-9-7) 表示为

$$\frac{\partial \vec{v}}{\partial x^i} = v_{i;j} \vec{e}^j \equiv (v_{i,j} - \Gamma_{ij}^k v_k) \vec{e}^i \qquad (2\text{-}9\text{-}11)$$

其中

$$\begin{cases} v_{i,j} \equiv \dfrac{\partial v_i}{\partial x^j} \\[2mm] v_{i;j} \equiv v_{i,j} - \Gamma_{ij}^k v_k \end{cases} \qquad (2\text{-}9\text{-}12)$$

是矢量 $\vec{v}$ 协变分量对 x^j 的普通 (偏) 导数和绝对 (偏) 导数 (或协变导数)。

根据矢量的微分，可以写出张量的微分和导数公式，如 2 阶张量的微分可以表示为

$$\begin{aligned} \mathrm{d}\overset{(2)}{\vec{T}} &= \mathrm{d}(T^{ij}\vec{e}_i\vec{e}_j) = (\mathrm{d}T^{ij} + \Gamma_{kl}^i T^{kj}\mathrm{d}x^l + \Gamma_{kl}^j T^{ik}\mathrm{d}x^l)\vec{e}_i\vec{e}_j \equiv \mathrm{D}T^{ij}\vec{e}_i\vec{e}_j \\ &= \mathrm{d}(T_{ij}\vec{e}^i\vec{e}^j) = (\mathrm{d}T_{ij} - \Gamma_{il}^k T_{jk}\mathrm{d}x^l - \Gamma_{jl}^k T_{ik}\mathrm{d}x^l)\vec{e}^i\vec{e}^j \equiv \mathrm{D}T_{ij}\vec{e}^i\vec{e}^j \quad (2\text{-}9\text{-}13) \end{aligned}$$

相应的坐标偏导数公式为

$$\frac{\partial \overset{(2)}{\vec{T}}}{\partial x^k} = \left(\frac{\partial T^{ij}}{\partial x^k} + \Gamma_{lk}^i T^{lj} + \Gamma_{lk}^j T^{il} \right) \vec{e}_i\vec{e}_j = \left(\frac{\partial T_{ij}}{\partial x^k} - \Gamma_{ik}^l T_{lj} - \Gamma_{jk}^l T_{il} \right) \vec{e}^i\vec{e}^j \qquad (2\text{-}9\text{-}14)$$

2.9.2 仿射联络的表达

仿射联络系数 Γ_{jk}^i 是通过坐标基底矢量的微分定义的。矢量的微分仍然是矢量，因此仿射联络系数在实质上是某一矢量的坐标分量，这里我们称其为仿射联络矢量，可表示为

$$\begin{aligned} \vec{\Gamma}_{jk} &\equiv \frac{\partial \vec{e}_j}{\partial x^k} = \lim_{\delta x^k \to 0} \frac{\delta \vec{e}_j}{\delta x^k} = \lim_{\delta x^k \to 0} \frac{\vec{e}_j(x^i + \delta x^k) - \vec{e}_j(x^i)}{\delta x^k} \\ &= \lim_{\delta x^k \to 0} \frac{1}{\delta x^k} \lim_{\delta x^j \to 0} \frac{\overrightarrow{P(x^i + \delta x^k)P(x^i + \delta x^k + \delta x^j)} - \overrightarrow{P(x^i)P(x^i + \delta x^j)}}{\delta x^j} \quad (2\text{-}9\text{-}15) \end{aligned}$$

由于在局域空间中

$$\begin{aligned} &\overrightarrow{P(x^i)P(x^i + \delta x^k)} + \overrightarrow{P(x^i + \delta x^k)P(x^i + \delta x^k + \delta x^j)} \\ &= \overrightarrow{P(x^i)P(x^i + \delta x^i)} + \overrightarrow{P(x^i + \delta x^j)P(x^i + \delta x^j + \delta x^k)} \end{aligned} \qquad (2\text{-}9\text{-}16)$$

因此

$$
\begin{aligned}
\vec{\Gamma}_{jk} &\equiv \lim_{\delta x^k \to 0} \lim_{\delta x^j \to 0} \frac{1}{\delta x^k} \frac{\overline{P(x^i+\delta x^k)P(x^i+\delta x^k+\delta x^j)} - \overrightarrow{P(x^i)P(x^i+\delta x^j)}}{\delta x^j} \\
&= \lim_{\delta x^j \to 0} \lim_{\delta x^k \to 0} \frac{1}{\delta x^i} \frac{\overline{P(x^i+\delta x^j)P(x^i+\delta x^j+\delta x^k)} - \overrightarrow{P(x^i)P(x^i+\delta x^k)}}{\delta x^k} \\
&= \vec{\Gamma}_{kj}
\end{aligned}
\tag{2-9-17}
$$

即

$$
\vec{\Gamma}_{jk} \equiv \frac{\partial \vec{e}_j}{\partial x^k} = \vec{\Gamma}_{kj} = \frac{\partial \vec{e}_k}{\partial x^j} \tag{2-9-18}
$$

这表明，仿射联络矢量的下标具有对称性。仿射联络的对称性与局域空间平直性等价，这被称为**外尔 (Weyl) 定理**(须重明，吴雪君，1999)。

根据公式 (2-9-18) 和 (2-8-11)，可以给出

$$
\Gamma_{ij}^k = \Gamma_{ji}^k = \frac{1}{2} g^{kl}(g_{il,j} + g_{jl,i} - g_{ij,l}) \tag{2-9-19}
$$

因此，仿射联络系数与度规系数的坐标导数是等价的。在采用仿射坐标的情况下，度规系数为常数，仿射联络系数为零。由此可见，造成仿射联络系数不为零的原因有两个：一是坐标线弯曲，二是坐标单位不均匀。

2.10　度规行列式与不变体积元

2.10.1　度规行列式及其坐标变换

对空间度规系数构成的矩阵求行列式，有

$$
g \equiv |g_{ij}| = \begin{vmatrix} g_{11} & g_{12} & g_{13} \\ g_{21} & g_{22} & g_{23} \\ g_{31} & g_{32} & g_{33} \end{vmatrix} \tag{2-10-1}
$$

由于在坐标变换下度规系数之间满足

$$
g_{ij} = g'_{kl} \frac{\partial x'^k}{\partial x^i} \frac{\partial x'^l}{\partial x^j}
$$

并考虑到两个方阵之积的行列式运算满足 $|AB| = |A||B|$，因此

$$
g \equiv |g_{ij}| = |g'_{kl}| \left| \frac{\partial x'^k}{\partial x^i} \right| \left| \frac{\partial x'^l}{\partial x^j} \right| = J^2 g' \tag{2-10-2}
$$

其中，J 为雅克比行列式

$$
J \equiv \left| \frac{\partial x'^i}{\partial x^i} \right| = |J_j^i| \tag{2-10-3}
$$

2.10.2 度规行列式的坐标微分

对度规行列式求微分，可以给出

$$\mathrm{d}g = |g_{ij} + \mathrm{d}g_{ij}| - |g_{ij}| = g g^{ij} \mathrm{d}g_{ij} \tag{2-10-4}$$

从而

$$g^{-1} \mathrm{d}g = g^{ij} \mathrm{d}g_{ij} \tag{2-10-5}$$

由于

$$g^{ij} g_{jk} = \delta^i_k$$

因此

$$g^{-1} \mathrm{d}g = g^{ij} \mathrm{d}g_{ij} = -g_{ij} \mathrm{d}g^{ij} \tag{2-10-6}$$

$$\frac{1}{\sqrt{g}} \frac{\partial \sqrt{g}}{\partial x^k} = \frac{1}{2} g^{ij} \frac{\partial g_{ij}}{\partial x^k} = -\frac{1}{2} g_{ij} \frac{\partial g^{ij}}{\partial x^k} \tag{2-10-7}$$

考虑到

$$\Gamma^i_{ij} = \frac{1}{2} g^{ik}(g_{ik,j} + g_{jk,i} - g_{ij,k}) = \frac{1}{2} g^{ik} g_{ik,j} \tag{2-10-8}$$

公式 (2-10-8) 可以进一步表示为

$$\frac{1}{\sqrt{g}} \frac{\partial \sqrt{g}}{\partial x^k} = \Gamma^i_{ik} \tag{2-10-9}$$

2.10.3 不变体积元

由于物体形状的不规则性，在研究物体特性的时候，经常会使用"体积元"的概念。在采用笛卡儿坐标的情况下，物体的体积元可以表示为

$$\mathrm{d}V = \mathrm{d}x \mathrm{d}y \mathrm{d}z \tag{2-10-10}$$

考虑到在笛卡儿坐标条件下 $g_{ij} = \delta_{ij}$，有

$$\mathrm{d}V = \begin{vmatrix} \mathrm{d}x & 0 & 0 \\ 0 & \mathrm{d}y & 0 \\ 0 & 0 & \mathrm{d}z \end{vmatrix} = \frac{1}{\sqrt{g}} \begin{vmatrix} \mathrm{d}x & 0 & 0 \\ 0 & \mathrm{d}y & 0 \\ 0 & 0 & \mathrm{d}z \end{vmatrix} \tag{2-10-11}$$

由于在坐标变换下

$$\mathrm{d}x'^i = \frac{\partial x'^i}{\partial x^j} \mathrm{d}x^j = J^i_j \mathrm{d}x^j \tag{2-10-12}$$

$$\mathrm{d}x' \mathrm{d}y' \mathrm{d}z' = J \mathrm{d}x \mathrm{d}y \mathrm{d}z \tag{2-10-13}$$

同时考虑到公式 (2-10-2), 有

$$dV = \frac{1}{\sqrt{g'}}dx'dy'dz' \tag{2-10-14}$$

与公式 (2-10-11) 进行对比, 可见

$$dV \equiv \frac{1}{\sqrt{g}}dxdydz = \frac{1}{\sqrt{g'}}dx'dy'dz' \tag{2-10-15}$$

是一个坐标变换不变量, 故将其称为 **"三维不变体积元"**。

2.11　梯度、散度和旋度

2.11.1　梯度与张量扩张

如果一个物理量与空间位置一一对应, 那么这个物理量就在空间中形成一个 "物理场"。若是标量, 则形成的 "场" 称为 "标量场" (如温度场、密度场等); 若是矢量 (张量), 则称为 "矢量 (张量) 场" (如流速场、电磁场等)。在研究物理场的问题时, "梯度"、"散度" 和 "旋度" 等概念非常重要, 本节讨论这些物理量在任意坐标系下的表达。

"梯度" 是表示场随空间变化的量, 反映了场的最大变化方向及其变化量值。对于一个连续的标量场 φ, 其梯度运算可以表示为

$$\mathrm{grad}\varphi \equiv \nabla\varphi = \vec{e}^{\,i}\frac{\partial\varphi}{\partial x^i} \tag{2-11-1}$$

其中, ∇ 是梯度算符, 称为哈密顿算子或耐普拉算子

$$\nabla \equiv \vec{e}^{\,i}\frac{\partial}{\partial x^i} \equiv \vec{e}^{\,i}\partial_i \tag{2-11-2}$$

由于

$$\vec{e}^{\,i}\frac{\partial}{\partial x^i} = \left(\vec{e}'^{\,k}\frac{\partial x^i}{\partial x'^k}\right)\left(\frac{\partial}{\partial x'^j}\frac{\partial x'^j}{\partial x^i}\right) = \vec{e}'^{\,j}\frac{\partial}{\partial x'^j} \tag{2-11-3}$$

所以梯度计算结果与坐标系的选择无关。

不难理解, 一个标量场的梯度是一个矢量场。那么, 一个矢量场的梯度是什么呢? 答案是一个 2 阶张量场。根据梯度的运算法则, 一个矢量的梯度可以表示为

$$\mathrm{grad}\vec{a} \equiv \nabla\vec{a} = \vec{e}^{\,i}\frac{\partial(a^j\vec{e}_j)}{\partial x^i} = \vec{e}^{\,i}\frac{\partial a^j}{\partial x^i}\vec{e}_j + \vec{e}^{\,i}\frac{a^j\partial\vec{e}_j}{\partial x^i}$$

$$= (\partial_i a^j + \Gamma_{ik}^j a^k)\vec{e}^{\,i}\vec{e}_j = a_{;i}^j\vec{e}^{\,i}\vec{e}_j \tag{2-11-4}$$

在采用笛卡儿坐标的情况下，上式退化为如下的简单形式：

$$\nabla \vec{a} = \frac{\partial a^i}{\partial x^j} \vec{e}_i \vec{e}_j = \partial_j a^i \vec{e}_i \vec{e}_j = a^i_{,j} \vec{e}_i \vec{e}_j \qquad (2\text{-}11\text{-}5)$$

同理，也可以给出 2 阶张量的梯度计算公式

$$\mathrm{grad}\overset{\rightharpoonup}{T}^{(2)} \equiv \nabla \overset{\rightharpoonup}{T}^{(2)} = \vec{e}^k \frac{\partial (T^{ij} \vec{e}_i \vec{e}_j)}{\partial x^k} = T^{ij}_{;k} \vec{e}^k \vec{e}_i \vec{e}_j \qquad (2\text{-}11\text{-}6)$$

以此类推，可以给出高阶张量梯度的计算公式，这里不加赘述。在一般意义上，张量的梯度运算满足以下关系：

$$\begin{cases} \mathrm{grad}(\overset{\rightharpoonup}{A}^{(n)} + \overset{\rightharpoonup}{B}^{(n)}) = (\nabla \overset{\rightharpoonup}{A}^{(n)} + \overset{\rightharpoonup}{B}^{(n)}) = \nabla \overset{\rightharpoonup}{A}^{(n)} + \nabla \overset{\rightharpoonup}{B}^{(n)} \\ \mathrm{grad}(\varphi \overset{\rightharpoonup}{T}^{(n)}) = \nabla \varphi \wedge \overset{\rightharpoonup}{T}^{(n)} + \varphi \nabla \overset{\rightharpoonup}{T}^{(n)} \end{cases} \qquad (2\text{-}11\text{-}7)$$

张量是物理场的基本表达形式。高阶张量可以由低阶张量的梯度给出。标量场的梯度是 1 阶张量 (矢量)，矢量场的梯度是 2 阶张量，2 阶张量场的梯度是 3 阶张量，以此类推，n 阶张量场的梯度是 $(n+1)$ 阶张量。其概念与微分学中的导数概念相类似。为此，爱因斯坦把张量的梯度运算称为"张量扩张"。

2.11.2 方向导数

根据张量的梯度，可以计算张量沿某一矢量的微分增量

$$\Delta_a \overset{\rightharpoonup}{T}^{(n)} = \nabla \overset{\rightharpoonup}{T}^{(n)} \cdot \vec{a} = \vec{e}^i \frac{\partial \overset{\rightharpoonup}{T}^{(n)}}{\partial x^i} \cdot \vec{a} = a^i \partial_i \overset{\rightharpoonup}{T}^{(n)} \qquad (2\text{-}11\text{-}8)$$

从而，张量 $\vec{a}$ 对矢量的方向导数可以表示为

$$\nabla_a \overset{\rightharpoonup}{T}^{(n)} \equiv \lim_{a \to 0} \frac{\Delta_a \overset{\rightharpoonup}{T}^{(n)}}{a} = n^i_a \partial_i \overset{\rightharpoonup}{T}^{(n)} \qquad (2\text{-}11\text{-}9)$$

其中

$$\begin{cases} \vec{n}_a = n^i_a \vec{e}_i \equiv \vec{a}/a \\ a \equiv (\vec{a} \cdot \vec{a})^{1/2} \end{cases} \qquad (2\text{-}11\text{-}10)$$

由此可以定义方向导数算子

$$\nabla_a \equiv n^i_a \partial_i \qquad (2\text{-}11\text{-}11)$$

特别地，若取 $\vec{a} = \vec{e}_i$，即对于坐标 x^i 的方向导数，则有

$$\nabla_i \equiv \partial_i \qquad (2\text{-}11\text{-}12)$$

2.11.3　张量的散度和旋度

张量的"散度"和"旋度"是反映张量场特性的重要物理参量，在任意坐标系下，张量的散度和旋度运算定义如下：

$$\begin{cases} \operatorname{div}\overrightarrow{T}^{(n)} \equiv \nabla \cdot \overrightarrow{T}^{(n)} \equiv \vec{e}^i \cdot \partial_i(T^{k_1\cdots k_n}\vec{e}_{k_1}\cdots\vec{e}_{k_n}) = T^{k_1\cdots k_n}_{;k_1}\vec{e}_{k_2}\vec{e}_{k_3}\cdots\vec{e}_{k_n} \\ \operatorname{rot}\overrightarrow{T}^{(n)} \equiv \nabla \times \overrightarrow{T}^{(n)} \equiv \vec{e}^i \times \partial_i(T^{k_1\cdots k_n}\vec{e}_{k_1}\cdots\vec{e}_{k_n}) = T^{k_1\cdots k_n}_{;i}\vec{e}^i \times \vec{e}_{k_1}\vec{e}_{k_2}\cdots\vec{e}_{k_n} \end{cases}$$
$$(2\text{-}11\text{-}13)$$

其中

$$\begin{cases} \operatorname{div} \equiv \nabla \cdot \equiv \vec{e}^i \cdot \dfrac{\partial}{\partial x^i} \equiv \vec{e}^i \cdot \partial_i \\ \operatorname{rot} \equiv \nabla \times \equiv \vec{e}^i \times \partial_i \end{cases} \qquad (2\text{-}11\text{-}14)$$

分别称为**散度算符**和**旋度算符**。由此可见，一个 n 阶张量，其散度是一个 $n-1$ 阶张量，其旋度仍然是一个 n 阶张量。

对于一个矢量，其散度和旋度可以表示为

$$\begin{cases} \operatorname{div}_{\vec{v}} = \nabla \cdot \vec{v} = \vec{e}^i \cdot \dfrac{\partial \vec{v}}{\partial x^i} = v^i_{,i} + \varGamma^i_{ij}v^j = v^i_{;i} \\ \operatorname{rot}_{\vec{v}} = \nabla \times \vec{v} \equiv \vec{e}^i \times \partial_i(v^j\vec{e}_j) = v^j_{;i}\vec{e}^i \times \vec{e}_j = v_{i;j}\vec{e}^i \times \vec{e}^j \end{cases} \qquad (2\text{-}11\text{-}15)$$

矢量的散度是标量，其旋度仍然是一个矢量，由于

$$v_{i;j}\vec{e}^i \times \vec{e}^j = v_{i,j}\vec{e}^i \times \vec{e}^j \qquad (2\text{-}11\text{-}16)$$

因此

$$\operatorname{rot}\vec{v} = \nabla \times \vec{v} = v_{i,j}\vec{e}^i \times \vec{e}^j \qquad (2\text{-}11\text{-}17)$$

在旋度计算中协变分量的普通导数可以代替其协变导数。

如果一个标量函数，先求梯度再求其旋度，则其结果为零，即

$$\nabla \times \nabla\varphi \equiv \vec{e}^i \times \partial_i\left(\frac{\partial \varphi}{\partial x^j}\vec{e}^j\right) = (\varphi_{,ij} + \varGamma^k_{ij}\varphi_{,k})\vec{e}^i \times \vec{e}^j = 0 \qquad (2\text{-}11\text{-}18)$$

根据张量运算规则，有下列等式成立：

$$\begin{cases} \operatorname{div}(\overrightarrow{A}^{(n)} + \overrightarrow{B}^{(n)}) = \nabla \cdot (\overrightarrow{A}^{(n)} + \overrightarrow{B}^{(n)}) = \nabla \cdot \overrightarrow{A}^{(n)} + \nabla \cdot \overrightarrow{B}^{(n)} \\ \operatorname{div}(\varphi\overrightarrow{T}^{(n)}) = \varphi\nabla \cdot \overrightarrow{T}^{(n)} \\ \operatorname{rot}(\overrightarrow{A}^{(n)} + \overrightarrow{B}^{(n)}) = \nabla \times (\overrightarrow{A}^{(n)} + \overrightarrow{B}^{(n)}) = \nabla \times \overrightarrow{A}^{(n)} + \nabla \times \overrightarrow{B}^{(n)} \\ \operatorname{rot}(\varphi\overrightarrow{T}^{(n)}) = \varphi\nabla \times \overrightarrow{T}^{(n)} \end{cases} \qquad (2\text{-}11\text{-}19)$$

2.11.4 拉普拉斯算子

对一个张量, 如果先对其求"梯度", 再求其"散度", 则有

$$
\begin{aligned}
\text{div grad}\overset{\leftrightarrow}{\vec{T}}^{(n)} &= \nabla \cdot \nabla \overset{\leftrightarrow}{\vec{T}}^{(n)} = \vec{e}^{\,i} \cdot \partial_i(\vec{e}^{\,j}\partial_j T^{k_1\cdots k_n}\vec{e}_{k_1}\cdots\vec{e}_{k_n}) \\
&= (\vec{e}^{\,i} \cdot \vec{e}^{\,j}\partial_i\partial_j + \vec{e}^{\,i} \cdot \partial_i\vec{e}^{\,j}\partial_j)T^{k_1\cdots k_n}\vec{e}_{k_1}\cdots\vec{e}_{k_n} \\
&= g^{ij}(\partial_i\partial_j - \Gamma^l_{ij}\partial_l)T^{k_1\cdots k_n}\vec{e}_{k_1}\cdots\vec{e}_{k_n}
\end{aligned} \tag{2-11-20}
$$

其中

$$
\nabla^2 \equiv \nabla \cdot \nabla = \vec{e}^{\,i} \cdot \partial_i(\vec{e}^{\,j}\partial_j) = g^{ij}(\partial_i\partial_j - \Gamma^k_{ij}\partial_k) \tag{2-11-21}
$$

称为**拉普拉斯算子**(Laplace operator), 是以法国数学家拉普拉斯 (Pierre-Simon Laplace, 1749~1827) 命名的。

在三维笛卡儿坐标情况下, 拉普拉斯算子表现为人们所熟知的形式

$$
\nabla^2 = \delta_{ij}\partial_i\partial_j = \frac{\partial^2}{\partial x^2} + \frac{\partial^2}{\partial y^2} + \frac{\partial^2}{\partial z^2} \tag{2-11-22}
$$

2.12 伽利略相对性与科里奥利定理

2.12.1 牛顿力学与弱等效原理

牛顿力学, 也称为经典力学, 是描述物质受力运动的科学, 也是现代科学技术最重要的理论基石。牛顿在《自然哲学之数学原理》中给出了著名的运动学三定律和万有引力定律。

牛顿运动学三定律的核心是第二定律, 惯性定律 (第一定律) 可以视为第二定律在受力为零情况下的特例。该定律认为物体的运动加速度与物体所受的力成正比, 与物体的质量成反比。如果用 m 表示粒子的质量, $\vec{a}$ 表示粒子的运动加速度, $\vec{f}$ 表示外部作用力, 则牛顿运动学第二定律可以表示为

$$
\vec{f} = m\vec{a} \tag{2-12-1}
$$

牛顿认为, 宇宙中任意两个质点之间都存在相互作用, 这种作用就是"引力"。引力的大小与其质量的乘积成正比, 与距离的平方成反比; 两个质点所受力的大小相等, 方向相反, 与其连线方向相一致。这就是著名的**万有引力定律**, 通常表示为

$$
\vec{F}_{12} = -\frac{Gm_1m_2}{r_{12}^3}\vec{r}_{12} \tag{2-12-2}
$$

其中, G 是万有引力常数; m_1, m_2 分别是两个质点的引力质量; $\vec{r}_{12}$ 是两个质点之间的空间矢径。

从万有引力定律和运动学第二定律看出，产生引力的"质量"和影响运动的"质量"并不一定是完全相同的，因此后人将两种质量分别称为惯性质量和引力质量，并标记为 m^{I} 和 m^{G}。因此，对于两个质点，其运动加速度可分别表示为

$$\begin{cases} \vec{a}_1 = -\dfrac{Gm_2^{\mathrm{G}}}{r_{12}^3}\dfrac{m_1^{\mathrm{G}}}{m_1^{\mathrm{I}}}\vec{r}_{21} \\[3mm] \vec{a}_2 = -\dfrac{Gm_1^{\mathrm{G}}}{r_{12}^3}\dfrac{m_2^{\mathrm{G}}}{m_2^{\mathrm{I}}}\vec{r}_{12} \end{cases} \tag{2-12-3}$$

实验表明，$m^{\mathrm{I}}/m^{\mathrm{G}}$ 与物体的具体形状和构成无关。考虑到万有引力常数 G，实际上我们可以取

$$m^{\mathrm{I}} = m^{\mathrm{G}} \tag{2-12-4}$$

这意味着，惯性质量与引力质量等效，这被称为**弱等效原理**。

如果以系统 (由两个质点构成) 的质心为原点建立非旋转参考系，那么在该参考系中，质点的位置矢量可以表示为

$$\begin{cases} \vec{r}_1 = -\dfrac{m_1}{m_1 + m_2}\vec{r}_{12} \\[3mm] \vec{r}_2 = \dfrac{m_2}{m_1 + m_2}\vec{r}_{12} \end{cases} \tag{2-12-5}$$

因此有

$$\begin{cases} \vec{a}_1 \equiv \dfrac{\mathrm{d}^2\vec{r}_1}{\mathrm{d}t^2} = \dfrac{Gm_2}{r_{12}^3}\vec{r}_{12} = -\dfrac{Gm_2}{r_1^3}\left(\dfrac{m_1+m_2}{m_1}\right)^2\vec{r}_1 \\[4mm] \vec{a}_2 \equiv \dfrac{\mathrm{d}^2\vec{r}_2}{\mathrm{d}t^2} = -\dfrac{Gm_1}{r_{12}^3}\vec{r}_{12} = -\dfrac{Gm_1}{r_2^3}\left(\dfrac{m_1+m_2}{m_2}\right)^2\vec{r}_2 \end{cases} \tag{2-12-6}$$

如果

$$m \equiv m_2 \ll m_1 \equiv M$$

则

$$\begin{cases} \vec{a}_1 \equiv \dfrac{\mathrm{d}^2\vec{r}_1}{\mathrm{d}t^2} \approx 0 \\[4mm] \vec{a}_2 \equiv \dfrac{\mathrm{d}^2\vec{r}_2}{\mathrm{d}t^2} \approx -\dfrac{GM}{r_2^3}\vec{r}_2 \end{cases} \tag{2-12-7}$$

因此，在大质量天体之外，单一质点的加速度公式可近似表示为

$$\ddot{\vec{r}} \equiv \vec{a} = -\dfrac{GM}{r^3}\vec{r} \tag{2-12-8}$$

公式 (2-12-8) 是球对称天体对外部质点的万有引力加速度公式，也是讨论行星绕太阳运动或卫星绕地球运动时经常使用的近似公式。

如果天体不满足球对称特性，那么质点的加速度可表示为积分形式

$$\ddot{\vec{r}} = -G \int\limits_M \frac{1}{r'} \mathrm{d}m = -G \int\limits_V \frac{\rho}{r'^3} \vec{r}' \mathrm{d}V \qquad (2\text{-}12\text{-}9)$$

其中，ρ 是天体的质量密度；V 是天体的体积；$\vec{r}'$ 是质点相对于天体质量元的位置矢量。如果定义引力位函数

$$\varphi(x^i) \equiv -G \int\limits_V \frac{\rho}{r'} \mathrm{d}V \qquad (2\text{-}12\text{-}10)$$

则公式 (2-12-9) 可以进一步表示为

$$\ddot{\vec{r}} = \nabla\varphi \equiv \frac{\partial\varphi}{\partial x}\vec{i} + \frac{\partial\varphi}{\partial y}\vec{j} + \frac{\partial\varphi}{\partial z}\vec{k} \qquad (2\text{-}12\text{-}11)$$

其中，∇ 是耐普拉算子。毫无疑问，在万有引力假设下，天体系统中所有的粒子都不是自由运动，而是一种受力运动。公式 (2-12-8) 和公式 (2-12-11) 表明，万有引力是一种"保守力"，其大小和方向仅与空间位置有关。

2.12.2 惯性参考系与伽利略相对性原理

事实上，物质的"运动"和"静止"是相对的。无论"速度"还是"加速度"都需要有一个坐标参考架作参考。在牛顿力学中，存在一类优越的参考系，称为**惯性参考系**，在该坐标系中，牛顿运动学定律具有最简洁的表达形式。对于惯性系，加速度 $\vec{a}$ 可以表示为

$$\vec{a} \equiv \frac{\mathrm{d}\vec{v}}{\mathrm{d}t} = \frac{\mathrm{d}}{\mathrm{d}t}\left(\frac{\mathrm{d}\vec{r}}{\mathrm{d}t}\right) = \frac{\mathrm{d}}{\mathrm{d}t}\left(\frac{\mathrm{d}}{\mathrm{d}t}x^i\vec{e}_i\right) = \frac{\mathrm{d}^2 x^i}{\mathrm{d}t^2}\vec{e}_i \equiv \ddot{x}^i\vec{e}_i \qquad (2\text{-}12\text{-}12)$$

其中

$$\begin{cases} \vec{r} = x^i\vec{e}_i \\ \vec{v} \equiv \dfrac{\mathrm{d}\vec{r}}{\mathrm{d}t} = \dot{x}^i\vec{e}_i \end{cases} \qquad (2\text{-}12\text{-}13)$$

表示粒子相对于坐标原点的位置矢量和速度矢量。

如果把外部作用力表示为坐标分量形式，即

$$\vec{f} = f^i\vec{e}_i \qquad (2\text{-}12\text{-}14)$$

则牛顿运动学第二定律可以用坐标分量表示为

$$f^i = m\ddot{x}^i \qquad (2\text{-}12\text{-}15)$$

如果存在另外一个坐标系 $O'\text{-}x'y'z'$，与 $O\text{-}xyz$ 之间无加速运动 (既没有原点之间的相对加速度，也没有坐标轴之间的旋转运动) 且使用相同的时间，则根据坐标变换关系 (2-7-6)，有

$$\begin{cases} x^i = x_0^i + R_j^i x'^j \\ \dot{x}^i = \dot{x}_0^i + R_j^i \dot{x}'^j \\ \ddot{x}^i = R_j^i \ddot{x}'^j \end{cases} \tag{2-12-16}$$

这就是著名的**伽利略变换**。满足伽利略变换的坐标系构成一个伽利略群。

容易证明，在 $O'\text{-}x'y'z'$ 坐标系中，公式 (2-12-15) 可以表示为

$$f'^i = m\ddot{x}'^i \tag{2-12-17}$$

因此，在伽利略变换下，牛顿定律的表达形式不变。这就是著名的**伽利略相对性原理**。

早在 1632 年，伽利略在《两个主要世界体系的对话——托勒密和哥白尼》的书中写道："把自己和一些朋友关在一艘大船甲板下的主舱里。船舱里有一些苍蝇、蝴蝶和一些能飞翔的动物，还有一大盆水里养着鱼。舱顶悬挂着一瓶水，一滴滴地落入正下方的一个广口容器里。当船静止的时候，仔细地观察飞翔的动物如何在船舱中朝所有的方向飞都有相同的速度，鱼在沿不同方向游动时也并无不同，水滴落入正下方的容器中。当你扔东西给距离相同的朋友时，不觉得朝一个方向要比另一个方向更为费力。你双脚跳起时，往所有的方向都跳了相同的距离。在你观察了所有这些现象之后 (毫无疑问，当船静止时事情本应如此)，让船以任何你所希望的速度行进，但是船速是完全均匀的，没有任何方式的波动。你会发现所有的现象没有一丁点儿变化，你无法从任何一种现象判别船是在运动还是保持静止。"

伽利略相对性原理说明：相对于惯性参考系做匀速运动的参考系也是惯性参考系。当然，相对于惯性参考系做加速运动的参考系就是非惯性参考系。

2.12.3 非惯性参考系与科里奥利定理

非惯性参考系的加速运动包括坐标原点的加速和坐标轴的旋转两大类。下面对其产生的力学效应分别进行讨论。

1. 牵连加速度

设 $O'\text{-}x'y'z'$ 的坐标原点相对于惯性参考系 $O\text{-}xyz$ 做加速运动，则

$$\vec{a} \equiv \frac{\mathrm{d}^2 r}{\mathrm{d}t^2} = \frac{\mathrm{d}^2}{\mathrm{d}t^2}(\vec{r}_{O'} + \vec{r}') = \vec{a}_0 + \vec{a}' \tag{2-12-18}$$

其中

$$\vec{a}' \equiv \frac{\mathrm{d}^2 \vec{r}'}{\mathrm{d}t^2} \tag{2-12-19}$$

是粒子相对于参考系 O'-$x'y'z'$ 的加速度矢量

$$\vec{a}_0 \equiv \frac{\mathrm{d}^2 \vec{r}_{O'}}{\mathrm{d}t^2} \tag{2-12-20}$$

是 O' 相对于 O-xyz 的加速度矢量, 称为牵连加速度. 在该情况下

$$\vec{f} = m\vec{a} = m(\vec{a}_0 + \vec{a}') \tag{2-12-21}$$

或者

$$\vec{a}' = \vec{f}/m - \vec{a}_0 \tag{2-12-22}$$

2. 旋转加速度

如果参考系的原点相同, O-$x'y'z'$ 相对于 O-xyz 仅做空间旋转, 其旋转角速度矢量为 $\vec{\omega}$, 则根据

$$\begin{cases} \vec{r} = x^i \vec{e}_i = x'^i \vec{e}'_i \\ \vec{v} \equiv \dot{\vec{r}} = \dot{x}^i \vec{e}_i = \dot{x}'^i \vec{e}'_i + x'^i \dfrac{\mathrm{d}\vec{e}'_i}{\mathrm{d}t} \end{cases} \tag{2-12-23}$$

以及

$$\frac{\mathrm{d}\vec{e}'_i}{\mathrm{d}t} = \vec{\omega} \times \vec{e}'_i \tag{2-12-24}$$

有

$$\vec{v} = \vec{v}' + \vec{\omega} \times \vec{r}' \tag{2-12-25}$$

$$\vec{a} \equiv \ddot{\vec{r}} = \vec{a}' + 2\vec{\omega} \times \vec{v}' + \vec{\omega} \times (\vec{\omega} \times \vec{r}') \tag{2-12-26}$$

其中

$$\begin{cases} \vec{v}' \equiv \dot{x}'^i \vec{e}'_i \\ \vec{a}' \equiv \ddot{x}'^i \vec{e}'_i \end{cases} \tag{2-12-27}$$

分别表示粒子相对于参考系 O-$x'y'z'$ 的速度和加速度矢量.

公式 (2-12-26) 最早由法国物理学家家科里奥利 (Coriolis Gustave Gaspard de, 1792~1843) 于 1835 年提出, 因此称为**科里奥利定理**. 该公式表明在外部作用力为零的情况下, 旋转参考系中运动粒子的加速度可以表示为

$$\vec{a}' = -2\vec{\omega} \times \vec{v}' - \vec{\omega} \times (\vec{\omega} \times \vec{r}') \tag{2-12-28}$$

通常称其为科里奥利加速度.

科里奥利加速度是形成台风的基本原因. 由于地球自转, 地球上南北信风在科里奥利加速度的作用下形成了西太平洋的热带气旋. 同样, 傅科摆的缓慢旋转也是由科里奥利加速度导致的.

第3章 闵可夫斯基空间与洛伦兹变换

3.1 闵可夫斯基空间

3.1.1 闵可夫斯基时空假说

1908 年，闵可夫斯基发表了著名的《空间和时间》论文，认为三维空间的动力学可以用四维时空的几何学表述。考虑到时空的相对性，他提出把时间作为三维实数空间之外的第四维虚数空间对待，把时间和空间看成四维一体。

闵可夫斯基空间，简称闵氏空间，由一个三维实数空间 ($\mathbb{R}^3$) 和一维虚数空间 ($i\mathbb{R}$) 构成，其中三维实数空间表示观者所感知的空间，一维虚数空间表示观者所感知的时间。在闵可夫斯基空间中，时间和空间不再是独立的存在，而只是"时空"相对于观者的"投影"。

根据时空统一性公设，任何局域时空都可以用闵可夫斯基空间表示。因此，定义观者四维时空中观者的时间基底矢量为 $\vec{e}_0$，满足

$$\begin{cases} \vec{e}_0 \cdot \vec{e}_0 = -1 \\ \vec{e}_0 \cdot \vec{e}_i = 0 \end{cases} \tag{3-1-1}$$

其中，$\{\vec{e}_i\}(i=1,2,3)$ 为观者的三维空间参考架。

时空中发生的任何一个事件都可以用相对于观者参考架的空间坐标和相对于观者所携钟的一个时间读数表示，即任何事件相对于观者的四维时空位置矢量可以表示为

$$\vec{x} = x^\alpha \vec{e}_\alpha \tag{3-1-2}$$

其中，$x^i(i=1,2,3)$ 为物体相对于观者的空间参考架 $\{\vec{e}_i\}$ 的位置坐标；x^0 定义为观者的时间与光速之积，即

$$x^0 \equiv ct \tag{3-1-3}$$

3.1.2 闵可夫斯基空间的时空线元

根据公式 (3-1-2)，闵可夫斯基时空中任何两个事件 A、B 的时空位置矢量差可以表示为

$$\Delta \vec{x}_{AB} \equiv \vec{x}_B - \vec{x}_A = \Delta x_{AB}^\alpha \vec{e}_\alpha \tag{3-1-4}$$

其中

$$\Delta x^{\alpha}_{AB} \equiv x^{\alpha}_B - x^{\alpha}_A \tag{3-1-5}$$

因此，两个事件之间的时空间隔可以用其位置差矢量的 (点积) 表示

$$\Delta s^2_{AB} = \eta_{\alpha\beta} \Delta x^{\alpha}_{AB} \Delta x^{\beta}_{AB} \tag{3-1-6}$$

由此看出，如果两个事件同时发生，则 $\Delta x^0_{AB} = 0$，$\Delta \vec{x}_{AB}$ 退化为三维空间中的位置矢量，从而有 $\Delta s^2_{AB} > 0$；如果两个事件在同一空间位置上前后相继发生，则 $\Delta x^i_{AB} = 0, \Delta s^2_{AB} < 0$；如果 A、B 是电磁波传播过程中的两个事件，则有 $\Delta s^2_{AB} = 0$。为此，对于时空中任意两个相邻的事件，当其时空线元 $ds^2 < 0$ 时，称其为类时的；$ds^2 = 0$ 时，称其为类光的；$ds^2 > 0$ 时，称其为类空的。

物质在四维时空中的运动轨迹表现为时空中的一条曲线，通常称为"**世界线**"。光子的世界线是类光测地线，时空间隔恒为零，即 $ds^2 \equiv 0$。对于粒的世界线，其线元始终满足 $ds^2 < 0$。

3.1.3 时空光锥

在闵可夫斯基时空中，通过观者的类光测地线表现为四维时空中的一个直线簇，由观者发出和接收的光子构成四维时空的三维锥面，通常称其为光锥，如图 3-1-1 所示。光锥将观者的时空划分为过去、现在和未来。为了便于表示，图中只画出了二维空间。

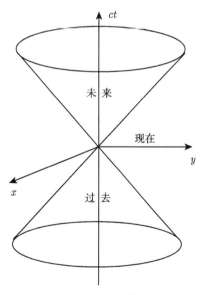

图 3-1-1　时空光锥示意

时间和空间既具有相对性，也具有绝对性。时间和空间的绝对“分水岭”是“光”。发生在光锥以内的两个事件，无论由谁来度量，只能是发生在过去 (或者尚未发生的“未来”)，其时空间隔永远要小于零 (类时)。同样，对于发生在光锥以外的任意两个事件，其时空间隔永远要大于零 (类空)。这种“绝对”的“类时”或“类空”特性并不会随观者而发生改变。

观者的理想钟所计量的时间在本质上是观者世界线的长度。观者时间基底矢量的方向就是观者的四维速度方向，观者的世界线也就是观者的时间坐标轴。因此，观者世界线的线元长度可以表示为

$$ds^2 = -c^2 d\tau^2 = -c^2 dt^2 + d\vec{x}^2 \tag{3-1-7}$$

其中，τ 称为观者的本征时间。由于任何其他观者的相对速度都不可能大于光速，所以对于时空间隔具有“类时”特性的两个事件，不管由谁来观测，其“先后”顺序都不会发生改变。

与此对应，对于某一观者“同时”发生在不同空间位置的两个事件，其时空间隔一定大于零。尽管其他观者的观测结果可能不是“同时”发生的，但是这两个事件一定是发生在不同空间位置上的，而且它们之间不可能有任何的因果关系存在。

因此，我们在讨论时间、空间“相对性”的时候，也不要忘记它们“绝对性”的一面，始终不能把时间和空间混为一团。相对论的高明之处，就在于其“相对性”。“相对”与“绝对”自身也是相对的。

3.2　闵可夫斯基空间张量运算

3.2.1　张量运算法则

由于闵可夫斯基空间是三维欧氏空间的扩充，有很强的类似性，所以定义闵可夫斯基空间具有与欧氏空间相同的矢量张量运算法则。四维矢量可以进行矢量倍乘、矢量和、矢量点积、矢量叉积和矢量并积。同理，四维时空中的张量也可以进行张量点积、张量并积和张量加法运算，其规则与三维空间张量相同。为了与三维空间的矢量张量加以区别，通常用小写希腊字母 (α, β, μ, ν 等) 表示四维时空指标，用小写拉丁字母 (i, j, k, l 等) 表示三维空间指标。

3.2.2　闵可夫斯基空间度规张量

由于时空的局域平直性，在观者局域范围内，时空可视为一个伪欧几里得空间 (一维线性虚数空间 + 三维线性实数空间)，也就是所谓的闵可夫斯基空间。在闵

可夫斯基空间中, 可以构建笛卡儿坐标系, 使坐标基底矢量之间满足正交条件

$$\begin{cases} \vec{e}_0 \cdot \vec{e}_0 = -1 \\ \vec{e}_0 \cdot \vec{e}_i = 0 \\ \vec{e}_i \cdot \vec{e}_j = \delta_{ij} \end{cases} \tag{3-2-1}$$

因此, 在该坐标条件下, 时空度规可以表示为

$$\vec{g} \equiv \vec{e}_\alpha \vec{e}^\alpha = \eta_{\mu\nu} \vec{e}^\mu \vec{e}^\nu \tag{3-2-2}$$

或者

$$g_{\mu\nu} = \vec{e}_\mu \cdot \vec{e}_\nu = \eta_{\mu\nu} \tag{3-2-3}$$

其中, $\eta_{\mu\nu}$ 称为闵可夫斯基度规系数 (分量)

$$\eta_{\mu\nu} = \vec{e}_\mu \cdot \vec{e}_\nu = \vec{e}^\mu \cdot \vec{e}^\nu = \eta^{\mu\nu} \equiv \begin{cases} -1, & \mu = \nu = 0 \\ 1, & \mu = \nu = i = 1, 2, 3 \\ 0, & \mu \neq \nu \end{cases} \tag{3-2-4}$$

与三维空间相类似, 闵可夫斯基空间的度规张量仍然具有下列基本特性。

(1) 度规张量是时空中的一个 2 阶不变张量 (与时空位置无关)

$$\frac{\partial \vec{g}}{\partial x^\mu} \equiv 0 \tag{3-2-5}$$

(2) 度规张量是一个 2 阶对称张量, $\eta_{\mu\nu} = \eta_{\nu\mu}$;

(3) 度规张量与矢量 (张量) 作点积, 矢量 (张量) 保持不变, 如

$$\vec{g} \cdot \vec{a} = \vec{a} \cdot \vec{g} = \vec{a} \tag{3-2-6}$$

$$\vec{g} \cdot \overleftrightarrow{T} = \overleftrightarrow{T} \cdot \vec{g} = \overleftrightarrow{T} \tag{3-2-7}$$

(4) 度规张量与 $(n \geqslant 2)$ 阶张量作双点积, 其结果为 $n - 2$ 阶张量

$$\vec{g} \cdot \cdot \vec{a}\vec{b} = \vec{a} \cdot \vec{g} \cdot \vec{b} = \vec{a}\vec{b} \cdot \cdot \vec{g} = \vec{a} \cdot \vec{b} \tag{3-2-8}$$

$$\vec{g} \cdot \cdot \overleftrightarrow{T}^{(2)} = \overleftrightarrow{T}^{(2)} \cdot \cdot \vec{g} = g_{\mu\nu} T^{\mu\nu} = T_\mu^\mu \tag{3-2-9}$$

$$\cdots\cdots$$

$$\vec{g} \cdot \cdot \overleftrightarrow{T}^{(n)} = g_{\mu\nu} T^{\mu\nu\alpha_1\cdots\alpha_{n-2}} \vec{e}_{\alpha_1} \vec{e}_{\alpha_2} \cdots \vec{e}_{\alpha_{n-2}} = \overleftrightarrow{T}^{(n-2)} \tag{3-2-10}$$

$$\overleftrightarrow{T}^{(n)} \cdot \cdot \vec{g} = g_{\mu\nu} T^{\alpha_1\cdots\alpha_{n-2}\mu\nu} \vec{e}_{\alpha_1} \vec{e}_{\alpha_2} \cdots \vec{e}_{\alpha_{n-2}} \tag{3-2-11}$$

同样, 由三维空间定义的梯度、散度、旋度等运算法则在四维时空中仍然适用, 如:

(1) 梯度 (耐普拉算子)

$$\nabla \equiv \vec{e}^{\mu} \frac{\partial}{\partial x^{\mu}} \equiv \vec{e}^{\mu} \partial_{\mu} \tag{3-2-12}$$

(2) 方向导数

$$\nabla_{\alpha} \equiv \partial_{\alpha} \tag{3-2-13}$$

(3) 矢量的散度

$$\mathrm{div}\vec{V} = \nabla \cdot \vec{V} \equiv \vec{e}^{\alpha} \cdot \partial_{\alpha}\vec{V} = V^{\alpha}_{;\alpha} = V^{\alpha}_{,\alpha} \tag{3-2-14}$$

(4) 矢量的旋度

$$\mathrm{rot}\vec{V} = \nabla \times \vec{V} \equiv \vec{e}^{\mu} \times \partial_{\mu}\vec{V} = V^{\alpha}_{,\mu}\vec{e}^{\mu} \times \vec{e}_{\alpha} \tag{3-2-15}$$

(5) 拉普拉斯算子

$$\begin{aligned}
\nabla^2 &\equiv \nabla \cdot \nabla = \vec{e}^{\mu} \cdot \partial_{\mu}(\vec{e}^{\nu}\partial_{\nu}) = \eta^{\mu\nu}\partial_{\mu}\partial_{\nu} \\
&= -\frac{1}{c^2}\partial_t^2 + \partial_x^2 + \partial_y^2 + \partial_z^2
\end{aligned} \tag{3-2-16}$$

3.3　洛伦兹变换

3.3.1　闵可夫斯基时空间隔

根据以上讨论, 对于时空中发生的任何两个事件, 所有观者给出的时空间隔都相等, 因此

$$\mathrm{d}s^2 = -c^2\mathrm{d}t_{\mathrm{A}}^2 + \mathrm{d}\vec{x}_{\mathrm{A}}^2 = -c^2\mathrm{d}t'^2_{\mathrm{B}} + \mathrm{d}\vec{x}'^2_{\mathrm{B}} \tag{3-3-1}$$

其中, $\mathrm{d}s$ 表示两个临近事件之间的四维时空间隔, A、B 表示观者。由此看出:

(1) 对于两个确定的事件, 无论观者给出的时间间隔和空间距离如何, 合成的时空间隔不变。

(2) 对于观者 A, 同一地点发生的两个事件 $(\mathrm{d}\vec{x}_{\mathrm{A}} = 0)$, 对于观者 B 可能有位置差异。

(3) 对于观者 A 同时发生的两个事件 $(\mathrm{d}t_{\mathrm{A}} = 0)$, 对于观者 B 可能有先后之别。

(4) 对于同一物体上发生的两个事件，由观者所给出的时间和空间间隔与物体相对于观者的速度有关。速度越大，其空间距离就越大，因而其时间间隔也就越大。

(5) 对于发生在类光能量传递过程中的两个事件 $(\mathrm{d}s \equiv 0)$，任何观者给出的空间距离都与其时间间隔成正比，光速不变。

因此，无论"时间"还是"空间距离"都与观者有关。现在的问题是对于两个相对运动的观者，事件的时空坐标之间满足什么变换关系？这是下面要讨论的问题。

3.3.2 洛伦兹变换

在闵可夫斯基空间中，事件与事件之间构成了一系列四维位置差矢量。毫无疑问，这些位置差矢量是与观者无关的物理量。对于任意的位置差矢量 $\Delta\vec{x}$，都可以采用某一观者的局域参考架 $\{\vec{e}_\alpha\}$ 表示

$$\Delta\vec{x} = \Delta x^\alpha \vec{e}_\alpha \tag{3-3-2}$$

对于两个不同的观者局域参考架 $\{\vec{e}_\alpha\}$ 和 $\{\vec{e}'_\alpha\}$，如果将其关系表示为

$$\vec{e}'_\alpha = L^\beta_\alpha \vec{e}_\beta \tag{3-3-3}$$

那么由两观者给出的时空坐标之间应该满足 (位置差矢量与参考架无关)

$$\Delta x^\alpha = L^\alpha_\beta \Delta x'^\beta \tag{3-3-4}$$

公式中的 L^α_β 称为洛伦兹变换系数。该变换是荷兰物理学家洛伦兹 (Hendrik Antoon Lorentz，1853~1928) 于 1904 年首先提出的，因此称为洛伦兹变换。根据公式 (3-3-4)，可以进一步推导洛伦兹变换系数的数学表达。

(1) 若两个事件对应于参考架 $\{\vec{e}'_\alpha\}$ 观者所携原子钟的两次读数，则有

$$\begin{cases} \Delta x^0 = L^0_0 \Delta x'^0 \\ \Delta x^i = L^i_0 \Delta x'^0 \end{cases} \tag{3-3-5}$$

另一方面，空间坐标差分量可以用 $\{\vec{e}'_\alpha\}$ 观者相对于参考架 $\{\vec{e}_\alpha\}$ 的三维空间速度 v^i 给出，即

$$\Delta x^i = v^i \Delta t = v^i \Delta x^0 / c \tag{3-3-6}$$

因此

$$L^i_0 = L^0_0 v^i / c \tag{3-3-7}$$

考虑到

$$
\begin{cases}
\vec{e}'_0 \cdot \vec{e}'_0 = -L_0^{0\,2} + L_0^i L_0^j \delta_{ij} = -1 \\
\vec{e}'_0 \cdot \vec{e}'_i = -L_0^0 L_i^0 + L_0^j L_i^k \delta_{jk} = 0
\end{cases}
\tag{3-3-8}
$$

有

$$
L_0^0 = \gamma \equiv 1 / \sqrt{1 - v^2/c^2}
\tag{3-3-9}
$$

$$
L_i^0 = \delta_{jk} L_i^k v^j / c
\tag{3-3-10}
$$

(2) 若两个事件对应于参考架 $\{\vec{e}_\alpha\}$ 观者所携原子钟的两次读数, 则有

$$
\Delta x^i = L_\alpha^i \Delta x'^\alpha = 0
\tag{3-3-11}
$$

因此

$$
L_0^i = -L_j^i \Delta x'^j / \Delta x'^0 = -L_j^i v'^j / c
\tag{3-3-12}
$$

其中, v'^i 是 $\{\vec{e}_\alpha\}$ 观者相对于 $\{\vec{e}'_\alpha\}$ 的三维空间速度。由于运动是相对的, 所以在参考架没有相对空间旋转的情况下, 两观者之间的相对速度大小相同, 方向相反, 从而

$$
L_0^i = L_j^i v^j / c
\tag{3-3-13}
$$

另一方面, 考虑到

$$
\vec{e}'_i \cdot \vec{e}'_j = -L_i^0 L_j^0 + L_i^k L_j^l \delta_{kl} = \delta_{ij}
\tag{3-3-14}
$$

从而

$$
\delta_{kl}\delta_{mn} L_i^k L_j^m v^l v^n / c^2 + L_i^k L_j^l \delta_{kl} = \delta_{ij}
\tag{3-3-15}
$$

由此可以给出

$$
\begin{cases}
L_j^i = \delta_j^i + v^i v^j (\gamma - 1)/v^2 \\
L_i^0 = L_0^i = \gamma v^i / c
\end{cases}
\tag{3-3-16}
$$

公式 (3-3-9) 和公式 (3-3-16) 构成了一般意义上的洛伦兹变换系数表达式。因此, 洛伦兹变换公式可以表达为

$$
dx^\alpha = L_\beta^\alpha dx'^\beta
\tag{3-3-17}
$$

其中

$$
\begin{cases}
L_0^0 = \gamma \equiv 1/\sqrt{1 - v^2/c^2} \\
L_i^0 = L_0^i = \gamma v^i / c \\
L_j^i = \delta_j^i + v^i v^j (\gamma - 1)/v^2
\end{cases}
\tag{3-3-18}
$$

或者

$$\mathrm{d}x'^{\alpha} = L'^{\alpha}_{\beta}\mathrm{d}x^{\beta} \tag{3-3-19}$$

$$\begin{cases} L'^{0}_{0} = \gamma \equiv 1/\sqrt{1 - v^2/c^2} \\ L'^{0}_{i} = L'^{0}_{0} = -\gamma v^i/c \\ L'^{i}_{j} = \delta^i_j + v^i v^j (\gamma - 1)/v^2 \end{cases} \tag{3-3-20}$$

3.4 狭义相对论效应

3.4.1 时钟变慢效应

根据洛伦兹变换，如果观者 A 相对于观者 B 以速度 v 沿 x 轴方向运动，那么，在两个观者位置相重合时，其坐标关系满足

$$\begin{cases} \mathrm{d}t_{\mathrm{B}} = (\mathrm{d}t'_{\mathrm{A}} + \mathrm{d}x'_{\mathrm{A}}v/c^2)/\sqrt{1 - v^2/c^2} \\ \mathrm{d}x_{\mathrm{B}} = (\mathrm{d}x'_{\mathrm{A}} + v\mathrm{d}t'_{\mathrm{A}})/\sqrt{1 - v^2/c^2} \\ \mathrm{d}y_{\mathrm{B}} = \mathrm{d}y'_{\mathrm{A}} \\ \mathrm{d}z_{\mathrm{B}} = \mathrm{d}z'_{\mathrm{A}} \end{cases} \tag{3-4-1}$$

显然，相对于观者 A 静止的钟，在观者 A 看来，其坐标增量为

$$\begin{cases} \mathrm{d}t'_{\mathrm{A}} \neq 0 \\ \mathrm{d}x'_{\mathrm{A}} = \mathrm{d}y'_{\mathrm{A}} = \mathrm{d}z'_{\mathrm{A}} = 0 \end{cases} \tag{3-4-2}$$

而对于观者 B，相应的坐标增量为

$$\begin{cases} \mathrm{d}t_{\mathrm{B}} = \mathrm{d}t'_{\mathrm{A}}/\sqrt{1 - v^2/c^2} \\ \mathrm{d}x_{\mathrm{B}} = v\mathrm{d}t'_{\mathrm{A}}/\sqrt{1 - v^2/c^2} = v\mathrm{d}t_{\mathrm{B}} \\ \mathrm{d}y_{\mathrm{B}} = \mathrm{d}y'_{\mathrm{A}} = 0 \\ \mathrm{d}z_{\mathrm{B}} = \mathrm{d}z'_{\mathrm{A}} = 0 \end{cases} \tag{3-4-3}$$

由公式 (3-4-3) 的第一式看出

$$\mathrm{d}t_{\mathrm{B}} = \mathrm{d}t'_{\mathrm{A}}/\sqrt{1 - v^2/c^2} \geqslant \mathrm{d}t' \tag{3-4-4}$$

若 A 钟的时间增量为 1 秒, 那么在观者 B 看来, 其时间增量就会大于 1 秒, A 的运动速度越大, 差异就越大。这就是所谓的 "运动的时钟变慢" 效应。

但是, 当说 "时钟变慢" 时, 我们必须要十分明确相对于 "什么东西" 变慢。从本质上讲, 任何两个时空点之间的时空 "距离" 是确定的, 是两个时空点之间短程线的 "长度", 与观者无关。对于一个 "类时" 时空间隔, 其时空短程线的长度也是唯一确定的, 不可能有 "长"、"短" 或 "快"、"慢" 问题。所谓时钟变慢效应只是由观者的时间和空间分割不同造成的。对于观者 A 没有空间位置差异的两个 "事件", 例如, 静止钟的滴嗒声, 对于观者 B 是有位置差异的, 因为在 dt_B 的时间里, 钟向前移动了 $v dt_B$ 的空间距离。由于 "事件" 之间的时空间隔不变, 因此, 观者 B 观测的时间差一定会大于观者 A 给出的时间差。

反之亦然。对于观者 B 静止的钟, 在观者 A 看来, 也在 "变慢", 而且结果完全相同。这恰恰说明, A 和 B 两个观者所采用的 "钟" 是相同的。在 A 钟本地 "时空间隔为 1 秒" 的两个事件与在 B 钟本地 "时空间隔为 1 秒" 的两个事件, 具有相同的 "时空间隔"。但对于同一个 "时空间隔", 在两个不同的观者看来, 其 "时" "空" 是投影不同的, 所以也就给出了不同 "时间间隔" 和 "空间距离"。

3.4.2　尺长缩短效应

除了 "时钟变慢" 效应之外, 另一个著名的狭义相对论效应 (亦称为洛伦兹效应) 是 "运动的尺子缩短"。根据洛伦兹变换 (3-4-1), 对于观者 A 静止的一个线段 dx'_A 对于观者 B 而言, 有

$$
\begin{cases}
dt_B = dx'_A v/(c^2\sqrt{1-v^2/c^2}) \\[2mm]
dx_B = dx'_A/\sqrt{1-v^2/c^2} \\[2mm]
dy_B = dy'_A = 0 \\[2mm]
dz_B = dz'_A = 0
\end{cases}
\tag{3-4-5}
$$

与公式 (3-4-4) 相类似, 有

$$
dx_B = dx'_A/\sqrt{1-v^2/c^2} \geqslant dx'_A
\tag{3-4-6}
$$

也就是说, 运动观者 (A) 的一个空间线段 (尺子), 在静止观者 (B) 看来显得要长一些。这就是所谓的 "运动的尺子缩短" 效应。

与 "运动的时钟变慢" 一样, 我们说 "运动的尺子缩短" 也必须明确相对于 "什么" 缩短。如果把尺子的两端看作两个时空点, 那么 "运动的尺子缩短" 和 "运动的时钟变慢" 两种效应在物理概念上是完全相同的。这反而说明两个观者所用的 "尺子" 不是不同, 而恰恰却是相同的。

在讨论狭义相对论问题时，我们特别需要提醒自己，三维空间中的一个点，从四维时空来看，是一条线；三维空间中的一条线，在四维时空中则是一个平面。无论"运动的时钟变慢"还是"运动的尺子缩短"，都是时间和空间的不同"投影"造成的。

总而言之，洛伦兹效应在本质上反映了时空的统一性。在洛伦兹变换中，静止观者和运动观者的"秒长"和"尺长"都没有发生变化，变化的只是时空的"投影"。因此，洛伦兹效应只不过是一种"观测效应"，或者说是一种"视效应"，就像我们看远处的东西变"小"一样。

3.5　闵可夫斯基空间中的运动方程

3.5.1　时空位移矢量

对观者而言，宇宙中的任何物质 (能量) 都占有一定的时间与空间。对于大小和形状都可以忽略的物质微粒，可以将其视为一个"质点"，为了避免与时空"点"混淆，这里称其为"粒子"。粒子在四维时空中的几何图像为一条平滑的曲线。该曲线称为粒子的"世界线"，世界线上的任何点都称为"世界点"。显然，每一个世界点都可以视为时空中一个"事件"。

对于与粒子共动的观者，粒子的空间坐标始终是不变的，因此粒子的世界线线长可以用与该粒子共动观者所携带的原子钟进行计量。由此得到的时间计量结果，称为该粒子的"本征时间"，用 τ 表示，即

$$\mathrm{d}s^2 = -c^2\mathrm{d}\tau^2 \tag{3-5-1}$$

显然，粒子的任意两个世界点之间都构成一个位移矢量。该矢量是与观者无关的客观物理量

$$\Delta\vec{x}_{12} \equiv \overrightarrow{p_1p_2} = \Delta x^\alpha \vec{e}_\alpha = \Delta x'^\beta \vec{e}'_\beta \tag{3-5-2}$$

3.5.2　四维速度矢量

如果 $\Delta\tau$ 时间间隔的两个世界点之间的位移矢量用 $\Delta\vec{x}(\Delta\tau)$ 表示，则定义粒子的四 (维) 速度矢量为

$$\vec{u} \equiv \lim_{\Delta\tau\to 0}\frac{\Delta\vec{x}(\Delta\tau)}{\Delta\tau} = \frac{\mathrm{d}(x^\alpha\vec{e}_\alpha)}{\mathrm{d}\tau} \equiv u^\alpha\vec{e}_\alpha \tag{3-5-3}$$

其中，u^α 是粒子四维速度 $\vec{u}$ 相对于观者参考架 $\{\vec{e}_\alpha\}$ 的坐标分量。对于不同的观者参考架，粒子四维速度 $\vec{u}$ 有不同的坐标分量，但粒子四维速度 $\vec{u}$ 与参考架无关，

并且满足

$$|\vec{u}| \equiv c$$

由于观者参考架是可以任意选定的，所以对于空间中的一个自由粒子，根据局域时空的平直性，我们可以构造一个与粒子共动、无空间旋转的笛卡儿参考架，并且使坐标时等于该自由粒子的本征时间。显然，这样构造的参考架在牛顿力学意义上，既无加速运动，也无空间旋转运动，因此是一个"惯性参考架"。为此我们可以定义它满足

$$\frac{\mathrm{d}\vec{e}_\alpha^{(\mathrm{I})}}{\mathrm{d}\tau} \equiv 0 \tag{3-5-4}$$

根据参考架之间的洛伦兹变换关系

$$\vec{e}_\beta = L_\beta^\alpha \vec{e}_\alpha^{(\mathrm{I})}$$

如果相对于 $\{\vec{e}_\alpha^{(\mathrm{I})}\}$ 静止或做匀速直线运动，则

$$\frac{\mathrm{d}\vec{e}_\alpha}{\mathrm{d}\tau} = L_\alpha^\beta \frac{\mathrm{d}\vec{e}_\beta^{(\mathrm{I})}}{\mathrm{d}\tau} = 0 \tag{3-5-5}$$

从而 $\{\vec{e}_\alpha\}$ 也是一个惯性参考架。因此惯性参考架是一类参考架，在该类参考架中任一粒子的四维速度可以表示为

$$\vec{u} = \frac{\mathrm{d}(x^\alpha \vec{e}_\alpha)}{\mathrm{d}\tau} = \frac{\mathrm{d}x^\alpha}{\mathrm{d}\tau}\vec{e}_\alpha \tag{3-5-6}$$

如果定义粒子相对于观者的三维空间速度

$$\vec{V} \equiv \frac{\mathrm{d}(x^i \vec{e}_i)}{\mathrm{d}t} \equiv V^i \vec{e}_i \tag{3-5-7}$$

则粒子相对于观者的三维空间速度与四维速度之间的关系可以表示为

$$\vec{u} \equiv u^\alpha \vec{e}_\alpha = \frac{\mathrm{d}(x^\alpha \vec{e}_\alpha)}{\mathrm{d}\tau} = \frac{\mathrm{d}x^\alpha}{\mathrm{d}t}\left(\frac{\mathrm{d}t}{\mathrm{d}\tau}\right)\vec{e}_\alpha = \gamma c \vec{e}_0 + \gamma V^i \vec{e}_i \tag{3-5-8}$$

或者

$$\begin{cases} u^0 \equiv \dfrac{\mathrm{d}x^0}{\mathrm{d}\tau} = c\left(\dfrac{\mathrm{d}\tau}{\mathrm{d}t}\right) = \gamma c \\ u^i \equiv \dfrac{\mathrm{d}x^i}{\mathrm{d}\tau} = V^i\left(\dfrac{\mathrm{d}\tau}{\mathrm{d}t}\right) = \gamma V^i \end{cases} \tag{3-5-9}$$

其中

$$\gamma \equiv \frac{1}{\sqrt{1 - V^2/c^2}}, \quad V^2 \equiv \vec{V} \cdot \vec{V} = \delta_{ij} V^i V^j$$

3.5.3 四维加速度矢量

与四维速度矢量类似，我们也可以定义粒子的四维加速度矢量

$$\vec{a} \equiv \lim_{\Delta\tau \to 0} \frac{\Delta\vec{u}(\Delta\tau)}{\Delta\tau} \equiv \frac{\mathrm{d}\vec{u}}{\mathrm{d}\tau} = \frac{\mathrm{d}(u^\alpha\vec{e}_\alpha)}{\mathrm{d}\tau} = \frac{\mathrm{d}^2(x^\alpha\vec{e}_\alpha)}{\mathrm{d}\tau^2} \equiv a^\mu\vec{e}_\mu \tag{3-5-10}$$

若定义粒子相对于观者的三维空间加速度

$$\vec{A} \equiv \frac{\mathrm{d}\vec{V}}{\mathrm{d}t} \equiv A^i\vec{e}_i \tag{3-5-11}$$

则在观者参考架为惯性参考架的前提下，粒子的三维加速度与四维加速度之间的关系可以表示为

$$\begin{aligned}
\vec{a} \equiv a^\alpha\vec{e}_\alpha &= \frac{\mathrm{d}(u^\alpha\vec{e}_\alpha)}{\mathrm{d}\tau} = \frac{\mathrm{d}(\gamma c\vec{e}_0)}{\mathrm{d}\tau} + \frac{\mathrm{d}(\gamma V^i\vec{e}_i)}{\mathrm{d}\tau} \\
&= (\gamma^4\vec{V}\cdot\vec{A}/c)\vec{e}_0 + \gamma^4 A^i\vec{e}_i
\end{aligned} \tag{3-5-12}$$

或者

$$\begin{cases}
a^0 = \gamma^4(\vec{V}\cdot\vec{A})/c \\[2mm]
a^i = \gamma^4 A^i \\[2mm]
A^i = \gamma^{-4}a^i
\end{cases} \tag{3-5-13}$$

由此可见，如果粒子相对于惯性参考架的三维空间加速度为零，则粒子的四维加速度也为零。同样，对于确定的粒子，与观者之间的相对运动速度越大，所观测到的粒子空间加速度越小。当粒子的运动速度接近于光速时，无论粒子的四维加速度有多大，观者所观测到的粒子三维空间加速度都接近于零。

根据公式 (3-5-8) 和 (3-5-12) 可以给出

$$\vec{u}\cdot\vec{a} = 0 \tag{3-5-14}$$

该式表明粒子的四维加速度矢量永远垂直于粒子的四维速度矢量。

3.5.4 角速度矢量

除了位移运动之外，粒子在空间中往往还具有自旋运动。在牛顿力学中粒子的空间自旋用角速度矢量表示。与速度和加速度矢量一样，角速度矢量也可以由三维空间推广到四维空间。如果将自旋角速度矢量表示为 $\vec{S}$，那么在与粒子共动的非旋转坐标系中，角速度矢量可以表示为

$$\vec{S} = S^i\vec{e}_i \tag{3-5-15}$$

其物理含义与牛顿力学相同，S^i 表示刚体绕 $\vec{e}_i$ 轴的空间角度 θ^i 在单位时间内的变化量

$$S^i \equiv \frac{\mathrm{d}\theta^i}{\mathrm{d}\tau} \tag{3-5-16}$$

由于角速度是一个纯空间矢量，因此

$$\vec{S} \cdot \vec{u} = 0 \tag{3-5-17}$$

或者

$$S^\alpha u_\alpha = 0 \tag{3-5-18}$$

这就是说，粒子的角速度矢量始终与粒子的四维速度垂直。在牛顿力学中，我们知道，如果粒子不受外力矩的作用，角速度矢量将保持不变，因此粒子自旋满足

$$\frac{\mathrm{d}\vec{S}}{\mathrm{d}\tau} = 0 \tag{3-5-19}$$

$$\vec{S} \cdot \vec{S} = S^\mu S_\mu = \text{const.} \tag{3-5-20}$$

3.6 能量–动量张量

3.6.1 粒子的质量与动量

如果将与粒子共动的观者所测得的粒子质量称为粒子的"本征质量"或"静质量"，记为 m，那么与牛顿力学相似，可以定义粒子的四维动量 (4D momentum) 为

$$\vec{p} \equiv m\vec{u} \tag{3-6-1}$$

由于粒子的静质量和四维速度与观者参考架无关，仅取决于粒子的"本征"(或"固有"，proper) 特性，所以，粒子的四维动量也是反映粒子本征特性的物理量。显然，**在粒子无加速 (不受外力作用) 情况下，粒子的四维动量将保持不变**。这就是相对论框架下的**动量守恒定律**。

根据粒子四维速度与观者所观测的三维空间速度之间的关系，有

$$\vec{p} = mu^\alpha \vec{e}_\alpha = m\gamma c\vec{e}_0 + m\gamma V^i \vec{e}_i \tag{3-6-2}$$

如果进一步定义

$$M \equiv m\gamma \tag{3-6-3}$$

为粒子相对于观者的"观测质量",那么在观者参考架下,粒子的四维动量可以表示为

$$\vec{p} = mu^{\alpha}\vec{e}_{\alpha} = Mc\vec{e}_0 + MV^i\vec{e}_i = Mc\vec{e}_0 + P^i\vec{e}_i \tag{3-6-4}$$

其中,P^i 为粒子相对于观者的三维动量的坐标分量,定义为

$$P^i \equiv MV^i \tag{3-6-5}$$

显然,如果粒子不受外力作用 (无加速),那么粒子相对于惯性观者的三维动量也保持不变。但是,根据"观测质量"和三维动量的定义,对于确定的粒子,观者与粒子的相对运动速度越大,"观测质量"就越大,粒子的三维动量亦越大。可见,牛顿动量守恒定律只是相对论动量守恒定律的近似描述。粒子的"观测质量"及"三维动量"都与观者相关。观者不同,所给出的质量及三维动量亦不同。

若定义作用在粒子上的四维力 (矢量) 为"粒子单位时间内四维动量的变化"(四维动量对粒子本征时间 τ 的导数),即

$$\vec{f} \equiv \frac{\mathrm{d}\vec{p}}{\mathrm{d}\tau} = m\frac{\mathrm{d}\vec{u}}{\mathrm{d}\tau} = m\vec{a} \tag{3-6-6}$$

那么,根据等式 (3-5-12),在惯性参考架下,四维力 $\vec{f}$ 可以表示为

$$\begin{aligned}
\vec{f} &= M\gamma^3(\vec{V} \cdot \vec{A})/c\vec{e}_0 + M\gamma^3 A^i\vec{e}_i \\
&= \gamma^3[(\vec{V} \cdot \vec{F})/c\vec{e}_0 + F^i\vec{e}_i]
\end{aligned} \tag{3-6-7}$$

其中

$$\vec{F} \equiv F^i\vec{e}_i = MA^i\vec{e}_i = M\vec{A} \tag{3-6-8}$$

是观者所观测粒子的三维空间受力,满足牛顿运动学第二定律。如果惯性观者所观测的三维力为零,则作用在粒子上的四维力也为零,粒子的四维速度和相对于观者的三维空间速度均保持不变。由于

$$F^i = f^i/\gamma^3 = f^i(1 - V^2/c^2)^{3/2} \tag{3-6-9}$$

由此可见

$$F^i \leqslant f^i$$

如果观者与粒子的相对运动速度为零,则

$$F^i = f^i$$

对于确定的受力粒子,观者和粒子之间的相对运动速度越大,所观测的三维力越小,三维加速度亦越小。这就是为什么不能使飞行器的三维空间速度大于光速的直接原因。

如果定义粒子的静能量

$$E_{\mathrm{m}} \equiv -m\vec{u} \cdot \vec{u} = mc^2 \tag{3-6-10}$$

那么，根据观测质量与静质量的关系 (3-6-3)，有

$$E_{\mathrm{m}} = mc^2 = Mc^2/\gamma = Mc^2\sqrt{1 - V^2/c^2} \tag{3-6-11}$$

将根式用泰勒级数展开，可得

$$E_{\mathrm{m}} = mc^2 = Mc^2 - \frac{1}{2}MV^2 - \frac{1}{8c^2}MV^4 + O(c^{-4}) \tag{3-6-12}$$

由于粒子的静能量与观者无关，所以，对于任何观者，等式 (3-6-12) 右边将保持不变。由此可见，粒子相对于观者的三维空间动能 $\left(\frac{1}{2}MV^2\right)$ 来源于观测质量的增加。也就是说，粒子相对于观者的运动速度越大，粒子的动能越大，其观测质量也越大，但粒子的静能量保持不变。

3.6.2　粒子的能量–动量张量

粒子的静能量和四维动量守恒反映了物质的惯性，从根本上说是由于物质的四维速度在无外力作用下保持不变的结果。因此，我们也可以进一步在时空中定义粒子的四维能量–动量张量

$$\overset{\leftrightarrow}{T}^{(2)} \equiv m\vec{u} \wedge \vec{u} = T^{\alpha\beta}\vec{e}_\alpha \wedge \vec{e}_\beta \tag{3-6-13}$$

与粒子的动量和静能量相似，粒子的能量–动量张量仅取决于粒子的"本征"质量和四维速度。因此，**在不受外力作用的条件下，粒子的能量–动量张量保持不变**，即

$$\frac{\mathrm{d}\overset{\leftrightarrow}{T}^{(2)}}{\mathrm{d}\tau} = m\vec{a} \wedge \vec{u} + m\vec{u} \wedge \vec{a} = \frac{\mathrm{d}T^{\alpha\beta}}{\mathrm{d}\tau}\vec{e}_\alpha \wedge \vec{e}_\beta = 0 \tag{3-6-14}$$

粒子的能量–动量张量是一个 2 阶对称张量，在任意观者参考架下的坐标分量可以表示为

$$\begin{cases} T^{00} \equiv (\overset{\leftrightarrow}{T}^{(2)} \cdot \vec{e}_0) \cdot \vec{e}_0 = m(\vec{u} \wedge \vec{u} \cdot \vec{e}_0) \cdot \vec{e}_0 = m\gamma^2 c^2 \\[2mm] T^{0i} \equiv (\overset{\leftrightarrow}{T}^{(2)} \cdot \vec{e}_0) \cdot \vec{e}_i = m(\vec{u} \wedge \vec{u} \cdot \vec{e}_0) \cdot \vec{e}_i = m\gamma^2 c v^i = T^{i0} \\[2mm] T^{ij} \equiv (\overset{\leftrightarrow}{T}^{(2)} \cdot \vec{e}_i) \cdot \vec{e}_j = m(\vec{u} \wedge \vec{u} \cdot \vec{e}_i) \cdot \vec{e}_j = m\gamma^2 v^i v^j = T^{ji} \end{cases} \tag{3-6-15}$$

在粒子静止的观者参考架下

$$\begin{cases} T^{00} = mc^2 \\ T^{0i} = T^{i0} = 0 \\ T^{ij} = T^{ji} = 0 \end{cases} \tag{3-6-16}$$

3.7 闵可夫斯基空间短程线

3.7.1 类空间隔与类空短程线

根据时空间隔不变假设，宇宙中发生的任何两个事件之间的时空间隔都是一个客观不变量，与观者无关。该时空间隔定义为两个时空点之间的短程线长度。根据闵可夫斯基空间 (时空) 特性，事件之间的时空间隔可分为类空、类时和类光三种类型。

如果两个事件之间的时空间隔为实数值，则称两个事件之间的关系是类空的。也就是说，这两个事件之间不可能存在任何的因果关系，是绝对不相关的。对于具有类空关系的任何两个事件，都可以找到一类在宇宙中处于自然运动状态的惯性观者，对他们而言两个事件同时发生，而没有时间差异。从而，对于这类观者，两个事件之间构成的位置差矢量是一个纯空间矢量，在观者笛卡儿坐标系中可以表示为

$$\overrightarrow{p_1 p_2} = \Delta x^i \vec{e}_i \tag{3-7-1}$$

该矢量的长度就是这两个事件之间的时空间隔，满足

$$\Delta s^2 = \delta_{ij} \Delta x^i \Delta x^j = (x_2 - x_1)^2 + (y_2 - y_1)^2 + (z_2 - z_1)^2 > 0 \tag{3-7-2}$$

毫无疑问，该时空间隔是两点之间的直线距离，而直线是两个点之间所有空间连线中的最短连线。因此在闵可夫斯基空间中有下面的定理成立：

类空短程线定理：在闵可夫斯基空间中，类空短程线是一条类空直线。

任何两个类空事件都可以表示为某一观者空间中的两个点，事件之间的时空间隔 (短程线长度) 等于两个空间点之间的直线距离。

3.7.2 类光间隔与类光短程线

如果两个事件之间的时空间隔为零，则称两个事件之间的关系是类光的，也就是说这两个事件之间可能存在因光电信号传递产生的因果关系。对于任何具有类光关系的两个事件，其发生时序是绝对的，也就是说无论对于哪个观者，两个事件

发生的时序都是不变的。两个类光事件形成一个类光矢量，在任一观者局域参考架
中都可以表示为

$$\overrightarrow{p_1 p_2} = c\Delta t \vec{e}_0 + \Delta x^i \vec{e}_i = (t_2 - t_1)(c\vec{e}_0 + c n_{12}^i \vec{e}_i) \tag{3-7-3}$$

其中

$$\begin{cases} n_{12}^i \equiv \dfrac{x_2^i - x_1^i}{r_{12}} \\ r_{12} \equiv [\delta_{ij}(x_2^i - x_1^i)(x_2^j - x_1^j)]^{1/2} \end{cases} \tag{3-7-4}$$

类光矢量的时空间隔满足

$$\Delta s^2 = \eta_{\alpha\beta} \Delta x^\alpha \Delta x^\beta \equiv 0 \tag{3-7-5}$$

类光短程线在观者时空中是线长恒为零的直线，或者说类光短程线上任何两个点
之间的空间间隔都与时间间隔成正比 (比例系数为光速)。因此在闵可夫斯基空间
中有下面的定理成立:

**类光短程线定理: 闵可夫斯基空间中的类光短程线是一条空间间隔与时间间
隔比值为光速的直线。**

在该直线上任何两点之间的空间间隔都与时间间隔成正比。比例系数 (光速)
是一个时空不变量，与观者无关。

3.7.3 类时间隔与类时短程线

如果两个事件之间的时空间隔为虚数值，则称两个事件之间的关系是类时的。
也就是说，这两个事件之间可能存在因果关系。对于具有类时关系的任何两个事
件，都可以找到一类在空间中处于自然运动状态的惯性观者，对他们而言，两个事
件在同一空间位置发生，没有空间差异，仅有时间先后顺序的差异。从而，对于这
类观者，两个事件之间构成一个纯时序关系，事件之间构成的位置差矢量是一个纯
粹的时间差矢量，在观者局域参考架中可以表示为

$$\overrightarrow{p_1 p_2} = c\Delta t \vec{e}_0 \tag{3-7-6}$$

两个事件之间的时空间隔是该矢量的长度，满足

$$\Delta s^2 = -c^2 \Delta t^2 = -c^2 (t_2 - t_1)^2 < 0 \tag{3-7-7}$$

毫无疑问，该时空间隔就是观者所携原子钟所记录的时间间隔。

如果有一个观者通过加速和减速运动而使自己的世界线与另外一个惯性观者
的世界线相交，那么对两个观者而言，从离开到再次相遇，加速观者所观测的时间

间隔一定比惯性观者所观测的时间间隔要小, 因为任何空间分量的增加都只会使 Δs^2 增大, 使 $\Delta \tau^2$ 减小. 因此, 可以给出如下类时短程线定理:

类时短程线定理: 闵可夫斯基空间中的类时短程线是一条时间间隔最长的直线.

类时短程线可表示为某一惯性观者的世界线. 具有类时关系的任何两个事件都可以表示为某一类时短程线上的两个点, 事件之间的类时间隔等于观者所携原子钟所计量时间间隔. 由于惯性观者的世界线是闵可夫斯基空间短程线 (测地线), 因此在狭义相对论框架下, 牛顿惯性定律可以用短程线加以描述.

牛顿惯性定律: 在不受外力作用的条件下, 物质在时空中沿类时短程线运动.

牛顿惯性定律表明, 物质在自然状态 (不受外力) 下沿最长的本征时间的轨迹运动, 保持静止或者匀速直线运动的状态不变.

3.7.4 双生子佯谬

在相对论中有一个著名的理想实验, 称为双生子佯谬 (或时钟佯谬). 说如果一对孪生兄弟中的一个乘飞船远离, 回来后会显得更为年轻. 该佯谬的合理解析就是"非惯性运动观者的世界线不是类时短程线".

在相对论时空度量规则下, 理想时钟所计量的时间是观者 (时钟) 的世界线长度. 由于类时短程线是时间最长的线, 所以对于两兄弟从"离开"到"再相遇"两个事件, 非惯性观者所计量的"时间"要比惯性观者所计量的"时间"短. 但是, 兄弟"分离"和"相遇"两个事件之间的"类时间隔"是一定的, 并不会因为两兄弟时钟"读数"的不同而发生改变. 两者的时间差异恰恰反映了时间的相对性. 需要说明的是, 迄今科学尚未证明人体的老化与原子钟的读数遵循相同的规律.

3.8 光行差与多普勒效应

3.8.1 四维波矢量

类光能量在时空中以电磁场的形式存在. 电磁场由电场和磁场构成, 对物质产生感光作用的主要是电场. 电磁场在空间中以电磁波的形式传播, 电磁波是横波. 对于单色平面波, 其波动方程可以表示为

$$\psi(\vec{r}, t) = A\cos(\vec{k}_s \cdot \vec{r} - \omega t + \varphi_0) \tag{3-8-1}$$

其中, $\vec{k}_s$ 为三维波矢, ω 为圆频率, φ_0 为初始相位

$$\vec{k}_s = \frac{2\pi}{\lambda}\vec{n} = \frac{2\pi}{\lambda}n^i\vec{e} \tag{3-8-2}$$

这里 $\vec{n}$ 为横波在三维空间中的传播方向, λ 为波长。对于真空中的电磁波

$$\lambda = \frac{c}{f} \tag{3-8-3}$$

$$\vec{k}_{\rm s} = \vec{n} 2\pi f/c = \vec{n}\omega/c \tag{3-8-4}$$

考虑到光在四维时空中相对于观者的传播速度为

$$\vec{v}_{\rm p} \equiv \frac{{\rm d}x^\alpha}{{\rm d}t}\vec{e}_\alpha = c\vec{e}_0 + cn^i\vec{e}_i \tag{3-8-5}$$

若定义光在四维时空的传播方向为

$$\vec{n}_{\rm p} \equiv \vec{e}_0 + n^i\vec{e}_i \tag{3-8-6}$$

则光的四维波矢量可定义为

$$\vec{k} = \vec{n}_{\rm p} 2\pi f/c = \vec{n}_{\rm p}\omega/c \tag{3-8-7}$$

显然, 光的四维波矢量满足

$$\vec{k} \cdot \vec{k} \equiv 0 \tag{3-8-8}$$

如果相对于光源的四维位置矢量用 $\vec{x}$ 表示, 则时空中任一点的电 (磁) 场强度可以表示为

$$E(x^\alpha) = A\cos(\delta_{ij}k^i \cdot x^j - k^0 ct + \varphi_0) = A\cos(\vec{k} \cdot \vec{x} + \varphi_0) \tag{3-8-9}$$

显然, $E(x^\alpha)$ 仅与观者和光源的时空位置有关, 与观者的运动速度无关。因而, 光的四维波矢量 $\vec{k}$ 也与观者的运动状态无关。

3.8.2　光行差与多普勒效应

　　光的四维波矢量决定了类光能量的传播特性, 是一个时空不变量。对于观测同一信号的两个观者, 由于光的四维波矢量保持不变

$$\vec{k} = \frac{2\pi f}{c}(\vec{e}_0 + n^i\vec{e}_i) = \frac{2\pi f'}{c}(\vec{e}_0' + n'^i\vec{e}_i') \tag{3-8-10}$$

根据洛伦兹变换 (3-3-20), 有

$$\begin{cases} k'^0 \equiv 2\pi f'/c = L'^0_\alpha k^\alpha = \gamma[1 - v^j n^j/c]2\pi f/c \\ k'^i = 2\pi f' n'^i/c \\ \quad = [-\gamma v^i/c + n^i + v^i n^j v^j(\gamma-1)/v^2]2\pi f/c \end{cases} \tag{3-8-11}$$

因此

$$f' = \gamma\left(1 - \frac{1}{c}v^j n^j\right)f \tag{3-8-12}$$

$$n'^i = \frac{n^i - \gamma v^i/c + v^i n^j v^j (\gamma - 1)/v^2}{\gamma(1 - v^j n^j/c)} \tag{3-8-13}$$

由此可见, 无论观测频率还是观测方向都与观者的运动速度有关。对于同一个频率信号, 运动观者与静止观者的观测频率之差称为 "多普勒频移"(Doppler shift) 或 "多普勒效应"(Doppler effect)。对于同一个光源, 运动观者与静止观者的观测方向之差, 称为光行差 (aberration)。

显然, 当观者的运动速度与光的传播方向相同时, 光行差最小 (为零); 在两者相互垂直时, 光行差最大, 约等于速度与光速的比值。地球的公转运动所产生的光行差, 称为周年光行差, 最大可达 $20.5''$。

3.8.3 多普勒效应的进一步讨论

如果相对于光源静止的观者所观测的频率用 f_0 表示

$$k^0 = 2\pi f_0/c \tag{3-8-14}$$

那么, 相对于光源以空间速度 $\vec{v}$ 运动的观者所观测的频率为

$$f = f_0[1 - \delta_{ij} v^i n^j/c]\gamma \tag{3-8-15}$$

由此可见:

(1) 如果观者的运动方向与光的传播方向一致, 则观测频率发生红移

$$f = f_0[1 - v/c]/\sqrt{1 - v^2/c^2} \leqslant f_0$$

(2) 如果观者的运动方向与光的传播方向相反, 则观测频率发生蓝移

$$f = f_0[1 + v/c]/\sqrt{1 - v^2/c^2} \geqslant f_0$$

(3) 如果观者的运动方向与光的传播方向相垂直 (对光源而言), 则观测频率也发生微小的蓝移

$$f = f_0/\sqrt{1 - v^2/c^2} \geqslant f_0$$

需要进一步说明的是, 如果光源的运动方向与光的传播方向相垂直 (对观者而言), 结论 (3) 并不成立, 其原因在于光的传播方向是观者相关的。若以观者为参考, 则有

$$k^0 \equiv 2\pi f_0/c = L^0_\alpha k'^\alpha = \gamma[1 + \delta_{ij} v^i n'^j/c]2\pi f/c \tag{3-8-16}$$

从而有

$$f_0 = f[1 + \delta_{ij} v^i n'^i/c]\gamma \tag{3-8-17}$$

或者

$$f = f_0[1 + \delta_{ij}v^i n'^j/c]^{-1}\gamma^{-1} \tag{3-8-18}$$

因此, 在光源运动方向与光传播方向 (或光源方向) 垂直 (对观者而言) 的情况下

$$f = f_0\sqrt{1 - v^2/c^2} \leqslant f_0$$

观测频率发生微小的红移。

　　以谁为 "参考" 是非常重要的。以观者为参考还是以光源为参考, 在运动方向与光传播方向存在一定夹角的情况下, 其表达式并不是完全相同的。这一点值得特别注意, 否则就会给出似是而非的结论, 甚至认为是爱因斯坦搞错了。

　　在通常情况下, 认为观者是主体, 光源是客体, 光的传播方向与光源方向相反。如果将观者所观测到的光源方向和光源的空间速度分别表示为

$$\begin{cases} n_s^i \equiv -n'^i \\ v_s^i \equiv -v^i \end{cases} \tag{3-8-19}$$

那么公式 (3-8-17) 和公式 (3-8-18) 可以进一步表示为

$$f_0 = \frac{f(1 + \delta_{ij}v_s^i n_s^j/c)}{\sqrt{1 - v_s^2/c^2}} \tag{3-8-20}$$

或者

$$f = \frac{f_0\sqrt{1 - v_s^2/c^2}}{1 + \delta_{ij}v_s^i n_s^j/c} \tag{3-8-21}$$

公式 (3-8-20) 和公式 (3-8-21) 与公式 (3-8-12) 是等价的, 是计算多普勒效应的基本公式, 前者通常用于由观测频率计算本征 (固有) 频率, 后者则是由本征频率计算观测频率。

3.9　洛伦兹力的相对论表达

3.9.1　经典麦克斯韦方程

　　在取 $c = \hbar = 1$ 的自然单位制下, 经典麦克斯韦方程在三维空间中的表达形式为

$$\begin{cases} \nabla \cdot \vec{E} = \varepsilon \\ \nabla \times \vec{B} = \dfrac{\partial \vec{E}}{\partial t} + \vec{J} \\ \nabla \cdot \vec{B} = 0 \\ \nabla \times \vec{E} = -\dfrac{\partial \vec{B}}{\partial t} \end{cases} \tag{3-9-1}$$

其中，$\vec{E}$ 表示三维电场强度；$\vec{B}$ 表示三维磁场强度；ε 为电量密度；$\vec{J}$ 为三维电流密度；$\nabla \cdot$ 为散度算符；$\nabla \times$ 为旋度算符。在三维空间中的矢量 $\vec{V}$ 的散度和旋度定义为

$$\operatorname{div}\vec{V} \equiv \nabla \cdot \vec{V} \equiv e^i \cdot \partial_i(V^j \vec{e}_j) \tag{3-9-2}$$

$$\operatorname{rot}\vec{V} \equiv \nabla \times \vec{V} \equiv \vec{e}^i \times \partial_i(V^j \vec{e}_j) \tag{3-9-3}$$

在惯性笛卡儿坐标条件下

$$\nabla \cdot \vec{V} = \partial_i V^j e^i \cdot e_j = \partial_i V^i \tag{3-9-4}$$

$$\nabla \times \vec{V} = \partial_i V^j \vec{e}^i \times \vec{e}_j = \varepsilon_{ijk} \partial_i V^j \vec{e}_k \tag{3-9-5}$$

3.9.2 闵可夫斯基空间中的麦克斯韦方程

如果在时空中定义一个 2 阶反对称张量

$$\vec{\vec{F}} = F^{\alpha\beta} \vec{e}_\alpha \vec{e}_\beta \tag{3-9-6}$$

其中

$$\left[F^{\alpha\beta} \right] \equiv \begin{bmatrix} 0 & E^1 & E^2 & E^3 \\ -E^1 & 0 & B^3 & -B^2 \\ -E^2 & -B^3 & 0 & B^1 \\ -E^3 & B^2 & -B^1 & 0 \end{bmatrix} \tag{3-9-7}$$

同时定义四维电流密度

$$\vec{j} \equiv \varepsilon \vec{e}_0 + J^i \vec{e}_i \tag{3-9-8}$$

则麦克斯韦方程可以表示为

$$\begin{cases} \partial_\alpha F^{\alpha\beta} = j^\beta \\ \varepsilon_{\alpha\beta\gamma\delta} \partial_\beta F^{\gamma\delta} = 0 \end{cases} \tag{3-9-9}$$

其中，$\varepsilon_{\alpha\beta\gamma\delta}$ 的定义与 ε_{ijk} 相类似。

可以证明张量 $\vec{\vec{F}}$ 在洛伦兹变换下保持不变，即

$$\vec{\vec{F}} = F^{\alpha\beta} \vec{e}_\alpha \vec{e}_\beta = F'^{\alpha\beta} \vec{e}'_\alpha \vec{e}'_\beta \tag{3-9-10}$$

由此可见电场和磁场均是电磁张量 $\vec{\vec{F}}$ 的坐标分量。

第 4 章　黎曼－爱因斯坦空间与参考系

4.1　相对论时空度量

4.1.1　时空引力场

宇宙中所有的物质 (能量) 之间都在发生相互作用。质量使物质相互吸引，能量使物质相互排斥。这种相互作用在时空中形成了引斥力场。然而，对于一个孤立的天体系统 (如太阳系)，由于遥远天体 (包括各种形式的物质和能量) 对系统内物质的影响可以视为 "相同"，所以在系统范围内，物质间的相互作用可以用 "惯性" 和 "引力场" 加以描述。

如果在某一时空范围内仅有一个自由粒子 (检验体)，那么由该粒子决定的空间是一个局域惯性空间。如果存在两个或两个以上粒子，那么粒子和粒子之间就会发生相互作用，从而改变其相对的运动速度。牛顿把这种相互作用称为 "万有引力"。

万有引力的方向是粒子的连线方向，其大小与粒子的质量成正比，与两个粒子距离的平方成反比。但是，我们知道，空间是相对的，"距离" 取决于观者，而任何物理定律都需要满足洛伦兹协变原理。显而易见，在洛伦兹变换下，万有引力定律并不具有协变特性。这是促使爱因斯坦建立广义相对论的直接动因。

广义相对论是一个全新的时空引力场理论，其标志是 1913 年由爱因斯坦和 M. 格罗斯曼 (Marcel Grossmann，瑞士，1878~1936) 在德国《数学与物理学期刊》上发表的《广义相对论和引力论》。广义相对论把万有引力归结为时空的几何属性，认为时空中的质量和能量改变了时空的度量特性，物质的运动由时空度规决定。也就是说，时空的 "能量-动量" 决定了 "时空度规"，时空度规决定了物质的运动。事实上，爱因斯坦和格罗斯曼所使用的非欧几何是德国数学家波恩哈德 · 黎曼 (Georg Friedrich Bernhard Riemann，1826~1866) 早在 1854 年提出的，因此作者将引力场作用下的时空称为 "黎曼－爱因斯坦空间"。在数学上，通常将度规行列式为负定的弯曲空间称为伪黎曼空间，因此相对论时空也被称为 "伪黎曼空间"。

4.1.2　黎曼－爱因斯坦空间及其度量

引力场不仅产生万有引力，而且对量子跃迁、电磁波传播以及时空惯性等都会产生直接影响，因此在存在引力场的情况下，如何对时空进行度量就成为一个十分复杂和困难的问题。

在欧几里得空间和闵可夫斯基空间中,空间具有均匀特性,类光能量的跃迁和传播都与空间位置无关,因此我们可以将光线作为直线,将光速作为常数对空间进行度量,也可以利用类光能量的跃迁频率 (原子钟) 对时间进行计量。在引力场情况下,我们能否继续使用"光"作为时空度量基准?这个问题是广义相对论与牛顿力学的不同点所在。

如果我们能够准确知道"类光"能量在引力场中的跃迁和传播特性,那么,毫无疑问,就像我们对待地球大气那样,可以将引力场对光的影响彻底剥离干净,继续使用欧几里得或牛顿的空间度量规则。但事实上,这是难以做到的,因为引力场是不可屏蔽的,没有人能够像抽真空那样把引力场与空间进行分离。

事实上,爱因斯坦选择了另一种时空度量规则,那就是将时空引力场中的"类光"能量作为时空度量基准,并认为它是不变量。我们将这种空间称为黎曼–爱因斯坦空间,其度量规则定义为公设 5。显而易见,在这种时空度量基准下,引力场成为时空的组成部分,"真空"包含引力场在内。因此,时空不可能具有欧几里得或牛顿意义上的均匀平直特性。

但从概念上看,无论"平直"还是"均匀"都不是绝对的。"弯曲"是相对"直线"而言的,"不均匀"是相对"均匀"而言的。我们知道,"直线"不过是"真空"光线的代名词。欧几里得–牛顿空间的真空是不包含引力场的,因此"真空"中的光线是"直线"。黎曼–爱因斯坦空间是包含引力场的,因此,"真空"中的光线不再是直线,而是弯曲空间的"短程线"。相对于欧几里得–牛顿空间,黎曼–爱因斯坦空间自然就是一个弯曲空间。在该空间中,度规系数和仿射联络系数不仅与坐标系有关,而且与空间的不均匀性直接相关。这种不均匀性不仅体现在光线的弯曲上,同时也体现在时空的度量单位上。

在采用相对论时空度量规则的情况下,"真空"和时空位置有关,"真空"不空。由于宇宙任何区域的"时空间隔"都以本地真空中的"类光"能量为基准进行度量,所以在不同的时空区域,根据公设 5 实现的"秒长"和"米长"并没有直接的可对比性。如果从欧几里得–牛顿空间的度量规则来看,相对论的度量基准 (单位) 就是不均匀的。反之亦然。如果以公设 5 作为时空的度量基准,那么欧几里得–牛顿空间中的"直线"自然不再是黎曼–爱因斯坦空间中的"短程线"。其度量单位相对于本地的"光基准"也不可能是均匀的。

事实上,无论是量子跃迁频率还是电磁信号传播速度都会受到时空引力场的影响。实验表明,引力场越强,时钟越慢。这意味着,不同时空区域具有不同的度量特性。一方面,对于两个确定的事件,相对静止、空间位置不同 (引力场不同) 的观者所给出的"时间间隔"和"空间距离"不同;另一方面,对于由同一观者给出的、量值相等的"时间间隔"或"空间距离",在不同的时空区域却表示不同的欧几里得–牛顿"时空间隔"。或者说，此"秒"非彼"秒"，此"米"也非彼"米"。

我们知道，对于任一个观者，其物理空间是唯一的。但是牛顿力学和广义相对论却抽象定义了两个完全不同的空间，或者说给出了两个完全不同的时空度量规则。度规张量在深层面上反映的是两个空间的相对不均匀性。如果采用欧氏空间的笛卡儿坐标，那么度规系数就反映了黎曼–爱因斯坦度量基准与欧几里得–牛顿度量基准之间的关系。

总而言之，广义相对论采用了与牛顿力学完全不同的时空度量规则。时空弯曲是时空度量基准选择造成的。虽然在空间测量上都是以"光"为参考基准的，但牛顿的"空间"是不包含引力场的，黎曼–爱因斯坦空间是包含引力场的。牛顿空间中的直线，在黎曼爱因斯坦空间中通常表现为曲线。只有在引力场可以忽略的局域空间中，两者才具有相同的形式。从物理概念上看，与其说"时空弯曲"倒不如说"时空不均匀"更容易理解。"引力几何化"是时空弯曲的根本原因所在。

4.2　大尺度时空参考系

4.2.1　时空参考系

观者要对时空中发生的事件进行测量，必须构建具有测量意义的时空参考架。时空参考架通常由观者的空间参考架和观者的参考"时钟"构成。空间参考架是一个三轴刚性标架，与空间参照物相固连，可以用三个独立的空间矢量表示，这三个矢量就是坐标系的坐标基底矢量。对于一个具体的参考架，人们可以选择不同的坐标系，如直角坐标、球坐标、柱坐标等。由于在局域时空中，时间是均匀的，空间是平直的，所以各种坐标的几何意义都是十分明确的。

然而，在科学研究和工程实践中，仅有观者局域参考架是不够的。在研究大尺度时空问题时，要对物质运动作定量描述，就必须构建覆盖一定时空范围的时空参考系。

从概念上说，时空参考系是一个覆盖一定时空范围的坐标网络。这个网络是处处连续的，任意两个无限邻近时空点的坐标增量趋近于零。在相对论框架中，一个时空参考系与一个具体的坐标系等价。在参考系的适用范围内，"时空点"与时空坐标是一一对应的，因此时空参考系可视为"时空流形"与四维"线性空间"的一一映射。

在相对论时空中，我们不可能像欧氏空间那样，简单地将一个参考架的基底矢量向空间无限延伸。然而，如果将参考架的基底矢量视为相对论时空中的一条类空(空间轴) 或类时 (时间轴) 曲线的切矢量，那么，只要按照一定的规范条件 (曲线方程)，就可以将坐标曲线向外延伸，从而形成覆盖一定时空范围的坐标网络。

从数学意义上讲，弯曲空间中是不可能构建全局笛卡儿坐标系的。在相对论框架下，时空包含引力场在内，是不均匀的，因此，要把相对论时空坐标的几何意义讲清楚是一件十分困难的事情。相对论教科书一般认为相对论时空坐标没有明确的物理意义。

4.2.2 时空间隔与短程线

根据时空统一性公设 (公设 3)，宇宙中任何两个事件之间的时空间隔都是客观物理量，与观者无关。因此，在爱因斯坦的时空度量规则下，时空线元与牛顿时空坐标之间的关系可一般表达为

$$\mathrm{d}s^2 = g_{00}(x^\alpha)c^2\mathrm{d}t^2 + 2g_{0i}(x^\alpha)c\mathrm{d}t\mathrm{d}x^i + g_{ij}(x^\alpha)\mathrm{d}x^i\mathrm{d}x^j$$

$$\equiv g_{\mu\nu}(x^\alpha)\mathrm{d}x^\mu\mathrm{d}x^\nu \tag{4-2-1}$$

其中，$g_{\mu\nu}(x^\alpha)$ 是事件 $P(x^\alpha)$ 处的度规系数，$\{x^\alpha\}$ 是观者给出的时空坐标。与欧氏空间一样，时空坐标是可以任意选定的。这里所谓的牛顿坐标，并不一定是牛顿意义上的直线坐标，也可以是曲线坐标。

如果观者与"事件"处于相同的时空区域，并且相对于惯性空间没有旋转，那么在采用笛卡儿坐标的情况下，公式 (4-2-1) 退化为我们熟知的闵可夫斯基度规形式

$$\mathrm{d}s^2 = g_{\mu\nu}(x^\alpha)\mathrm{d}x^\mu\mathrm{d}x^\nu = \eta_{\alpha\beta}\mathrm{d}x_P^\alpha\mathrm{d}x_P^\beta$$

$$= -c^2\mathrm{d}t_P^2 + \delta_{ij}\mathrm{d}x_P^i\mathrm{d}x_P^j \tag{4-2-2}$$

这里 $\{x_P^\alpha\}$ 表示时空点 $P(x^\alpha)$ 处的观者给出的笛卡儿时空坐标。

由于相对论时空在大尺度上是不均匀的，所以坐标之间的关系不能用欧几里得几何进行描述。描述相对论时空的有效工具是黎曼几何。在黎曼几何中，两个空间点之间的距离是两点之间的短程线 (测地线) 长度。

与闵可夫斯基空间的时空度量相一致，在相对论的"真空"条件下，光或电磁波沿短程线 (称为"类光"测地线) 传播，其线元长度定义为零。在该定义下，宇宙中所有实物粒子的运动轨迹 (称为"世界线") 都是"类时"的，其线元长度为虚数值 (或其平方值小于 1)。如果两个事件之间的短程线长度大于零，则表明对任何观者而言，两个事件之间都是纯粹的空间关系，没有因果性，因此将这种事件之间的短程线称为"类空"测地线。

4.3 度规张量及其特性

4.3.1 时空度规张量

尽管时空在大尺度上是不均匀的，但欧氏空间度规的概念仍可以在局域空间

中使用。从一般意义上说，度规张量是"确定临近时空点之间最短连线和时空间隔量值的物理量"。度规张量是一个 2 阶张量，度规系数反映了坐标增量与局域时空间隔之间的关系。显然，在黎曼–爱因斯坦空间中，度规系数不仅与时空坐标系的选择有关，而且与时空的"内禀"性质有关。所谓时空的内禀性质是指由时空引力场所决定的、与观者无关的度量特性。

与三维欧氏空间相同，四维时空度规张量可以用坐标基底矢量表示

$$\vec{\vec{g}} \equiv \vec{e}_\mu \vec{e}^\mu = g_{\mu\nu}\vec{e}^\mu\vec{e}^\nu = g^{\mu\nu}\vec{e}_\mu\vec{e}_\nu \tag{4-3-1}$$

其中

$$\begin{cases} g_{\mu\nu} \equiv \vec{e}_\mu \cdot \vec{e}_\nu = g_{\nu\mu} \\[2mm] g^{\mu\nu} \equiv \vec{e}^\mu \cdot \vec{e}^\nu = g^{\nu\mu} \end{cases} \tag{4-3-2}$$

称为协变度规系数和逆变度规系数。显然，如果 $\vec{e}_\mu$ 和 $\vec{e}_\nu$ 相互垂直，则有

$$g_{\mu\nu} \equiv \vec{e}_\mu \cdot \vec{e}_\nu = 0$$

反之，如果 $g_{\mu\nu} = 0$，则说明 $\vec{e}_\mu$ 和 $\vec{e}_\nu$ 相互垂直。如果时间基底矢量和任何一个空间基底矢量都相互垂直，即 $g_{0i} = 0$，则称坐标系是**时轴正交**的。

4.3.2　度规张量的特性

考虑到在 $\{x^\alpha\}$ 至 $\{x'^\alpha\}$ 的坐标变换下，有

$$\begin{cases} \vec{e}'_\mu = \dfrac{\partial x^\alpha}{\partial x'^\mu}\vec{e}_\alpha \\[3mm] \vec{e}'^\mu = \dfrac{\partial x'^\mu}{\partial x^\alpha}\vec{e}^\alpha \end{cases} \tag{4-3-3}$$

因此

$$\vec{\vec{g}} \equiv \vec{e}_\mu\vec{e}^\mu = \vec{e}'_\alpha\vec{e}'^\alpha \tag{4-3-4}$$

这表明在任何情况下，不管时空是平直的，还是弯曲的，度规张量都是一个与坐标基底选择无关的 2 阶张量，并且具有与三维空间度规相似的基本特性：

(1) 度规张量是与时空位置无关的物理量 (2 阶不变张量)

$$\frac{\partial \vec{\vec{g}}}{\partial x^\mu} \equiv 0 \tag{4-3-5}$$

(2) 度规张量是一个 2 阶对称张量

$$\begin{cases} g_{\mu\nu} = g_{\nu\mu} \\[2mm] g^{\mu\nu} = g^{\nu\mu} \end{cases} \tag{4-3-6}$$

(3) 时空度规系数矩阵有一个小于零的特征值 (表示时间) 和三个大于 0 的特征值 (表示空间), 在闵可夫斯基坐标条件下

$$\begin{cases} \lambda_0 = -1 < 0 \\ \lambda_1 = \lambda_2 = \lambda_3 = +1 > 0 \end{cases} \tag{4-3-7}$$

(4) 逆变度规系数矩阵与协变度规系数矩阵互逆

$$g_{\mu\alpha}g^{\alpha\nu} = \delta_\mu^\nu \tag{4-3-8}$$

(5) 度规张量是与坐标系无关的物理量, 不同坐标系下的度规系数满足张量坐标变换关系

$$\begin{cases} g'_{\mu\nu} = \dfrac{\partial x^\alpha}{\partial x'^\mu} \dfrac{\partial x^\beta}{\partial x'^\nu} g_{\alpha\beta} \\ g'^{\mu\nu} = \dfrac{\partial x'^\mu}{\partial x^\alpha} \dfrac{\partial x'^\nu}{\partial x^\beta} g^{\alpha\beta} \end{cases} \tag{4-3-9}$$

(6) 度规张量与矢量 (张量) 作点积, 矢量 (张量) 保持不变, 即

$$\begin{cases} \vec{\vec{g}} \cdot \vec{a} = \vec{a} \cdot \vec{\vec{g}} = \vec{a} \\ \vec{\vec{g}} \cdot \vec{\vec{T}} = \vec{\vec{T}} \cdot \vec{\vec{g}} = \vec{\vec{T}} \end{cases} \tag{4-3-10}$$

4.3.3　张量运算

根据公式 (4-3-10), 两个矢量的点积可以进一步表示为

$$\begin{aligned} \vec{a} \cdot \vec{b} &= \vec{a} \cdot \vec{\vec{g}} \cdot \vec{b} = \vec{\vec{g}} \cdot \cdot \vec{a}\vec{b} \\ &= g_{\mu\nu} a^\mu b^\nu = g^{\alpha\beta} a_\alpha b_\beta = a^\alpha b_\alpha = a_\mu b^\mu \end{aligned} \tag{4-3-11}$$

因此, 逆变坐标 x^α 和协变坐标 x_α 之间满足下列变换关系:

$$\begin{cases} x_\alpha = g_{\alpha\beta} x^\beta \\ x^\mu = g^{\mu\nu} x_\nu \end{cases} \tag{4-3-12}$$

与矢量点积相类似, 张量的缩并也可以用坐标分量进行表达, 例如

$$\vec{\vec{g}} \cdot \cdot \vec{\vec{T}}^{(2)} = \vec{\vec{T}}^{(2)} \cdot \cdot \vec{\vec{g}} = g_{\mu\nu} T^{\mu\nu} = T_\mu^\mu = T \tag{4-3-13}$$

$$\vec{\vec{g}} \cdot \cdot \vec{\vec{T}}^{(n)} = g_{\mu\nu} T^{\mu\nu\alpha_3\cdots\alpha_n} \vec{e}_{\alpha_3} \vec{e}_{\alpha_4} \cdots \vec{e}_{\alpha_n} \tag{4-3-14}$$

$$\vec{\vec{T}}^{(n)} \cdot \cdot \vec{\vec{g}} = g_{\mu\nu} T^{\alpha_1\cdots\alpha_{n-2}\mu\nu} \vec{e}_{\alpha_1} \vec{e}_{\alpha_2} \cdots \vec{e}_{\alpha_{n-2}} \tag{4-3-15}$$

一般地，对于张量，第 k 阶和第 m 阶的缩并可以表示为

$$T^{\alpha_1\alpha_2\cdots\alpha_{k-1}\alpha_{k+1}\cdots\alpha_{m-1}\alpha_{m+1}\cdots\alpha_n} \equiv g_{\alpha_k\alpha_m}T^{\alpha_1\alpha_2\cdots\alpha_k\cdots\alpha_m\cdots\alpha_n}$$
$$=T^{\alpha_1\alpha_2\cdots\alpha_{k-1}\alpha_{k+1}\cdots\alpha_m\cdots\alpha_n}_{\quad\quad\quad\quad\quad\quad\alpha_m}$$
$$=T^{\alpha_1\alpha_2\cdots\alpha_k\cdots\alpha_{m-1}\alpha_{m+1}\cdots\alpha_n}_{\quad\quad\quad\quad\quad\quad\quad\alpha_k} \tag{4-3-16}$$

或者

$$T_{\alpha_1\alpha_2\cdots\alpha_{k-1}\alpha_{k+1}\cdots\alpha_{m-1}\alpha_{m+1}\cdots\alpha_n} \equiv g^{\alpha_k\alpha_m}T_{\alpha_1\alpha_2\cdots\alpha_k\cdots\alpha_m\cdots\alpha_n}$$
$$=T_{\alpha_1\alpha_2\cdots\alpha_{k-1}\alpha_{k+1}\cdots\alpha_m\cdots\alpha_n}^{\quad\quad\quad\quad\quad\quad\alpha_m}$$
$$=T_{\alpha_1\alpha_2\cdots\alpha_k\cdots\alpha_{m-1}\alpha_{m+1}\cdots\alpha_n}^{\quad\quad\quad\quad\quad\quad\quad\alpha_k} \tag{4-3-17}$$

特别地，对于度规张量，有

$$\vec{g}\cdot\cdot\vec{g} = g_{\alpha\beta}g^{\alpha\beta} = \delta_\alpha^\alpha = 4 \tag{4-3-18}$$

显然，逆变基底矢量与协变基底矢量之间的关系也可以表示为

$$\begin{cases} \vec{e}_\mu = g_{\mu\nu}\vec{e}^\nu \\ \vec{e}^\mu = g^{\mu\nu}\vec{e}_\nu \end{cases} \tag{4-3-19}$$

上述变换关系表明，在已知时空度规的情况下，黎曼–爱因斯坦空间中的逆变坐标、协变坐标以及逆变基底矢量、协变基底矢量都是相互等价的，可以进行相互转换。

4.4　仿射联络与不变体积元

4.4.1　仿射联络矢量

与三维空间类似，四维时空的仿射联络系数 (克里斯托费尔符号) 可以表示为

$$\Gamma_{\alpha\beta}^\mu \equiv \partial_\beta\vec{e}_\alpha\cdot\vec{e}^\mu = \frac{1}{2}g^{\mu\nu}(g_{\alpha\nu,\beta}+g_{\beta\nu,\alpha}-g_{\alpha\beta,\nu}) \tag{4-4-1}$$

由此可见，仿射联络是度规系数及其导数的函数。由于度规系数取决于时空的内禀度量性质和坐标系的选择，所以仿射联络系数也是如此，与时空的内禀性质及坐标系的选择都有关。

不难理解，$\Gamma_{\alpha\beta}^\mu$ 在本质上是矢量 $\partial_\beta\vec{e}_\alpha$ 的坐标分量，而 $\partial_\beta\vec{e}_\alpha$ 是基底矢量 $\vec{e}_\alpha$ 对 x^β 的坐标导数 (矢量的方向导数仍然为矢量)，如果令

$$\vec{\Gamma}_{\alpha\beta} \equiv \partial_\beta\vec{e}_\alpha = \Gamma_{\alpha\beta}^\mu\vec{e}_\mu \tag{4-4-2}$$

则

$$\Gamma^{\mu}_{\alpha\beta} \equiv \vec{\Gamma}_{\alpha\beta} \cdot \vec{e}^{\mu} \tag{4-4-3}$$

从而将 $\vec{\Gamma}_{\alpha\beta}$ 称为四维时空的仿射联络。因此

$$\begin{cases} \mathrm{d}\vec{e}_{\alpha} = \Gamma^{\mu}_{\alpha\beta}\mathrm{d}x^{\beta}\vec{e}_{\mu} \\ \mathrm{d}\vec{e}^{\mu} = -\Gamma^{\mu}_{\alpha\beta}\mathrm{d}x^{\beta}\vec{e}^{\alpha} \end{cases} \tag{4-4-4}$$

对于任意两个坐标系 $\{x^{\alpha}\}$ 和 $\{x'^{\alpha}\}$，由于

$$\frac{\partial x^{\alpha}}{\partial x'^{\mu}}\frac{\partial x'^{\mu}}{\partial x^{\beta}} = \delta_{\alpha\beta} \tag{4-4-5}$$

$$\frac{\partial}{\partial x'^{\nu}}\left(\frac{\partial x^{\alpha}}{\partial x'^{\mu}}\frac{\partial x'^{\mu}}{\partial x^{\beta}}\right) = \frac{\partial^{2}x^{\alpha}}{\partial x'^{\nu}\partial x'^{\mu}}\frac{\partial x'^{\mu}}{\partial x^{\beta}} + \frac{\partial x^{\alpha}}{\partial x'^{\mu}}\frac{\partial^{2}x'^{\mu}}{\partial x^{\lambda}\partial x^{\beta}}\frac{\partial x^{\lambda}}{\partial x'^{\nu}} = 0 \tag{4-4-6}$$

$$\begin{aligned} \Gamma'^{\mu}_{\alpha\beta} &\equiv \frac{\partial \vec{e}'_{\alpha}}{\partial x'^{\beta}} \cdot \vec{e}'^{\mu} = \frac{\partial}{\partial x'^{\beta}}\left(\frac{\partial x^{\lambda}}{\partial x'^{\alpha}}\vec{e}_{\lambda}\right) \cdot \vec{e}'^{\mu} \\ &= \frac{\partial x^{\lambda}}{\partial x'^{\alpha}}\frac{\partial x^{\nu}}{\partial x'^{\beta}}\frac{\partial \vec{e}_{\lambda}}{\partial x^{\nu}} \cdot \frac{\partial x'^{\mu}}{\partial x^{\gamma}}\vec{e}^{\gamma} + \frac{\partial^{2}x^{\lambda}}{\partial x'^{\beta}\partial x'^{\alpha}}\frac{\partial x'^{\mu}}{\partial x^{\gamma}}\vec{e}_{\lambda} \cdot \vec{e}^{\gamma} \end{aligned} \tag{4-4-7}$$

因此仿射联络系数之间的变换关系满足

$$\begin{aligned} \Gamma'^{\lambda}_{\mu\nu} &= \frac{\partial x'^{\lambda}}{\partial x^{\gamma}}\left(\frac{\partial x^{\alpha}}{\partial x'^{\mu}}\frac{\partial x^{\beta}}{\partial x'^{\nu}}\Gamma^{\gamma}_{\alpha\beta} + \frac{\partial^{2}x^{\gamma}}{\partial x'^{\mu}\partial x'^{\nu}}\right) \\ &= \frac{\partial x'^{\lambda}}{\partial x^{\gamma}}\frac{\partial x^{\alpha}}{\partial x'^{\mu}}\frac{\partial x^{\beta}}{\partial x'^{\nu}}\Gamma^{\gamma}_{\alpha\beta} - \frac{\partial x^{\alpha}}{\partial x'^{\mu}}\frac{\partial x^{\beta}}{\partial x'^{\nu}}\frac{\partial^{2}x'^{\lambda}}{\partial x^{\alpha}\partial x^{\beta}} \end{aligned} \tag{4-4-8}$$

4.4.2 不变体积元

根据 2.9 节的讨论，在任意坐标下，观者空间的三维不变体积元可以表示为

$$\mathrm{d}V_3 \equiv \frac{1}{\sqrt{g}}\mathrm{d}x\mathrm{d}y\mathrm{d}z$$

由于时空的统一性，三维体积也是观者相关的。因此要讨论体积问题，需要定义四维时空的不变体积元。在闵可夫斯基空间中

$$g = |\eta_{\mu\nu}| = -1 \tag{4-4-9}$$

因此可以定义四维不变体积元

$$\mathrm{d}V_4 \equiv \frac{1}{\sqrt{-g}}c\mathrm{d}t\mathrm{d}x\mathrm{d}y\mathrm{d}z = \frac{1}{\sqrt{-g}}\mathrm{d}x^0\mathrm{d}x^1\mathrm{d}x^2\mathrm{d}x^3 \tag{4-4-10}$$

容易证明，在洛伦兹变换下四维体积元保持不变，即

$$\mathrm{d}V_4 = c\mathrm{d}t\mathrm{d}x\mathrm{d}y\mathrm{d}z = c\mathrm{d}t'\mathrm{d}x'\mathrm{d}y'\mathrm{d}z' \tag{4-4-11}$$

同样可以证明，在任何坐标变换下公式 (4-4-10) 均保持不变。

4.5 张 量 微 分

4.5.1 矢量张量微分

与三维空间物理场相类似, 如果在某一时空范围内, 每一个时空点都对应一个具有相同性质的物理量, 那么在该时空范围内就形成了一个 "物理场", 根据其性质可分为 "标量场"、"矢量场" 和 "张量场"。

由于时空的局域平直特性, 局域时空范围内的矢量和张量可以按照欧氏几何法则进行比较。如果一个物理量随时空位置而变, 那么就可以将其视为时空坐标的函数。因此, 可以对其进行微分运算。与三维空间类似, 在时空坐标增量为 $\mathrm{d}x^\alpha$ 的情况下, 矢量 $\vec{v}$ 的增量可以表示为

$$\begin{aligned}\mathrm{d}\vec{v} =&\mathrm{d}[v^\mu(x^\alpha)\vec{e}_\mu(x^\alpha)] = \mathrm{d}v^\mu \vec{e}_\mu + v^\mu \mathrm{d}\vec{e}_\mu \\ =&\left(\frac{\partial v^\mu}{\partial x^\beta}\mathrm{d}x^\beta + \Gamma^\mu_{\alpha\beta}v^\alpha \mathrm{d}x^\beta\right)\vec{e}_\mu\end{aligned} \tag{4-5-1}$$

若进一步令

$$\begin{cases} v^\mu_{,\beta} \equiv \dfrac{\partial v^\mu}{\partial x^\beta} \\[3mm] v^\mu_{;\beta} \equiv v^\mu_{,\beta} + \Gamma^\mu_{\alpha\beta}v^\alpha \end{cases} \tag{4-5-2}$$

分别表示 v^μ 对坐标 x^β 的普通导数和协变导数, 那么公式 (4-5-1) 可以进一步简化为

$$\mathrm{d}\vec{v} = (\mathrm{d}v^\mu + \Gamma^\mu_{\alpha\beta}v^\alpha \mathrm{d}x^\beta)\vec{e}_\mu \equiv \mathrm{D}v^\mu \vec{e}_\mu \tag{4-5-3}$$

其中, $\mathrm{d}v^\mu, \mathrm{D}v^\mu$ 分别称为矢量 $\vec{v}$ 的普通坐标增量和绝对坐标增量

$$\begin{cases} \mathrm{d}v^\mu \equiv v^\mu_{,\beta}\mathrm{d}x^\beta \\[2mm] \mathrm{D}v^\mu \equiv v^\mu_{;\beta}\mathrm{d}x^\beta = \mathrm{d}v^\mu + \Gamma^\mu_{\alpha\beta}v^\alpha \mathrm{d}x^\beta \end{cases} \tag{4-5-4}$$

因此, 矢量 $\vec{v}$ 对 x^β 的偏导数可以表示为

$$\partial_\beta \vec{v} \equiv \frac{\partial \vec{v}}{\partial x^\beta} = v^\mu_{;\beta}\vec{e}_\mu = (v^\mu_{,\beta} + \Gamma^\mu_{\alpha\beta}v^\alpha)\vec{e}_\mu = v^\mu_{,\beta}\vec{e}_\mu + v^\alpha \vec{\Gamma}_{\alpha\beta} \tag{4-5-5}$$

同理, 也可将其表示为

$$\partial_\beta \vec{v} = v_{\mu;\beta}\vec{e}^\mu \equiv (v_{\mu,\beta} - \Gamma^\alpha_{\mu\beta}v_\alpha)\vec{e}^\mu \tag{4-5-6}$$

其中

$$\begin{cases} v_{\mu,\alpha} \equiv \dfrac{\partial v_\mu}{\partial x^\alpha} \\[3mm] v_{\mu;\alpha} \equiv v_{\mu,\alpha} - \Gamma^\beta_{\mu\alpha}v_\beta \end{cases} \tag{4-5-7}$$

是矢量 $\vec{v}$ 的协变分量对 x^α 的普通导数和协变导数。

与矢量微分相似，我们也可以对 2 阶张量进行微分，如

$$
\begin{aligned}
\mathrm{d}\overleftrightarrow{T}^{(2)} &= \mathrm{d}[T^{\mu\nu}(x^\alpha)\vec{e}_\mu(x^\alpha)\vec{e}_\nu(x^\alpha)] \\
&= \mathrm{d}T^{\mu\nu}\vec{e}_\mu\vec{e}_\nu + T^{\mu\nu}\mathrm{d}\vec{e}_\mu\vec{e}_\nu + T^{\mu\nu}\vec{e}_\mu\mathrm{d}\vec{e}_\nu \\
&= (T^{\mu\nu}_{,\alpha} + \Gamma^\mu_{\alpha\beta}T^{\beta\nu} + \Gamma^\nu_{\alpha\beta}T^{\mu\beta})\mathrm{d}x^\alpha\vec{e}_\mu\vec{e}_\nu \\
&\equiv T^{\mu\nu}_{;\alpha}\mathrm{d}x^\alpha\vec{e}_\mu\vec{e}_\nu
\end{aligned}
\tag{4-5-8}
$$

从而 2 阶张量导数可以表示为

$$
\partial_\alpha\overleftrightarrow{T}^{(2)} \equiv \frac{\partial\overleftrightarrow{T}^{(2)}}{\partial x^\alpha} = T^{\mu\nu}_{;\alpha}\vec{e}_\mu\vec{e}_\nu = T_{\mu\nu;\alpha}\vec{e}^\mu\vec{e}^\nu = T^\mu_{\nu;\alpha}\vec{e}_\mu\vec{e}^\nu = T^\nu_{\mu;\alpha}\vec{e}^\mu\vec{e}_\nu
\tag{4-5-9}
$$

其中

$$
\begin{cases}
T^{\mu\nu}_{;\alpha} \equiv T^{\mu\nu}_{,\alpha} + \Gamma^\mu_{\alpha\lambda}T^{\lambda\nu} + \Gamma^\nu_{\alpha\lambda}T^{\mu\lambda} \\[2mm]
T_{\mu\nu;\alpha} \equiv T_{\mu\nu,\alpha} - \Gamma^\lambda_{\mu\alpha}T_{\lambda\nu} - \Gamma^\lambda_{\nu\alpha}T_{\mu\lambda} \\[2mm]
T^\mu_{\nu;\alpha} \equiv T^\mu_{\nu,\alpha} + \Gamma^\mu_{\lambda\alpha}T^\lambda_\nu - \Gamma^\lambda_{\nu\alpha}T^\mu_\lambda \\[2mm]
T^\nu_{\mu;\alpha} \equiv T^\nu_{\mu,\alpha} - \Gamma^\lambda_{\mu\alpha}T^\nu_\lambda + \Gamma^\nu_{\lambda\alpha}T^\lambda_\mu
\end{cases}
\tag{4-5-10}
$$

是 $\overleftrightarrow{T}^{(2)}$ 的坐标分量对 x^α 的协变导数。

类似地，可以给出高阶张量坐标偏导数的表达式

$$
\partial_\alpha\overleftrightarrow{T}^{(n)} \equiv \frac{\partial\overleftrightarrow{T}^{(n)}}{\partial x^\alpha} = T^{\mu_1\cdots\mu_n}_{;\alpha}\vec{e}_{\mu_1}\wedge\cdots\wedge\vec{e}'_{\mu_n} = T_{\mu_1\cdots\mu_n;\alpha}\vec{e}'^{\mu_1}\wedge\cdots\wedge\vec{e}^{\mu_n}
\tag{4-5-11}
$$

其中

$$
\begin{cases}
T^{\mu_1\cdots\mu_n}_{;\alpha} \equiv T^{\mu_1\cdots\mu_n}_{,\alpha} + \Gamma^{\mu_1}_{\alpha\lambda}T^{\lambda\mu_2\cdots\mu_n} + \Gamma^{\mu_2}_{\alpha\lambda}T^{\mu_1\lambda\mu_3\cdots\mu_n}\cdots + \Gamma^{\mu_n}_{\alpha\lambda}T^{\mu_1\cdots\mu_{n-1}\lambda} \\[2mm]
T_{\mu_1\cdots\mu_n;\alpha} \equiv T_{\mu_1\cdots\mu_n,\alpha} - \Gamma^\lambda_{\mu_1\alpha}T_{\lambda\mu_1\cdots\mu_n\nu} - \Gamma^\lambda_{\mu_2\alpha}T_{\mu_1\lambda\mu_3\cdots\mu_n}\cdots - \Gamma^\lambda_{\mu_n\alpha}T_{\mu_1\cdots\mu_{n-1}\lambda}
\end{cases}
\tag{4-5-12}
$$

因过于繁琐，这里省略了混合坐标分量的表达式。

4.5.2 度规张量的微分

根据张量的微分计算，度规张量的增量可以表示为

$$
\mathrm{d}\vec{g} = \mathrm{d}(g^{\mu\nu}\vec{e}_\mu\vec{e}_\nu) = g^{\mu\nu}_{;\alpha}\vec{e}_\mu\vec{e}_\nu\mathrm{d}x^\alpha = g_{\mu\nu;\alpha}\vec{e}^\mu\vec{e}^\nu\mathrm{d}x^\alpha
\tag{4-5-13}
$$

或者

$$
\partial_\alpha\vec{g} = g^{\mu\nu}_{;\alpha}\vec{e}_\mu\vec{e}_\nu = g_{\mu\nu;\alpha}\vec{e}^\mu\vec{e}^\nu
\tag{4-5-14}
$$

根据公式 (4-5-10) 和公式 (4-4-1) 可以给出

$$g^{\mu\nu}_{;\alpha} = g_{\mu\nu;\alpha} = 0 \tag{4-5-15}$$

因此

$$\partial_\alpha \vec{g} = 0 \tag{4-5-16}$$

即度规张量对于坐标的一阶导数为零。这再一次说明度规张量是坐标不变量，矢量张量的变化都是以度规张量为参考的。

4.5.3　哈密顿算子与张量梯度

与三维空间类似，在四维时空坐标条件下，哈密顿算子或耐普拉算子可以表示为

$$\nabla \equiv \vec{e}^\alpha \frac{\partial}{\partial x^\alpha} \equiv \vec{e}^\alpha \partial_\alpha \tag{4-5-17}$$

从而，张量的梯度计算公式为

$$\text{grad}\vec{\vec{T}}^{(n)} \equiv \nabla \vec{\vec{T}}^{(n)} = \vec{e}^\alpha \partial_\alpha \vec{\vec{T}}^{(n)} = T^{\mu_1\cdots\mu_n}_{;\alpha} \vec{e}^\alpha \vec{e}_{\mu_1} \vec{e}_{\mu_2} \cdots \vec{e}_{\mu_n}$$
$$= T_{\mu_1\cdots\mu_n;\alpha} \vec{e}^\alpha \vec{e}^{\mu_1} \vec{e}^{\mu_2} \cdots \vec{e}^{\mu_n} \tag{4-5-18}$$

4.5.4　张量的散度、旋度与拉普拉斯算子

同样，张量的散度和旋度算符可以表示为

$$\begin{cases} \text{div} \equiv \nabla \cdot \equiv \vec{e}^\mu \cdot \dfrac{\partial}{\partial x^\mu} \equiv \vec{e}^\alpha \cdot \partial_\alpha \\[2mm] \text{rot} \equiv \nabla \times \equiv \vec{e}^\mu \times \partial_\mu \end{cases} \tag{4-5-19}$$

因此张量的散度和旋度运算表达式为

$$\begin{cases} \text{div}\vec{\vec{T}}^{(n)} \equiv \nabla \cdot \vec{\vec{T}}^{(n)} = T^{\alpha_1\cdots\alpha_n}_{;\alpha_1} \vec{e}_{\alpha_2} \vec{e}_{\alpha_3} \cdots \vec{e}_{\alpha_n} \\[2mm] \text{rot}\vec{\vec{T}}^{(n)} \equiv \nabla \times \vec{\vec{T}}^{(n)} = T^{\alpha_1\cdots\alpha_n}_{;\mu} \vec{e}^\mu \times \vec{e}_{\alpha_1} \vec{e}_{\alpha_2} \cdots \vec{e}_{\alpha_n} \end{cases} \tag{4-5-20}$$

如果一个标量函数，先求梯度再求其旋度，则其结果为零，即

$$\nabla \times \nabla\varphi \equiv \vec{e}^\mu \times \partial_\mu \left(\frac{\partial\varphi}{\partial x^\nu} \vec{e}^\nu \right) = (\varphi_{,\mu\nu} + \Gamma^\gamma_{\mu\nu}\varphi_{,\gamma})\vec{e}^\mu \times \vec{e}^\nu = 0 \tag{4-5-21}$$

因为在指标互换的情况下，$\vec{e}^\mu \times \vec{e}^\nu$ 矢量的模不变，但指向相反。该结论对任意张量都适用，即**张量梯度的旋度恒为零**。

对于拉普拉斯算子，则有

$$\nabla^2 \equiv \nabla \cdot \nabla = \vec{e}^\alpha \cdot \partial_\alpha(\vec{e}^\beta \partial_\beta) = g^{\mu\nu}(\partial_\mu\partial_\nu - \Gamma^\alpha_{\mu\nu}\partial_\alpha) \tag{4-5-22}$$

从而

$$
\begin{aligned}
\mathrm{divgrad}\vec{\vec{T}}^{\,(n)} &= \nabla \cdot \nabla \vec{\vec{T}}^{\,(n)} = \vec{e}^{\,\mu} \cdot \partial_\mu (\vec{e}^{\,\nu} \partial_\nu T^{\alpha_1 \cdots \alpha_n} \vec{e}_{\alpha_1} \cdots \vec{e}_{\alpha_n}) \\
&= (\vec{e}^{\,\mu} \cdot \vec{e}^{\,\nu} \partial_\mu \partial_\nu + \vec{e}^{\,\mu} \cdot \partial_\mu \vec{e}^{\,\nu} \partial_\nu) T^{\alpha_1 \cdots \alpha_n} \vec{e}_{\alpha_1} \cdots \vec{e}_{\alpha_n} \\
&= g^{\mu\nu} (\partial_\mu \partial_\nu - \Gamma^\alpha_{\mu\nu} \partial_\alpha) T^{\alpha_1 \cdots \alpha_n} \vec{e}_{\alpha_1} \cdots \vec{e}_{\alpha_n}
\end{aligned}
\tag{4-5-23}
$$

对于闵可夫斯基空间，四维拉普拉斯算子退化为

$$
\nabla^2 = \eta^{\alpha\beta} \partial_\alpha \partial_\beta = -\frac{1}{c^2} \frac{\partial^2}{\partial t^2} + \frac{\partial^2}{\partial x^2} + \frac{\partial^2}{\partial y^2} + \frac{\partial^2}{\partial z^2}
\tag{4-5-24}
$$

4.6 平行移动与测地线方程

4.6.1 莱维-齐维塔平移

矢量是具有大小和方向的物理量。如何对两个处于不同空间位置的矢量进行比较？这在弯曲时空中是一个非常重要的问题。自然，矢量的比较包括大小和方向两个方面。通常矢量大小的比较容易实现，根据时空度规和矢量所在的空间位置，可以通过矢量自身的点积确定矢量的"**模**"，矢量大小的比较就是其模的比较。对于方向呢，就没有那么简单。为此，我们需要定义"**矢量的平行移动**"，简称"矢量平移"。

矢量平移的几何意义在于要求矢量在移动过程中保持方向和大小不变。因此，如果一个矢量沿给定的一条曲线 $x^\alpha = x^\alpha(\lambda)$ 移动，满足

$$
\nabla_\lambda \vec{v} = \frac{\mathrm{d}\vec{v}}{\mathrm{d}\lambda} = \left(\frac{\mathrm{d}v^\mu}{\mathrm{d}\lambda} + \Gamma^\mu_{\alpha\beta} v^\alpha \frac{\mathrm{d}x^\beta}{\mathrm{d}\lambda} \right) \vec{e}_\mu = 0
\tag{4-6-1}
$$

则意味着矢量在沿该曲线移动的过程中，$\vec{v}$ 的增量始终为零。从而我们可以说，该矢量沿所给定的曲线平行移动。这种平行移动被称为莱维-齐维塔 (Levi-Civita) 平移。

显然，这种平移是以度规张量为参考的。也就是说相对度规张量而言，矢量没有发生变化。在闵可夫斯基坐标条件下，由于坐标基底矢量可以视为不变量，因此矢量的莱维-齐维塔平移就是在移动过程中保持矢量相对于坐标轴的关系不变。相应的物理意义是在移动过程中矢量相对于参考陀螺指向不发生变化。然而这种平移概念只在非常小的区域内成立。由于时空的弯曲，在大尺度范围内，坐标轴指向并不是不变的。在 4.6.2 节我们会看到，对于确定的两个点之间，由莱维-齐维塔平移给出的矢量平移结果是依赖于移动路线的，不同的路线会给出不同的平移结果。

换句话说，**矢量的平移与移动路线相关**。这也意味着，在弯曲时空中，陀螺的指向也和运动路线有关。

4.6.2 测地线方程

如果曲线自身的切矢量 $\dfrac{\mathrm{d}x^\alpha}{\mathrm{d}\lambda}\vec{e}_\alpha$ 满足公式 (4-6-1)，即

$$\nabla_\lambda\left(\frac{\mathrm{d}x^\mu}{\mathrm{d}\lambda}\vec{e}_\mu\right)=\left(\frac{\mathrm{d}^2x^\mu}{\mathrm{d}\lambda^2}+\Gamma^\mu_{\alpha\beta}\frac{\mathrm{d}x^\alpha}{\mathrm{d}\lambda}\frac{\mathrm{d}x^\beta}{\mathrm{d}\lambda}\right)\vec{e}_\mu=0 \tag{4-6-2}$$

或者

$$\frac{\mathrm{d}^2x^\mu}{\mathrm{d}\lambda^2}+\Gamma^\mu_{\alpha\beta}\frac{\mathrm{d}x^\alpha}{\mathrm{d}\lambda}\frac{\mathrm{d}x^\beta}{\mathrm{d}\lambda}=0 \tag{4-6-3}$$

则表明曲线自身随 λ 向外平行延伸。具有这种特性的曲线称为测地线 (geodesic line)。公式 (4-6-3) 称为测地线方程。

测地线是两个时空点之间最短的连线。对于时空中的任意两点 P_1 和 P_2，连接两点的测地线是一条线长为极值的曲线。由于时空线元 $\mathrm{d}s$ 与坐标系选择无关，所以测地线方程满足变分方程：

$$\delta\int_{P_1}^{P_2}\mathrm{d}s=0 \tag{4-6-4}$$

如果令

$$L^2=g_{\mu\nu}\frac{\mathrm{d}x^\mu}{\mathrm{d}\lambda}\frac{\mathrm{d}x^\nu}{\mathrm{d}\lambda} \tag{4-6-5}$$

则有

$$\int_{\lambda_1}^{\lambda_2}\delta L\mathrm{d}\lambda=0 \tag{4-6-6}$$

由于

$$\begin{cases}\delta L=\dfrac{1}{L}\left[\dfrac{1}{2}g_{\mu\nu,\sigma}\dfrac{\mathrm{d}x^\mu}{\mathrm{d}\lambda}\dfrac{\mathrm{d}x^\nu}{\mathrm{d}\lambda}\delta x^\sigma+g_{\mu\nu}\dfrac{\mathrm{d}x^\mu}{\mathrm{d}\lambda}\delta\left(\dfrac{\mathrm{d}x^\nu}{\mathrm{d}\lambda}\right)\right]\\[3mm]\delta\left(\dfrac{\mathrm{d}x^\nu}{\mathrm{d}\lambda}\right)=\dfrac{\mathrm{d}\delta x^\nu}{\mathrm{d}\lambda}\end{cases} \tag{4-6-7}$$

通过分部积分，可以给出

$$\int_{\lambda_1}^{\lambda_2}\left\{\frac{\mathrm{d}}{\mathrm{d}\lambda}\left(\frac{1}{L}g_{\mu\sigma}\frac{\mathrm{d}x^\mu}{\mathrm{d}\lambda}\right)-\frac{1}{2L}g_{\mu\nu,\sigma}\frac{\mathrm{d}x^\mu}{\mathrm{d}\lambda}\frac{\mathrm{d}x^\nu}{\mathrm{d}\lambda}\right\}\delta x^\sigma\mathrm{d}\lambda=0 \tag{4-6-8}$$

如果沿着测地线 $\mathrm{d}s$ 不为零，则可以选择 $\lambda=s$，从而 $L=1$。由于 δx^σ 具有任意性，因此有

$$g_{\mu\sigma}\frac{\mathrm{d}^2x^\mu}{\mathrm{d}\lambda^2}+g_{\mu\sigma,\nu}\frac{\mathrm{d}x^\mu}{\mathrm{d}\lambda}\frac{\mathrm{d}x^\nu}{\mathrm{d}\lambda}+\frac{1}{2}g_{\mu\nu,\sigma}\frac{\mathrm{d}x^\mu}{\mathrm{d}\lambda}\frac{\mathrm{d}x^\nu}{\mathrm{d}\lambda}=0 \tag{4-6-9}$$

考虑到仿射联络 $\Gamma^\mu_{\alpha\beta}$ 的表达式，可知公式 (4-6-9) 与公式 (4-6-3) 完全相同。

显然，欧氏空间和闵可夫斯基空间的测地线就是我们通常意义上的直线。由于时空的局域平直性，或者说在任何局域范围内时空都可以视为平直的，所以局域范围内的测地线永远表现为直线。由此可以想象，在大尺度空间中，测地线永远是两个空间点之间尽可能直的连线，也是两个点之间的最短连线。但对于类时测地线却不同，由于时间的虚空特性 (模平方小于零)，类时测地线是两个世界点之间最长的类时曲线。

4.6.3 三维时变测地线方程

根据测地线方程 (4-6-3)，可以给出

$$
\begin{cases}
\dfrac{c\mathrm{d}^2t}{\mathrm{d}\lambda^2} + \varGamma^0_{00}\left(\dfrac{c\mathrm{d}t}{\mathrm{d}\lambda}\right)^2 + 2\varGamma^0_{0j}\dfrac{c\mathrm{d}t}{\mathrm{d}\lambda}\dfrac{\mathrm{d}x^j}{\mathrm{d}\lambda} + \varGamma^0_{jk}\dfrac{\mathrm{d}x^j}{\mathrm{d}\lambda}\dfrac{\mathrm{d}x^k}{\mathrm{d}\lambda} = 0 \\[3mm]
\dfrac{\mathrm{d}^2x^i}{\mathrm{d}\lambda^2} + \varGamma^i_{00}\left(\dfrac{c\mathrm{d}t}{\mathrm{d}\lambda}\right)^2 + 2\varGamma^i_{0j}\dfrac{c\mathrm{d}t}{\mathrm{d}\lambda}\dfrac{\mathrm{d}x^j}{\mathrm{d}\lambda} + \varGamma^i_{jk}\dfrac{\mathrm{d}x^j}{\mathrm{d}\lambda}\dfrac{\mathrm{d}x^k}{\mathrm{d}\lambda} = 0
\end{cases}
\tag{4-6-10}
$$

对于类时和类光测地线，空间位置随时间而变化。考虑到

$$
\frac{\mathrm{d}^2x^i}{\mathrm{d}\lambda^2} = \frac{\mathrm{d}^2x^i}{\mathrm{d}t^2}\left(\frac{\mathrm{d}t}{\mathrm{d}\lambda}\right)^2 + \frac{\mathrm{d}^2t}{\mathrm{d}\lambda^2}\frac{\mathrm{d}x^i}{\mathrm{d}t}
$$

可以给出

$$
\begin{aligned}
\frac{\mathrm{d}^2x^i}{\mathrm{d}t^2} &= \left(\frac{\mathrm{d}\lambda}{\mathrm{d}t}\right)^2\left(\frac{\mathrm{d}^2x^i}{\mathrm{d}\lambda^2} - \frac{\mathrm{d}^2t}{\mathrm{d}\lambda^2}\frac{\mathrm{d}x^i}{\mathrm{d}t}\right) \\
&= -c^2\varGamma^i_{00} - 2c\varGamma^i_{0j}v^j - \varGamma^i_{jk}v^jv^k \\
&\quad + (c\varGamma^0_{00} + 2\varGamma^0_{0j}v^j + c^{-1}\varGamma^0_{jk}v^jv^k)v^i
\end{aligned}
\tag{4-6-11}
$$

公式 (4-6-11) 是类时和类光测地线的三维表达式。如果时空度规为已知，那么只要给定粒子 (或光子) 在某一时刻的位置和速度，就可以确定自由粒子 (或光子) 在空间中的运动轨迹。

4.7 黎曼曲率张量

4.7.1 黎曼张量的定义

如果对公式 (4-5-5) 进一步求偏导数，可以给出

$$
\begin{aligned}
\frac{\partial^2\vec{v}}{\partial x^\alpha\partial x^\beta} &= v^\mu_{;\alpha;\beta}\vec{e}_\mu \equiv [(v^\mu_{,\alpha} + \varGamma^\mu_{\gamma\alpha}v^\gamma)_{,\beta} + \varGamma^\mu_{\gamma\beta}(v^\gamma_{,\alpha} + \varGamma^\gamma_{\kappa\alpha}v^\kappa)]\vec{e}_\mu \\
&= (v^\mu_{,\alpha,\beta} + \varGamma^\mu_{\gamma\alpha,\beta}v^\gamma + \varGamma^\mu_{\gamma\alpha}v^\gamma_{,\beta} + \varGamma^\mu_{\gamma\beta}v^\gamma_{,\alpha} + \varGamma^\mu_{\kappa\beta}\varGamma^\kappa_{\gamma\alpha}v^\gamma)\vec{e}_\mu
\end{aligned}
\tag{4-7-1}
$$

同理可以给出

$$\frac{\partial^2 \vec{v}}{\partial x^\beta \partial x^\alpha} = (v^\mu_{,\beta,\alpha} + \Gamma^\mu_{\gamma\beta,\alpha} v^\gamma + \Gamma^\mu_{\gamma\beta} v^\gamma_{,\alpha} + \Gamma^\mu_{\gamma\alpha} v^\gamma_{,\beta} + \Gamma^\mu_{\kappa\alpha} \Gamma^\kappa_{\gamma\beta} v^\gamma) \vec{e}_\mu \tag{4-7-2}$$

从而

$$\begin{aligned} \frac{\partial^2 \vec{v}}{\partial x^\beta \partial x^\alpha} - \frac{\partial^2 \vec{v}}{\partial x^\alpha \partial x^\beta} &= [(\Gamma^\mu_{\gamma\beta,\alpha} + \Gamma^\mu_{\kappa\alpha}\Gamma^\kappa_{\gamma\beta} - \Gamma^\mu_{\gamma\alpha,\beta} - \Gamma^\mu_{\kappa\beta}\Gamma^\kappa_{\gamma\alpha}) v^\gamma] \vec{e}_\mu \\ &= (\Gamma^\mu_{(\gamma\beta);\alpha} - \Gamma^\mu_{(\gamma\alpha);\beta}) v^\gamma \vec{e}_\mu = \left(\frac{\partial \vec{\Gamma}_{\gamma\beta}}{\partial x^\alpha} - \frac{\partial \vec{\Gamma}_{\gamma\alpha}}{\partial x^\beta} \right) v^\gamma \end{aligned} \tag{4-7-3}$$

这里

$$\Gamma^\mu_{(\gamma\alpha);\beta} \equiv \Gamma^\mu_{\gamma\alpha,\beta} + \Gamma^\mu_{\kappa\beta}\Gamma^\kappa_{\gamma\alpha} \tag{4-7-4}$$

下标中的括号表示哑标,括号内的指标不对求导进行响应。若定义

$$\begin{aligned} \vec{R}^{(4)} &= R^\mu_{\gamma\alpha\beta} \vec{e}_\mu \vec{e}^\gamma \vec{e}^\alpha \vec{e}^\beta \equiv (\Gamma^\mu_{(\alpha\gamma);\beta} - \Gamma^\mu_{(\alpha\beta);\gamma}) \vec{e}_\mu \vec{e}^\gamma \vec{e}^\alpha \vec{e}^\beta \\ &= \left(\frac{\partial \vec{\Gamma}_{\gamma\beta}}{\partial x^\alpha} - \frac{\partial \vec{\Gamma}_{\gamma\alpha}}{\partial x^\beta} \right) \vec{e}^\gamma \vec{e}^\alpha \vec{e}^\beta = \left(\frac{\partial^2 \vec{e}_\gamma}{\partial x^\alpha \partial x^\beta} - \frac{\partial^2 \vec{e}_\gamma}{\partial x^\beta \partial x^\alpha} \right) \vec{e}^\gamma \vec{e}^\alpha \vec{e}^\beta \end{aligned} \tag{4-7-5}$$

那么,在 $x^\alpha \to x'^\alpha$ 的坐标变换下,由于

$$\left(\frac{\partial^2 \vec{e}_\gamma}{\partial x^\alpha \partial x^\beta} - \frac{\partial^2 \vec{e}_\gamma}{\partial x^\beta \partial x^\alpha} \right) \vec{e}^\gamma \vec{e}^\alpha \vec{e}^\beta = \left(\frac{\partial^2 \vec{e}'_\gamma}{\partial x'^\alpha \partial x'^\beta} - \frac{\partial^2 \vec{e}'_\gamma}{\partial x'^\beta \partial x'^\alpha} \right) \vec{e}'^\gamma \vec{e}'^\alpha \vec{e}'^\beta \tag{4-7-6}$$

因此,$\vec{R}^{(4)}$ 与坐标系选择无关。由于该张量完全取决于时空的内禀性质,反映了时空的弯曲程度,所以称为曲率张量,或称为黎曼 (曲率) 张量。

根据黎曼张量的定义和公式 (4-7-4),可以给出黎曼张量 (分量) 与度规张量 (系数) 的关系

$$R^\lambda_{\nu\alpha\beta} = (\Gamma^\lambda_{(\nu\alpha);\beta} - \Gamma^\lambda_{(\nu\beta);\alpha}) = \Gamma^\lambda_{\nu\beta,\alpha} - \Gamma^\lambda_{\nu\alpha,\beta} + \Gamma^\lambda_{\kappa\alpha}\Gamma^\kappa_{\nu\beta} - \Gamma^\lambda_{\kappa\beta}\Gamma^\kappa_{\nu\alpha} \tag{4-7-7}$$

或者

$$\begin{aligned} R_{\mu\nu\alpha\beta} &= g_{\mu\lambda} R^\lambda_{\nu\alpha\beta} = g_{\mu\lambda}(\Gamma^\lambda_{(\nu\alpha);\beta} - \Gamma^\lambda_{(\nu\beta);\alpha}) \\ &= \frac{1}{2}(g_{\nu\alpha,\mu\beta} + g_{\mu\beta,\nu\alpha} - g_{\nu\beta,\mu\alpha} - g_{\mu\alpha,\nu\beta}) + g_{\mu\lambda}(\Gamma^\lambda_{\kappa\beta}\Gamma^k_{\nu\alpha} - \Gamma^\lambda_{k\alpha}\Gamma^k_{\nu\beta}) \end{aligned} \tag{4-7-8}$$

4.7.2　黎曼张量的特性

从公式 (4-7-8) 可以看出,黎曼张量有如下特性 (须重明和吴雪君,1999):

特性 1　对称性

黎曼张量坐标分量的前后两对指标之间具有对称性, 即

$$R_{\mu\nu\alpha\beta} = R_{\alpha\beta\mu\nu} \tag{4-7-9}$$

特性 2 反对称性

在黎曼张量坐标分量的前后两对指标中, 每一对指标之间都具有反对称性, 即

$$R_{\nu\mu\alpha\beta} = -R_{\mu\nu\alpha\beta} = R_{\mu\nu\beta\alpha} = -R_{\nu\mu\beta\alpha} \tag{4-7-10}$$

特性 3 循环对称性

黎曼张量坐标分量的后三个指标之间具有循环对称性, 即

$$R_{\mu\nu\alpha\beta} + R_{\mu\beta\nu\alpha} + R_{\mu\alpha\beta\nu} = 0 \tag{4-7-11}$$

该等式称为里奇恒等式 (Ricci identity)。

黎曼张量的以上特性使黎曼张量的自由度大幅减少, 其独立坐标分量的个数由 $4^4 = 256$ 降低为 20。其中, 每对指标的反对称性 (特性 2) 使每对指标的独立分量由 16 个减少到 6 个, 特性 1(前后两对指标之间对称) 使两对指标的独立分量个数由 $6^2 = 36$ 减少到 21, 特性 3 又进一步将其减少到 20 个 (在前两个特性下, 特性 3 实质上只给出了一个限制条件)。因此黎曼张量只有 20 个独立的坐标分量。

对于一般的 n 维空间, 黎曼张量的独立分量个数为

$$C_n = \frac{1}{12}n^2(n^2 - 1) \tag{4-7-12}$$

因此, 对于二维曲面, 黎曼张量只有一个独立分量; 对于三维空间, 黎曼张量有 6 个独立分量。

4.7.3 黎曼张量的几何意义

为了便于理解黎曼曲率张量的物理含义, 我们首先考虑最简单的二维曲面——球面。在二维空间中, 黎曼曲率张量的坐标分量之间满足如下关系:

$$\begin{cases} R_{1111} = R_{2222} = R_{1122} = R_{2211} = 0 \\ R_{1212} = R_{2121} = -R_{1221} = -R_{2112} \end{cases} \tag{4-7-13}$$

对于半径为 R 的球面, 空间度规可以表示为

$$\mathrm{d}s^2 = R^2(\mathrm{d}\theta^2 + \cos^2\theta\mathrm{d}\varphi^2) \tag{4-7-14}$$

从而

$$R_{1212} = \frac{1}{2}(g_{21,12} + g_{12,21} - g_{22,11} - g_{11,22})$$

$$= -\frac{1}{2}\frac{\partial^2 (R^2 \cos^2 \theta)}{\partial \theta^2} = R^2(\cos^2 \theta - \sin^2 \theta) \tag{4-7-15}$$

显然，当 $\theta \to 0$ 时

$$R_{1212} = R^2 \tag{4-7-16}$$

$$g = g_{11}g_{22} = R^4 \tag{4-7-17}$$

从而，高斯曲率

$$K = \frac{1}{R^2} = \frac{R_{1212}}{g} \tag{4-7-18}$$

可见，对于二维曲面，曲率张量与曲率半径之间存在直接关系。对于一般的二维曲面，当某点的曲率取正值时，其邻域可以用一片"球面"近似，当曲率取负值时，其邻域与"鞍面"相类似。

曲率张量反映了曲面的弯曲特性。如果一个矢量沿曲面上的一条闭合曲线平行移动一周，在一般情况下，终结矢量与起始矢量并不完全重合 (只有当曲面退化为平面时，起始矢量与终结矢量才完全重合)，其差异完全由曲面的曲率张量决定。

对于四维时空中的某一点 $p(x^\mu)$，任意两个坐标增量 $(\delta x^\alpha, \delta x^\beta)$ 就构成了一个坐标曲面，如图 4-7-1 所示。如果一个矢量 $\vec{v}$ 由 $p(x^\mu)$ 点平行移动到 $p_\alpha(x^\mu + \delta x^\alpha)$，再平行移动到 $p_1(x^\mu + \delta x^\alpha + \delta x^\beta)$，其结果与先平行移动到 $p_\beta(x^\mu + \delta x^\beta)$，再平行移动到 $p_1(x^\mu + \delta x^\alpha + \delta x^\beta)$ 是不同的。

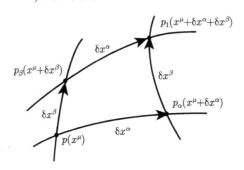

图 4-7-1　坐标曲面示意图

根据莱维–齐维塔平移，矢量 $\vec{v}$ 在各点的坐标分量在保留坐标增量的一阶近似下为

$$\begin{cases} p \to p_\alpha : v^\mu \to v^\mu + \Gamma^\mu_{\gamma\alpha} v^\gamma \delta x^\alpha \\[2mm] p_\alpha \to p_1 : v^\mu + \Gamma^\mu_{\gamma\alpha} v^\gamma \delta x^\alpha \to \\[2mm] \qquad v^\mu + \Gamma^\mu_{\gamma\alpha} v^\gamma \delta x^\alpha + \Gamma^\mu_{\gamma\beta} v^\gamma \delta x^\beta + (\Gamma^\mu_{\gamma\beta,\alpha} + \Gamma^\mu_{\lambda\beta}\Gamma^\lambda_{\gamma\alpha}) v^\gamma \delta x^\alpha \delta x^\beta \end{cases} \tag{4-7-19}$$

$$
\begin{cases}
p \to p_\beta : v^\mu \to v^\mu + \Gamma^\mu_{\gamma\beta} v^\gamma \delta x^\beta \\
p_\beta \to p_1 : v^\mu + \Gamma^\mu_{\gamma\beta} v^\gamma \delta x^\beta \to \\
\qquad v^\mu + \Gamma^\mu_{\gamma\alpha} v^\gamma \delta x^\alpha + \Gamma^\mu_{\gamma\beta} v^\gamma \delta x^\beta + (\Gamma^\mu_{\gamma\alpha,\beta} + \Gamma^\mu_{\lambda\alpha}\Gamma^\lambda_{\gamma\beta}) v^\gamma \delta x^\alpha \delta x^\beta
\end{cases}
\tag{4-7-20}
$$

若令

$$
\begin{cases}
v^\mu(p_{\alpha\to\beta\to1}) \equiv v^\mu + \Gamma^\mu_{\gamma\alpha} v^\gamma \delta x^\alpha + \Gamma^\mu_{\gamma\beta} v^\gamma \delta x^\beta \\
\qquad\qquad + (\Gamma^\mu_{\gamma\beta,\alpha} + \Gamma^\mu_{\lambda\beta}\Gamma^\lambda_{\gamma\alpha}) v^\gamma \delta x^\alpha \delta x^\beta \\
v^\mu(p_{\beta\to\alpha\to1}) \equiv v^\mu + \Gamma^\mu_{\gamma\alpha} v^\gamma \delta x^\alpha + \Gamma^\mu_{\gamma\beta} v^\gamma \delta x^\beta \\
\qquad\qquad + (\Gamma^\mu_{\gamma\alpha,\beta} + \Gamma^\mu_{\lambda\alpha}\Gamma^\lambda_{\gamma\beta}) v^\gamma \delta x^\alpha \delta x^\beta
\end{cases}
\tag{4-7-21}
$$

那么

$$
\begin{aligned}
v^\mu(p_{\alpha\to\beta\to1}) - v^\mu(p_{\beta\to\alpha\to1}) &= (\Gamma^\mu_{(\gamma\beta);\alpha} - \Gamma^\mu_{(\gamma\alpha);\beta}) v^\gamma \delta x^\alpha \delta x^\beta \\
&= -R^\mu_{\gamma\alpha\beta} v^\gamma \delta x^\alpha \delta x^\beta
\end{aligned}
\tag{4-7-22}
$$

因此，$R^\mu_{\gamma\alpha\beta} v^\gamma \vec{e}_\mu$ 可视为矢量 $\vec{v}$ 沿 x^α 坐标方向平移一个坐标单位，沿 x^β 坐标方向平移一个坐标单位，再沿 $-x^\alpha$ 坐标方向平移一个坐标单位，沿 $-x^\beta$ 坐标方向平移一个坐标单位，闭合一圈所产生的矢量损耗，即

$$
\delta\vec{v} \equiv \vec{v}(x^\mu) - \vec{v}_{\rightleftarrows}(x^\mu) = R^\mu_{\gamma\alpha\beta} v^\gamma \vec{e}_\mu
\tag{4-7-23}
$$

其中，$\vec{v}_{\rightleftarrows}(x^\mu)$ 是 $\vec{v}$ 经过往返平移后的新矢量。

公式 (4-7-22) 表明，一个矢量从时空中的一点平行移动到另一点，其结果是不唯一的，取决于两点间的移动路线。只有在平直空间条件下，矢量的平行移动才与移动路线无关，这一点值得特别注意。

4.8 里奇张量与比安基恒等式

4.8.1 里奇张量

若将黎曼张量的第一个指标与第三个指标进行缩并，则给出一个称为里奇张量的 2 阶张量

$$
\overset{(2)}{\vec{R}} = R_{\mu\nu}\vec{e}^\mu\vec{e}^\nu \equiv g^{\alpha\beta}R_{\alpha\mu\beta\nu}\vec{e}^\mu\vec{e}^\nu = R^\alpha_{\mu\alpha\nu}\vec{e}^\mu\vec{e}^\nu
\tag{4-8-1}
$$

其中

$$R_{\mu\nu} \equiv R^{\alpha}_{\mu\alpha\nu} = \Gamma^{\alpha}_{\mu\nu,\alpha} - \Gamma^{\alpha}_{\mu\alpha,\nu} + \Gamma^{\alpha}_{\kappa\alpha}\Gamma^{\kappa}_{\mu\nu} - \Gamma^{\alpha}_{\kappa\nu}\Gamma^{\kappa}_{\mu\alpha} \tag{4-8-2}$$

显然,里奇张量也是与时空度规有关的物理量。由于黎曼张量的前后两对指标相互对称 (公式 (4-7-9)),所以里奇张量具有对称特性,即

$$R_{\mu\nu} = R_{\nu\mu} \tag{4-8-3}$$

因此里奇张量与度规张量相类似,有 10 个独立的坐标分量。

如果再进一步对里奇张量进行缩并,则形成一个标量,称为标量曲率

$$R \equiv \vec{R}^{(2)} \cdot\cdot \vec{g}^{(2)} = g^{\mu\nu}R_{\mu\nu} = R^{\alpha}_{\alpha} \tag{4-8-4}$$

在二维空间中,标量曲率反映的是曲面的曲率半径。

不难理解,黎曼张量、里奇张量和标量曲率都是由时空的内禀性质决定的,只与时空度规 (张量) 有关,与坐标系的选择无关。

里奇张量对坐标进行求偏导数可以给出

$$\partial_{\alpha}\vec{R}^{(2)} = \frac{\partial}{\partial x^{\alpha}}(R^{\mu\nu}\vec{e}_{\mu}\vec{e}_{\nu}) = R^{\mu\nu}_{;\alpha}\vec{e}_{\mu}\vec{e}_{\nu} \tag{4-8-5}$$

其中

$$R^{\mu\nu}_{;\alpha} = \partial_{\alpha}R^{\mu\nu} + \Gamma^{\mu}_{\lambda\alpha}R^{\lambda\nu} + \Gamma^{\nu}_{\lambda\alpha}R^{\mu\lambda} \tag{4-8-6}$$

4.8.2　比安基恒等式

将黎曼张量对坐标求偏导数,可以给出

$$\partial_{\alpha}\vec{R}^{(4)} = \frac{\partial}{\partial x^{\alpha}}(R_{\mu\nu\lambda\gamma}\vec{e}^{\mu}\vec{e}^{\nu}\vec{e}^{\lambda}\vec{e}^{\gamma}) = R_{\mu\nu\lambda\gamma;\alpha}\vec{e}^{\mu}\vec{e}^{\nu}\vec{e}^{\lambda}\vec{e}^{\gamma} \tag{4-8-7}$$

其中

$$R_{\mu\nu\alpha\beta;\gamma} = \partial_{\gamma}R_{\mu\nu\alpha\beta} - \Gamma^{\lambda}_{\mu\gamma}R_{\lambda\nu\alpha\beta} - \Gamma^{\lambda}_{\nu\gamma}R_{\mu\lambda\alpha\beta} - \Gamma^{\lambda}_{\alpha\gamma}R_{\mu\nu\lambda\beta} - \Gamma^{\lambda}_{\beta\gamma}R_{\mu\nu\alpha\lambda} \tag{4-8-8}$$

利用公式 (4-8-8),并进行整理,可以给出

$$R_{\mu\nu\alpha\beta;\gamma} + R_{\mu\nu\gamma\alpha;\beta} + R_{\mu\nu\beta\gamma;\alpha} = 0 \tag{4-8-9}$$

公式 (4-8-9) 称为比安基 (Bianchi) 恒等式,是弯曲空间中一个非常重要的等式,对于研究引力场问题是非常有用的。

由于度规张量对坐标的一阶偏导数为零

$$\begin{cases} g_{\alpha\beta;\gamma} = \partial_{\gamma}g_{\alpha\beta} - \Gamma^{\lambda}_{\alpha\gamma}g_{\lambda\beta} - \Gamma^{\lambda}_{\beta\gamma}g_{\alpha\lambda} = 0 \\ g^{\alpha\beta}_{;\gamma} = \partial_{\gamma}g^{\alpha\beta} + \Gamma^{\alpha}_{\lambda\gamma}g^{\lambda\beta} + \Gamma^{\beta}_{\lambda\gamma}g^{\alpha\lambda} = 0 \end{cases} \tag{4-8-10}$$

从而将 $R_{\mu\nu\alpha\beta;\gamma}$ 的第一和第三指标进行缩并，给出

$$R_{\nu\beta;\gamma} - R_{\nu\gamma;\beta} + R^{\alpha}_{\nu\beta\gamma;\alpha} = 0 \tag{4-8-11}$$

若利用 $g^{\nu\beta}$ 对其进一步缩并，有

$$R_{;\gamma} - 2R^{\alpha}_{\gamma;\alpha} = 0 \tag{4-8-12}$$

将等式两边同乘以 $g^{\lambda\gamma}$，可以给出

$$g^{\lambda\gamma}R_{;\gamma} - 2R^{\alpha\lambda}_{;\alpha} = 0 \tag{4-8-13}$$

该式可以进一步表示为

$$\left(R^{\mu\nu} - \frac{1}{2}g^{\mu\nu}R \right)_{;\mu} = 0 \tag{4-8-14}$$

若定义

$$\vec{G} \equiv \left(R^{\mu\nu} - \frac{1}{2}g^{\mu\nu}R \right) \vec{e}_{\mu}\vec{e}_{\nu} \equiv G^{\mu\nu}\vec{e}_{\mu}\vec{e}_{\nu} \tag{4-8-15}$$

则公式 (4-8-14) 可以进一步改写为

$$G^{\mu\nu}_{;\mu} = 0 \tag{4-8-16}$$

$\vec{G}$ 称为爱因斯坦张量。恒等式 (4-8-14) 或公式 (4-8-16) 是爱因斯坦场方程的基础。

第5章　爱因斯坦场方程及其解

5.1　能量–动量张量

5.1.1　能量–动量张量

根据 3.6 节的讨论，对于单一粒子 (质点)，其能量–动量张量可以表示为

$$\vec{\vec{T}} \equiv m\vec{u} \wedge \vec{u} = T^{\mu\nu}\vec{e}_\mu\vec{e}_\nu = m\frac{\mathrm{d}x^\mu}{\mathrm{d}\tau}\frac{\mathrm{d}x^\nu}{\mathrm{d}\tau}\vec{e}_\mu\vec{e}_\nu \tag{5-1-1}$$

其中，m 为粒子的本征质量；$\vec{u}$ 是粒子的四维速度。因此，对于一个有一定空间形状和大小的物体，其四维能量–动量张量可以表示为

$$\vec{\vec{T}} = \int_m \vec{u} \wedge \vec{u}\mathrm{d}m \tag{5-1-2}$$

如果质量元 $\mathrm{d}m$ 所对应的本征体积元为 $\mathrm{d}V$，则可以定义物体的本征质量密度 (proper mass density) 和**四维质量流密度**(4D mass current density) 为 (费保俊，2007)：

$$\rho \equiv \mathrm{d}m/\mathrm{d}V \tag{5-1-3}$$

$$\vec{J} \equiv \rho(x^\alpha)\vec{u} = \rho(x^\alpha)\frac{\mathrm{d}x^\mu}{\mathrm{d}\tau}\vec{e}_\mu \tag{5-1-4}$$

从而公式 (5-1-2) 可以进一步表示为

$$\vec{\vec{T}} = \int_V \rho\vec{u} \wedge \vec{u}\mathrm{d}V \equiv \int_V \vec{J} \wedge \vec{u}\mathrm{d}V \equiv \int \vec{\vec{T}}_\rho\mathrm{d}V \tag{5-1-5}$$

其中

$$\vec{\vec{T}}_\rho \equiv \vec{J} \wedge \vec{u} = \rho\frac{\mathrm{d}x^\alpha}{\mathrm{d}\tau}\frac{\mathrm{d}x^\beta}{\mathrm{d}\tau}\vec{e}_\alpha\vec{e}_\beta \tag{5-1-6}$$

称为**能量–动量张量密度**(energy-momenturm tenser density)。

显然，在广义的概念上，能量–动量张量密度在时空中构成了一个张量场。也就是说，对于任意一个时空点，均有一个能量–动量张量密度与之相对应，因此将其称为**时空的能量–动量张量**，并简记为 $\vec{\vec{T}}(x^\alpha)$

$$\vec{\vec{T}}(x^\alpha) \equiv \rho(x^\alpha)\vec{u} \wedge \vec{u} = \vec{J} \wedge \vec{u} \tag{5-1-7}$$

对于理想流体, 除了要考虑流体的密度, 还需要考虑流体的压强和内能, 能量–动量张量可以表示为 (须重明和吴雪君, 1999)

$$\vec{\vec{T}}(x^\alpha) \equiv p\vec{\vec{g}} + \{\rho(1 + \mathit{\Pi}/c^2) + p/c^2\}\vec{u} \wedge \vec{u} \tag{5-1-8}$$

其中, p 是流体的固有压强, $\mathit{\Pi}$ 是比内能。

5.1.2　能量–动量守恒定律

对能量–动量张量求散度可以给出

$$\nabla \cdot \vec{\vec{T}} = T^{\mu\nu}_{;\mu}\vec{e}_\nu = f^\nu\vec{e}_\nu = \vec{f} \tag{5-1-9}$$

这里 $\vec{f}$ 为四维力密度 (4D force density)。对于一个没有外力作用的孤立系统, $\vec{f} = 0$, 因此

$$\nabla \cdot \vec{\vec{T}} = T^{\mu\nu}_{;\mu}\vec{e}_\nu = 0 \tag{5-1-10}$$

或者

$$T^{\mu\nu}_{;\mu} = 0 \tag{5-1-11}$$

这就是所谓的能量–动量守恒定律:

(1) 能量–动量张量的散度等于四维力密度;

(2) 在无外力作用下, 能量–动量张量的散度为零。

5.2　爱因斯坦场方程

5.2.1　爱因斯坦场方程表达

由于黎曼张量反映了弯曲时空的几何特性, 时空的能量–动量张量反映了时空的质能分布, 所以黎曼张量与能量–动量张量之间一定存在某种联系。然而, 能量–动量张量是一个 2 阶张量, 而黎曼张量是一个 4 阶张量, 因此爱因斯坦认为这种联系应该表现为里奇张量和能量–动量张量之间的关系。将公式 (5-1-11) 和公式 (4-8-14) 进行比较, 可以给出

$$G_{\mu\nu} \equiv R_{\mu\nu} - \frac{1}{2}g_{\mu\nu}R = \kappa T_{\mu\nu} \tag{5-2-1}$$

这就是著名的爱因斯坦场方程, 其中, $G_{\mu\nu}$ 是爱因斯坦张量; $T_{\mu\nu}$ 是能量–动量张量 (密度); $R_{\mu\nu}$ 为里奇张量; R 是里奇标量曲率; κ 是一个标量常数。公式 (5-2-1) 是一个协变坐标分量表达式, 其对应的张量表达式为

$$\vec{\vec{G}} = \kappa\vec{\vec{T}} \tag{5-2-2}$$

如果对爱因斯坦方程进行缩并，可以给出

$$g^{\mu\nu}G_{\mu\nu} = R - 2R = \kappa T \tag{5-2-3}$$

即

$$R = -\kappa T \tag{5-2-4}$$

因此，爱因斯坦方程也可以表示为

$$R_{\mu\nu} = \kappa S_{\mu\nu} \tag{5-2-5}$$

其中

$$\begin{cases} S_{\mu\nu} \equiv T_{\mu\nu} - \dfrac{1}{2}g_{\mu\nu}T \\[3mm] T \equiv g_{\mu\nu}T^{\mu\nu} \end{cases} \tag{5-2-6}$$

5.2.2　牛顿极限与场方程标量常数确定

根据位函数理论，单位质点所受到的万有引力可以用位函数表示，即

$$\vec{F} = \vec{A} = \nabla\varphi = \vec{e}^i \frac{\partial \varphi}{\partial x^i} \tag{5-2-7}$$

其中，$\vec{F}$、$\vec{A}$、$\varphi(x^j)$ 分别表示单位质点的三维力、三维加速度和空间引力位函数

$$\varphi(x_P^j) = \int\limits_V \frac{G\rho(x^j)}{|\vec{x} - \vec{x}_P|}\mathrm{d}V \tag{5-2-8}$$

式中，G、ρ、V 分别是万有引力常数、质量密度和物质的分布空间。显然，如果所讨论空间点位于物质分布场以内，则公式 (5-2-8) 将出现分母为零的奇异情况，为此，可以将该点包括在一个半径为 δR 的微小球体 δV 中进行单独积分，即

$$\varphi(x_P^j) = \int\limits_{V-\delta V} \frac{G\rho}{|\vec{x} - \vec{x}_P|}\mathrm{d}V + \int\limits_{\delta V} \frac{G\rho}{|\vec{x} - \vec{x}_P|}\mathrm{d}V \tag{5-2-9}$$

若将 P 点作为以 O 点为中心，δR 为半径的均质球体的一个内部点，通过积分可以给出其引力位为

$$\int\limits_{\delta V} \frac{G\rho}{|\vec{x} - \vec{x}_P|}\mathrm{d}V = \frac{2}{3}\pi G\rho(x_P^j)[3\delta R^2 - |(\vec{x}_P - \vec{x}_0)|^2] \tag{5-2-10}$$

因此公式 (5-2-9) 可以表示为

$$\varphi(x_P^j) = \int\limits_{V-\delta V} \frac{G\rho}{|\vec{x} - \vec{x}_P|}\mathrm{d}V' + \frac{2}{3}\pi G\rho(x_P^j)[3\delta R^2 - |(\vec{x}_P - \vec{x}_0)|^2] \tag{5-2-11}$$

从而，有

$$\nabla^2\varphi(x^j) = -4\pi G\rho(x^j) \tag{5-2-12}$$

这就是著名的泊松方程 (Poisson's equation)，是由法国数学、物理学家泊松 (Simeon-Denis Poisson, 1781～1840) 于 1813 年提出的。对于引力源以外的空间点 (外部点)，泊松方程退化为拉普拉斯方程 (Laplace's equation)

$$\nabla^2\varphi(x^j) = 0$$

天文观测表明，牛顿万有引力理论能够相当准确地描述天体的运动规律，它不仅科学解释了哥白尼的日心学说，而且还精确预言了海王星 (1846 年观测发现) 和冥王星 (1930 年观测发现) 的存在。因此，在低速弱场的近似情况下，爱因斯坦场方程应不容置疑地退化为泊松方程。

如前所述，在低速弱场情况下，时空度规可以视为闵可夫斯基度规加一个微小的扰动

$$g_{\mu\nu} = \eta_{\mu\nu} + h_{\mu\nu}$$

里奇张量和能量–动量张量的主项均为 00 项，因此根据其定义

$$\begin{cases} R_{00} = R^\alpha_{0\alpha 0} \approx \Gamma^i_{00,i} \approx -\dfrac{1}{2}g_{00,ii} \\ T_{00} = g_{0\alpha}g_{0\beta}T^{\alpha\beta} \approx \rho c^2 \end{cases} \tag{5-2-13}$$

由于检验体沿类时测地线运动，所以由公式 (4-6-11) 给出

$$\frac{\mathrm{d}^2 x^i}{\mathrm{d}t^2} \approx -c^2\Gamma^i_{00} \approx \frac{1}{2}c^2 g_{00,i} \tag{5-2-14}$$

在近似情况下，有

$$\frac{\mathrm{d}^2 x^i}{\mathrm{d}t^2} \approx \frac{1}{2}c^2 g_{00,i} \approx \frac{\partial\varphi}{\partial x^i} \tag{5-2-15}$$

从而

$$g_{00,i} \approx \frac{2}{c^2}\frac{\partial\varphi}{\partial x^i} \tag{5-2-16}$$

$$R_{00} \approx -\frac{1}{c^2}\frac{\partial^2\varphi}{\partial x^{i2}} = -\frac{1}{c^2}\nabla^2\varphi \tag{5-2-17}$$

将公式 (5-2-17) 和公式 (5-2-13) 代入爱因斯坦场方程或者公式 (5-2-4)，可以给出

$$\kappa = \frac{8\pi G}{c^4} \tag{5-2-18}$$

因此，爱因斯坦引力场方程为

$$R_{\mu\nu} - \frac{1}{2}Rg_{\mu\nu} = \frac{8\pi G}{c^4}T_{\mu\nu} \tag{5-2-19}$$

5.2.3　宇宙常数及其物理含义

由于度规张量满足

$$g_{\mu\nu;\alpha} \equiv 0 \tag{5-2-20}$$

所以满足协变导数为零的方程不止公式 (4-8-14) 一个。考虑到

$$\left(R_{\mu\nu} - \frac{1}{2}g_{\mu\nu}R + \Lambda g_{\mu\nu} \right)_{;\mu} = 0 \tag{5-2-21}$$

引力场方程也可表示为

$$R_{\mu\nu} - \frac{1}{2}Rg_{\mu\nu} + \Lambda g_{\mu\nu} = \kappa T_{\mu\nu} \tag{5-2-22}$$

或者

$$R_{\mu\nu} = \kappa \left(T_{\mu\nu} - \frac{1}{2}Tg_{\mu\nu} \right) + \Lambda g_{\mu\nu} \tag{5-2-23}$$

其中，Λ 称为爱因斯坦宇宙常数。

公式 (5-2-23) 表明，宇宙中的质能可能包括具有分布特性 (显性) 的"局域质能"和隐性的"背景能量"两部分。因此，反映时空度规特性的里奇张量由"局域质能"张量 $\vec{T}$ 和"背景能量"张量 $\vec{g}\Lambda/\kappa$ 共同决定。

如果只考虑"背景能量"张量 $\vec{g}\Lambda/\kappa$ 对时空度规的影响，那么根据公式 (5-2-17)，有

$$R_{00} \approx -\frac{1}{c^2}\nabla^2\varphi = \Lambda g_{00} \approx -\Lambda \tag{5-2-24}$$

由此可以给出

$$\varphi(x^i) = \Lambda\delta_{ij}x^ix^j \tag{5-2-25}$$

从而根据公式 (5-2-15)，有

$$\frac{\mathrm{d}^2x^i}{\mathrm{d}t^2} \approx \frac{\partial\varphi}{\partial x^i} = \Lambda x^i \tag{5-2-26}$$

这表明除万有引力之外，宇宙中遥远的物质之间还受到与距离成正比的一个排斥力。物质离得越远，排斥力越大。

现在天文学观测表明，宇宙在膨胀，而且在加速膨胀。说明宇宙中除了万有引力，还存在由能量产生的万有斥力，这是宇宙常数的物理意义所在。"万有引力"仅仅是"附近"物质产生的"影响"。在宇宙大时空尺度上，万有斥力应占主导地位，或者说能量是宇宙的主要成分。

5.2.4 坐标条件

度规张量 $g_{\mu\nu}$ 是 2 阶对称张量，有 10 个独立分量。爱因斯坦张量也是 2 阶对称张量，但满足比安基恒等式 $G_{\mu\nu;\mu} = 0$，因此爱因斯坦场方程仅有 6 个独立方程，并不能完全确定 10 个度规未知系数。要给出爱因斯坦场方程的解，必须附加另外四个条件方程，这四个附加方程称为坐标条件，也称为规范条件或坐标规范。显然，这是合理的，因为坐标系可以任意选定，这四个自由度反映的正是坐标选择的任意性。

在爱因斯坦场方程求解过程中，使用最为方便的坐标条件是谐和规范 (harmonic gauge)，其方程为

$$\Gamma^\lambda \equiv g^{\alpha\beta}\Gamma_{\alpha\beta}^\lambda = 0 \tag{5-2-27}$$

满足这个条件的坐标系是存在的。根据仿射联络系数之间的转换关系

$$\Gamma_{\mu\nu}^{'\lambda} = \frac{\partial x'^\lambda}{\partial x^\gamma}\frac{\partial x^\alpha}{\partial x'^\mu}\frac{\partial x^\beta}{\partial x'^\nu}\Gamma_{\alpha\beta}^\gamma - \frac{\partial x^\alpha}{\partial x'^\mu}\frac{\partial x^\beta}{\partial x'^\nu}\frac{\partial^2 x'^\lambda}{\partial x^\beta \partial x^\alpha}$$

因此

$$\begin{aligned}
g^{\mu\nu}\Gamma_{\mu\nu}^{'\lambda} &= g^{\mu\nu}\frac{\partial x'^\lambda}{\partial x^\gamma}\frac{\partial x^\alpha}{\partial x'^\mu}\frac{\partial x^\beta}{\partial x'^\nu}\Gamma_{\alpha\beta}^\gamma - g^{\mu\nu}\frac{\partial x^\alpha}{\partial x'^\mu}\frac{\partial x^\beta}{\partial x'^\nu}\frac{\partial^2 x'^\lambda}{\partial x^\beta \partial x^\alpha} \\
&= \frac{\partial x'^\lambda}{\partial x^\gamma}g^{\alpha\beta}\Gamma_{\alpha\beta}^\gamma - g^{\alpha\beta}\frac{\partial^2 x'^\lambda}{\partial x^\beta \partial x^\alpha}
\end{aligned} \tag{5-2-28}$$

即

$$\Gamma^{'\lambda} = \frac{\partial x'^\lambda}{\partial x^\gamma}\Gamma^\gamma - g^{\alpha\beta}\frac{\partial^2 x'^\lambda}{\partial x^\beta \partial x^\alpha} \tag{5-2-29}$$

如果选择 $\{x'^\alpha\}$ 坐标满足

$$\frac{\partial^2 x'^\lambda}{\partial x^\alpha \partial x^\beta} = g_{\alpha\beta}\frac{\partial x'^\lambda}{\partial x^\gamma}\Gamma^\gamma \tag{5-2-30}$$

则该坐标系满足谐和规范条件，即 $\Gamma'^\lambda = 0$。由于

$$\begin{cases}
\Gamma^\lambda \equiv g^{\alpha\beta}\Gamma_{\alpha\beta}^\lambda = \frac{1}{2}g^{\alpha\beta}g^{\lambda\gamma}(g_{\alpha\gamma,\beta} + g_{\beta\gamma,\alpha} - g_{\alpha\beta,\gamma}) \\
(g^{\lambda\gamma}g_{\alpha\gamma})_{,\beta} = g_{,\beta}^{\lambda\gamma} + g_{\alpha\gamma,\beta} = 0 \\
\Gamma_{\lambda\beta}^\lambda = \frac{1}{2}g^{\lambda\gamma}g_{\lambda\gamma,\beta} = \frac{1}{\sqrt{g}}\frac{\partial\sqrt{g}}{\partial x^\lambda}
\end{cases} \tag{5-2-31}$$

所以

$$\Gamma^\lambda = -g_{,\gamma}^{\lambda\gamma} - g^{\lambda\gamma}\frac{1}{\sqrt{g}}\frac{\partial\sqrt{g}}{\partial x^\gamma} = -\frac{1}{\sqrt{g}}\frac{\partial}{\partial x^\gamma}(g^{\lambda\gamma}\sqrt{g}) \tag{5-2-32}$$

从而，谐和规范也可以表示为

$$\frac{\partial}{\partial x^\gamma}(g^{\lambda\gamma}\sqrt{g}) = 0 \tag{5-2-33}$$

考虑到

$$\vec{\Gamma}_{\alpha\beta} \equiv \partial_\beta \vec{e}_\alpha = \Gamma^\mu_{\alpha\beta} \vec{e}_\mu$$

谐和规范也可以表示为矢量形式

$$g^{\alpha\beta}\partial_\beta \vec{e}_\alpha = g^{\alpha\beta}\vec{\Gamma}_{\alpha\beta} = 0 \tag{5-2-34}$$

通常将满足谐和规范的坐标称为"谐和坐标"。因为对于任意一个函数 f，如果它满足 $\Box f = 0$，则将其称为谐和函数，其中"$\Box$"称为达朗贝尔 (d'Alembert) 算子，在弯曲时空中可以表示为

$$\Box f \equiv (g^{\alpha\beta}f_{;\alpha})_{;\beta} = g^{\alpha\beta}\frac{\partial^2 f}{\partial x^\alpha \partial x^\beta} - \Gamma^\lambda \frac{\partial f}{\partial x^\lambda} \tag{5-2-35}$$

显然，如果 $\Gamma^\lambda = 0$，那么 $\Box x^\mu = 0$，因此 x^α 自身是谐和函数。

5.3 球对称引力场与史瓦西度规

5.3.1 球对称引力场的度规形式

球对称引力场是结构最简单的时空引力场，是天体系统真实时空引力场的一种近似。在该引力场中，仅有一个天体，天体内的物质满足均匀分布或者球对称分布，而且相对于惯性空间没有旋转运动。球对称引力场是广义相对论建立之后，爱因斯坦方程的第一个严格解，由德国物理学家卡尔·史瓦西 (Karl Schwarzschild, 1873~1916) 于 1915 年给出，因此球对称引力场的时空度规被称为史瓦西度规。

我们知道在惯性参考系中，时空度规满足闵可夫斯基度规形式。如果采用球坐标，时空度规则可以表示为

$$ds^2 = -c^2 dt^2 + dr^2 + r^2(d\theta^2 + \sin^2\theta d\phi^2) \tag{5-3-1}$$

对于在宇宙中自由运动的孤立天体，我们可以构建以天体质心为原点的非旋转天体质心 (星心) 参考系。与惯性参考系相比，天体质心参考系的时空度规会受到天体系统自身引力场的影响。考虑到引力场的球对称特性和天体相对于惯性空间的非旋转特性，球对称天体外部引力场的时空度规可以表示为

$$ds^2 = -A(r)c^2 dt^2 + B(r)dr^2 + C(r)r^2(d\theta^2 + \sin^2\theta d\phi^2) \tag{5-3-2}$$

为了公式推导方便，令

$$r' \equiv r\sqrt{C(r)} \tag{5-3-3}$$

则

$$ds^2 = -A(r')c^2dt^2 + B'(r')dr'^2 + r'^2(d\theta^2 + \sin^2\theta d\phi^2) \tag{5-3-4}$$

其中

$$B'(r') = B(r)\left(\frac{dr}{dr'}\right)^2 \tag{5-3-5}$$

考虑到时空度规在无引力场情况下应该退化为闵可夫斯基度规形式，可以进一步令

$$\begin{cases} e^{\lambda(r')} \equiv A(r') \\ \\ e^{\gamma(r')} \equiv B'(r') \end{cases} \tag{5-3-6}$$

从而，若令

$$\begin{cases} dx^0 \equiv cdt \\ \\ dx^1 \equiv dr' \\ \\ dx^2 \equiv d\theta \\ \\ dx^3 \equiv d\phi \end{cases} \tag{5-3-7}$$

则时空度规的协变系数矩阵可以表示为

$$[g_{\mu\nu}(r)] = \begin{bmatrix} -e^{\lambda(r)} & 0 & 0 & 0 \\ 0 & e^{\gamma(r)} & 0 & 0 \\ 0 & 0 & r^2 & 0 \\ 0 & 0 & 0 & r^2\sin^2\theta \end{bmatrix} \tag{5-3-8}$$

注意，为了表达方便，在公式中将 r' 改写为 r。

对应的时空度规逆变系数矩阵为

$$[g^{\mu\nu}(r)] = \begin{bmatrix} -e^{\lambda(r)} & 0 & 0 & 0 \\ 0 & e^{-\gamma(r)} & 0 & 0 \\ 0 & 0 & r^{-2} & 0 \\ 0 & 0 & 0 & r^{-2}\sin^{-2}\theta \end{bmatrix} \tag{5-3-9}$$

5.3.2　球对称引力场的仿射联络与里奇张量

根据仿射联络表达式 (4-4-1)，可以给出球对称引力场的仿射联络系数，其中共有 13 个仿射联络系数不为零，表达如下：

$$
\begin{cases}
\Gamma^0_{01} = \Gamma^0_{10} = \dfrac{1}{2}\lambda' \equiv \dfrac{1}{2}\dfrac{\partial\lambda}{\partial r} \\[2mm]
\Gamma^1_{00} = \dfrac{1}{2}\mathrm{e}^{\lambda-\gamma}\lambda' \\[2mm]
\Gamma^1_{11} = \dfrac{1}{2}\gamma' \\[2mm]
\Gamma^1_{22} = -r\mathrm{e}^{-\gamma} \\[2mm]
\Gamma^1_{33} = -r\sin^2\theta\,\mathrm{e}^{-\gamma} \\[2mm]
\Gamma^2_{12} = \Gamma^2_{21} = r^{-1} \\[2mm]
\Gamma^2_{33} = -\sin\theta\cos\theta \\[2mm]
\Gamma^3_{13} = \Gamma^3_{31} = r^{-1} \\[2mm]
\Gamma^3_{23} = \Gamma^3_{32} = \cot\theta
\end{cases}
\tag{5-3-10}
$$

其他仿射联络系数为零。

从而，根据里奇张量表达式 (4-8-2)，可以给出：

$$
R_{\mu\nu} = 0 \quad (\mu \neq \nu)
\tag{5-3-11}
$$

$$
\begin{cases}
R_{00} = \mathrm{e}^{\lambda-\gamma}\left(-\dfrac{1}{2}\lambda'' - \dfrac{1}{4}\lambda'^2 + \dfrac{1}{4}\lambda'\gamma' - r^{-1}\lambda'\right) \\[2mm]
R_{11} = \dfrac{1}{2}\lambda'' + \dfrac{1}{4}\lambda'^2 - \dfrac{1}{4}\lambda'\gamma' - r^{-1}\gamma' \\[2mm]
R_{22} = \mathrm{e}^{-\gamma}\left[1 + \dfrac{1}{2}r(\lambda' - \gamma')\right] - 1 \\[2mm]
R_{33} = \sin^2\theta\left[\mathrm{e}^{-\gamma}\left[1 + \dfrac{1}{2}r(\lambda' - \gamma')\right] - 1\right]
\end{cases}
\tag{5-3-12}
$$

5.3.3　球对称引力场方程的解

根据爱因斯坦方程，如果不考虑宇宙常数，在天体以外，有

$$
G_{\mu\nu} \equiv R_{\mu\nu} - \dfrac{1}{2}Rg_{\mu\nu} = 0
\tag{5-3-13}
$$

从而由公式 (5-3-13)、公式 (5-3-11) 和公式 (5-3-12) 给出

$$
\begin{cases}
G_{00} = R_{00} = \mathrm{e}^{\lambda - \gamma} \left(-\frac{1}{2}\lambda'' - \frac{1}{4}\lambda'^2 + \frac{1}{4}\lambda'\gamma' - r^{-1}\lambda' \right) = 0 \\[2mm]
G_{11} = R_{11} = \frac{1}{2}\lambda'' + \frac{1}{4}\lambda'^2 - \frac{1}{4}\lambda'\gamma' - r^{-1}\gamma' = 0 \\[2mm]
G_{22} = R_{22} = \mathrm{e}^{-\gamma}\left[1 + \frac{1}{2}r(\lambda' - \gamma') \right] - 1 = 0 \\[2mm]
G_{33} = R_{33} = \left\{ \mathrm{e}^{-\gamma}\left[1 + \frac{1}{2}r(\lambda' - \gamma') \right] - 1 \right\} \sin^2\theta = 0
\end{cases} \tag{5-3-14}
$$

将公式 (5-3-14) 中的第一式两边乘以 $\mathrm{e}^{-(\lambda-\gamma)}$ 并与第二式相加，得到

$$
r^{-1}(\lambda' + \gamma') = 0 \tag{5-3-15}
$$

由此可以给出

$$
\gamma = -\lambda \tag{5-3-16}
$$

从而由公式 (5-3-14) 的第三或第四式，得到

$$
\mathrm{e}^{-\gamma}[1 - r\gamma'] = 1 \tag{5-3-17}
$$

方程 (5-3-17) 的通解为

$$
\mathrm{e}^{-\gamma} = 1 - \frac{C_0}{r} \tag{5-3-18}
$$

其中，C_0 是积分常数。为了保证由度规给出的物质运动方程与万有引力定律近似一致 (参见 5.3.4 节)，取

$$
C_0 = 2GM/c^2 \tag{5-3-19}
$$

在天体之外，球对称引力场的时空度规可以表示为 (外部解)：

$$
\mathrm{d}s^2 = -\left(1 - \frac{2\varphi}{c^2} \right) c^2 \mathrm{d}t^2 + \left(1 - \frac{2\varphi}{c^2} \right)^{-1} \mathrm{d}r^2 + r^2(\mathrm{d}\theta^2 + \sin^2\theta \mathrm{d}\phi^2) \tag{5-3-20}
$$

其中

$$
\varphi \equiv \frac{GM}{r} \tag{5-3-21}
$$

公式 (5-3-20) 通常被称为史瓦西标准度规。

5.3.4 史瓦西各向同性度规

如前所述，爱因斯坦场方程的解并不具有唯一性。坐标系选择不同，时空度规不同。或者说，时空度规依赖于坐标系的选择。如果令

$$
\begin{cases}
r \equiv \rho \left(1 + \dfrac{w}{2c^2} \right)^2 \\[3mm]
w \equiv \dfrac{GM}{\rho}
\end{cases} \tag{5-3-22}
$$

则公式 (5-3-20) 可以改写为

$$\mathrm{d}s^2 = -\left(1 - \frac{w}{2c^2}\right)^2 \left(1 + \frac{w}{2c^2}\right)^{-2} c^2\mathrm{d}t^2 + \left(1 + \frac{w}{2c^2}\right)^4 \delta_{ij}\mathrm{d}x^i\mathrm{d}x^j \qquad (5\text{-}3\text{-}23)$$

其中，x^i 为欧氏直角坐标

$$\begin{cases} x^1 = \rho\cos\theta\cos\phi \\ x^2 = \rho\cos\theta\sin\phi \\ x^3 = \rho\sin\theta \end{cases} \qquad (5\text{-}3\text{-}24)$$

公式 (5-3-23) 称为史瓦西各向同性度规。

5.3.5   史瓦西度规的测量学意义

度规公式 (5-3-20) 和公式 (5-3-23) 都满足爱因斯坦场方程，但是，哪一个坐标系更符合或接近牛顿空间的坐标？或者说，史瓦西标准度规和史瓦西各向同性度规，哪一个坐标结果是质心惯性观者采用其"秒长"和"米尺"直接测量的结果？这是迄今尚未讨论清楚的问题。实质上，该问题的回答只能依赖科学实验。

根据史瓦西标准度规公式 (5-3-20)，类光信号沿径向和沿横向的速度分别为

$$\begin{cases} v_r = \dfrac{\mathrm{d}r}{\mathrm{d}t} = \left(1 - \dfrac{2\varphi}{c^2}\right)c \\ v_\theta = \dfrac{r\mathrm{d}\theta}{\mathrm{d}t} = \left(1 - \dfrac{2\varphi}{c^2}\right)^{\frac{1}{2}}c \approx \left(1 - \dfrac{\varphi}{c^2}\right)c \end{cases} \qquad (5\text{-}3\text{-}25)$$

可见，在史瓦西标准坐标系中，类光信号的运动速度与传播方向有关，或者说是各向异性的。

然而，根据史瓦西各向同性度规，类光信号在引力场中的传播速度仅与距离质心的远近程度有关，与传播方向无关

$$v_r = v_\theta = \left(1 + \frac{w}{2c^2}\right)^{-3}\left(1 - \frac{w}{2c^2}\right)c \approx \left(1 - \frac{2w}{c^2}\right)c \qquad (5\text{-}3\text{-}26)$$

将两式比较可以看出，两者虽然在无引力场 (在无穷远处) 的情况下都退化为真空中的"光速"，但是在引力场中是完全不同的。根据公式 (5-3-25)，地球表面上不同方向的光速是不同的，由于地球引力场的影响，水平和高程方向上的光速差异约为

$$\Delta v \equiv v_\theta - v_r \approx \frac{GM_E}{rc} = 6.27\times10^{-10}c \approx 0.188\mathrm{m/s}$$

要测量验证这个差异是十分困难的。这需要采用"钟"和"米尺"对光速进行绝对测量，其难度可想而知。

事实上，迄今尚没有实验表明两个方向的光速有明显的差别。根据公设 2，我们认为任何局域空间都是各向同性的，因此在测量应用中我们倾向于使用各向同性坐标，并将其视为牛顿空间的欧氏坐标。

对于史瓦西各向同性坐标系中的任一空间点 $P(x_P^k)$,如果以它为原点定义一个新的坐标系

$$\begin{cases} \bar{t} \equiv \left[1 - \dfrac{w(x_P^k)}{2c^2}\right]\left[1 + \dfrac{w(x_P^k)}{2c^2}\right]^{-1} t \\[3mm] \bar{x}^i \equiv (x^i - x_P^i)\left[1 + \dfrac{w(x_P^k)}{2c^2}\right]^2 \end{cases} \tag{5-3-27}$$

那么

$$\begin{cases} \mathrm{d}\bar{t} = \left[1 - \dfrac{w(x_P^k)}{2c^2}\right]\left[1 + \dfrac{w(x_P^k)}{2c^2}\right]^{-1} \mathrm{d}t \\[3mm] \mathrm{d}\bar{x}^i = \left[1 + \dfrac{w(x_P^k)}{2c^2}\right]^2 \mathrm{d}x^i \end{cases} \tag{5-3-28}$$

因此,在 $P(x_P^k)$ 点附近,时空线元满足

$$\mathrm{d}s^2 = g_{\mu\nu}\mathrm{d}x^\mu\mathrm{d}x^\nu = -c^2\mathrm{d}\bar{t}^{\,2} + \delta_{ij}\mathrm{d}\bar{x}^i\mathrm{d}\bar{x}^j \tag{5-3-29}$$

显然,对于发生在 $P(x_P^k)$ 附近的事件,$\{\bar{t}, \bar{x}^i\}$ 是位于 $P(x_P^k)$ 的观者所计量的时空坐标。对于 $P(x_P^k)$ 点上先后发生的两个事件,如果其全局坐标增量为 $(\Delta t, 0)$,那么对 $P(x_P^k)$ 点的观者而言,其局域坐标增量为 $(\Delta\bar{t}, 0)$,并且

$$\Delta\bar{t} = \left[1 - \frac{w(x_P^k)}{2c^2}\right]\left[1 + \frac{w(x_P^k)}{2c^2}\right]^{-1}\Delta t \leqslant \Delta t \tag{5-3-30}$$

因此,引力场观者的时钟比坐标钟慢。或者说,引力场中的观者所计量的时间永远要比坐标时短。

同样,对于 $P(x_P^k)$ 附近同时发生的两个事件,如果其全局坐标增量为 $(0, \Delta x^i)$,那么对 $P(x_P^k)$ 点的观者而言,其局域坐标增量为 $(0, \Delta\bar{x}^i)$,并且

$$\Delta\bar{x}^i = \left[1 + \frac{w(x_P^k)}{2c^2}\right]^2\Delta x^i \geqslant \Delta x^i \tag{5-3-31}$$

因此,$P(x_P^k)$ 点观者所测量的距离要比坐标距离长。或者说,$P(x_P^k)$ 点观者的尺子比坐标尺短。

简而言之,就是"引力场中时钟变慢,尺子变短"。局域测量基准相对于全局坐标基准发生了变化。

变化是相对的。为什么说是引力场中的局域测量基准在改变,而不说是全局测量基准在引力场中发生了变化?这可以通过公式 (5-3-31) 来说明。对于同样的坐标增量为 $(0, \Delta x^i)$,在 $P(x_P^k + \Delta x^k)$ 的观者来看,其坐标增量变为

$$\Delta \bar{x}^i = \left[1 + \frac{w(x_P^k + \Delta x^k)}{2c^2}\right]^2 \Delta x^i = \left[1 + \frac{w(x_P^k)}{2c^2} + \frac{w_{,j}\Delta x^j}{2c^2}\right]^2 \Delta x^i \qquad (5\text{-}3\text{-}32)$$

这意味着，对于同一个时空间隔，处于引力场不同位置的观者会给出不同的测量结果。其根本原因在于引力场会对"光"产生影响，而局域测量基准都是根据本地"光"信号定义的。

5.4　旋转轴对称引力场与克尔度规

5.4.1　克尔度规表达

任何天体相对于遥远天体都或多或少地存在转动，因此由天体自身产生的引力场仅具有一定的轴对称特性，而并不具备球对称特性。因而在讨论天体周围的物质运动时，采用史瓦西度规描述其外部时空引力场特性，在精度上往往是不够的，特别是对于高速旋转的天体，如中子星和黑洞等，情况更是如此。1963 年，新西兰天体物理学家罗伊·克尔 (Roy Patric Kerr) 找到了爱因斯坦场方程对应于旋转轴对称天体外场的一个严格解，被称为克尔度规。

如果以天体的质心为原点，以其自转轴为 z 轴建立球坐标系 $\{r,\theta,\phi\}$，则克尔度规的表达式如下：

$$\mathrm{d}s^2 = -\left(1 - \frac{2\varphi}{c^2}\right)c^2\mathrm{d}t^2 + \left(1 - \frac{2\varphi}{c^2}\right)^{-1}\mathrm{d}r^2 + r^2(\mathrm{d}\theta^2 + \sin^2\theta\mathrm{d}\phi^2)$$
$$- \frac{4GJ}{c^2 r}\sin^2\theta\mathrm{d}\phi\mathrm{d}t \qquad (5\text{-}4\text{-}1)$$

其中，J 是天体的角动量。与史瓦西标准度规公式 (5-3-20) 相比，克尔度规增加了一个与角动量有关的时空交叉项。由公式 (5-4-1) 可以看出，克尔度规具有轴对称性和渐近平直性，在无穷远处退化为闵可夫斯基度规形式。

与史瓦西度规相类似，如果采用各向同性坐标，并将 ρ 改写为 r，则克尔度规可以近似表达为

$$\mathrm{d}s^2 = -\left(1 - \frac{w}{2c^2}\right)^2\left(1 + \frac{w}{2c^2}\right)^{-2}c^2\mathrm{d}t^2 + \left(1 + \frac{w}{2c^2}\right)^4\delta_{ij}\mathrm{d}x^i\mathrm{d}x^j$$
$$- \frac{4GJ}{c^3 r}\sin^2\theta\mathrm{d}\phi\mathrm{d}t \qquad (5\text{-}4\text{-}2)$$

若定义矢量位

$$\vec{w} \equiv \frac{G\vec{J} \times \vec{r}}{2r^3} = \frac{GI\vec{\omega} \times \vec{r}}{2r^3} \qquad (5\text{-}4\text{-}3)$$

其中，I 是天体的转动惯量；$\vec{\omega}$ 是天体的自转角速度矢量，那么，在牛顿直角坐标下，克尔度规系数可近似表达为

$$\begin{cases} g_{00} = -\left(1 - \dfrac{w}{2c^2}\right)^2 \left(1 + \dfrac{w}{2c^2}\right)^{-2} \\[3mm] g_{0i} = -\dfrac{4w^i}{c^3} \\[3mm] g_{ij} = \delta_{ij}\left(1 + \dfrac{w}{2c^2}\right)^4 \end{cases} \tag{5-4-4}$$

其中，w 和 w^i 是球对称天体的标量引力位和矢量引力位。

5.4.2 克尔度规的测量学意义

与 5.3.5 节的讨论相类似，对于克尔各向同性坐标系中的任一空间点 $P(x_P^k)$，如果以它为原点定义一个新的坐标系

$$\begin{cases} \bar{x}^i \equiv (x^i - x_P^i)\left[1 + \dfrac{w(x_P^k)}{2c^2}\right]^2 \\[3mm] \bar{t} \equiv \left[1 - \dfrac{w(x_P^k)}{2c^2}\right]\left[1 + \dfrac{w(x_P^k)}{2c^2}\right]^{-1} t + \dfrac{2}{c^3}\delta_{ij}w^i(x_P^k)(x^j - x_P^j) \end{cases} \tag{5-4-5}$$

那么

$$\begin{cases} \mathrm{d}\bar{x}^i = \left[1 + \dfrac{w(x_P^k)}{2c^2}\right]^2 \mathrm{d}x^i \\[3mm] \mathrm{d}\bar{t} = \left[1 - \dfrac{w(x_P^k)}{2c^2}\right]\left[1 + \dfrac{w(x_P^k)}{2c^2}\right]^{-1}\mathrm{d}t + \dfrac{2}{c^3}\delta_{ij}w^i(x_P^k)\mathrm{d}x^j \end{cases} \tag{5-4-6}$$

从而在 $P(x_P^k)$ 点附近的时空线元满足

$$\mathrm{d}s^2 = g_{\mu\nu}\mathrm{d}x^\mu\mathrm{d}x^\nu = -c^2\mathrm{d}\bar{t}^{\,2} + \delta_{ij}\mathrm{d}\bar{x}^i\mathrm{d}\bar{x}^j + O(c^{-5}) \tag{5-4-7}$$

因此，对于发生在 $P(x_P^k)$ 附近的事件，$\{\bar{t}, \bar{x}^i\}$ 是位于 $P(x_P^k)$ 的观者所计量的时空坐标。

对于 $P(x_P^k)$ 点上先后发生的两个事件，如果坐标增量为 $(\Delta t, 0)$，那么对 $P(x_P^k)$ 点的观者而言，其坐标增量为 $(\Delta\bar{t}, 0)$

$$\begin{cases} \Delta\bar{t} = \left[1 - \dfrac{w(x_P^k)}{2c^2}\right]\left[1 + \dfrac{w(x_P^k)}{2c^2}\right]^{-1}\Delta t \leqslant \Delta t \\[3mm] \Delta\bar{x}^i = 0 \end{cases} \tag{5-4-8}$$

这与史瓦西场一样，引力场中的时钟变慢。

但是, 在 $P(x_P^k)$ 附近对于全局坐标系同时发生的两个事件, 如果其坐标增量为 $(0, \Delta x^i)$, 那么对 $P(x_P^k)$ 点的静止观者而言, 其坐标增量为

$$
\begin{cases}
\Delta \bar{x}^i = \left[1 + \dfrac{w(x_P^k)}{2c^2}\right]^2 \Delta x^i \\[3mm]
\Delta \bar{t} = \dfrac{2}{c^3} \delta_{ij} w^i(x_P^k) \Delta x^j
\end{cases}
\tag{5-4-9}
$$

这表明, 除了尺子缩短效应以外, 天体的旋转角动量还会改变时空的同时性定义。在全局坐标系中同时发生的事件, 对引力场中的静止观者而言却并非完全同时。反之亦然, 对引力场中静止观者同时发生的事件, 在全局坐标系中亦不是同时的。这种同时性差异, 不仅与两个事件之间的距离 (或坐标差) 有关, 而且与静止观者所处的位置有关。这意味着对处于不同区域的静止观者, 不仅是长度基准 (米长) 和时间基准 (秒长) 与引力场有关, 而且他所确定的同时性也与时空引力场有关。

5.5 仿射联络表达式

5.5.1 史瓦西标准坐标仿射联络

根据史瓦西标准度规公式 (5-3-20)

$$
\begin{cases}
g_{rr} = \left(1 - \dfrac{2\varphi}{c^2}\right)^{-1}, \quad g_{\theta\theta} = r^2 \\[3mm]
g_{\phi\phi} = r^2 \sin^2\theta, \qquad g_{00} = -\left(1 - \dfrac{2\varphi}{c^2}\right) \\[3mm]
g_{\alpha\beta} = 0 \qquad\qquad (\alpha \neq \beta)
\end{cases}
\tag{5-5-1}
$$

从而其逆变度规系数为

$$
\begin{cases}
g^{rr} = \left(1 - \dfrac{2\varphi}{c^2}\right), \quad g^{\theta\theta} = r^{-2} \\[3mm]
g^{\phi\phi} = r^{-2} \sin^{-2}\theta, \quad g^{00} = -\left(1 - \dfrac{2\varphi}{c^2}\right)^{-1} \\[3mm]
g^{\alpha\beta} = 0, \qquad\qquad \alpha \neq \beta
\end{cases}
\tag{5-5-2}
$$

因此, 根据仿射联络的一般表达式 (4-4-1), 或者直接由公式 (5-3-10), 可以给出史瓦西标准度规 13 项不为零的仿射联络表达式

$$
\left\{
\begin{aligned}
&\Gamma_{0r}^{0} = \Gamma_{r0}^{0} = -\left(1 - \frac{2\varphi}{c^2}\right)^{-1} \frac{\varphi}{rc^2} \\
&\Gamma_{00}^{r} = \left(1 - \frac{2\varphi}{c^2}\right)^{-1} \frac{\varphi}{rc^2} \\
&\Gamma_{rr}^{r} = -\left(1 - \frac{2\varphi}{c^2}\right)^{-1} \frac{\varphi}{rc^2} \\
&\Gamma_{\theta\theta}^{r} = -r\left(1 - \frac{2\varphi}{c^2}\right) \\
&\Gamma_{\phi\phi}^{r} = -r\sin^2\theta\left(1 - \frac{2\varphi}{c^2}\right) \\
&\Gamma_{r\theta}^{\theta} = \Gamma_{\theta r}^{\theta} = \Gamma_{r\phi}^{\phi} = \Gamma_{\phi r}^{\phi} = r^{-1} \\
&\Gamma_{\phi\phi}^{\theta} = -\sin\theta\cos\theta \\
&\Gamma_{\theta\phi}^{\phi} = \Gamma_{\phi\theta}^{\phi} = \cot\theta
\end{aligned}
\right.
\tag{5-5-3}
$$

5.5.2 史瓦西各向同性坐标仿射联络

根据史瓦西各向同性时空度规 (5-3-23)，时空的协变度规系数为

$$
\left\{
\begin{aligned}
&g_{00} = -\left(1 - \frac{w}{2c^2}\right)^2\left(1 + \frac{w}{2c^2}\right)^{-2} \\
&g_{0i} = 0 \\
&g_{ij} = \delta_{ij}\left(1 + \frac{w}{2c^2}\right)^4
\end{aligned}
\right.
\tag{5-5-4}
$$

由此可以给出其逆变度规系数

$$
\left\{
\begin{aligned}
&g^{00} = -\left(1 - \frac{w}{2c^2}\right)^2\left(1 + \frac{w}{2c^2}\right)^{-2} \\
&g^{0i} = 0 \\
&g^{ij} = \delta^{ij}\left(1 + \frac{w}{2c^2}\right)^{-4}
\end{aligned}
\right.
\tag{5-5-5}
$$

因此根据仿射联络公式 (4-4-1)，得到

$$
\left\{
\begin{aligned}
&\Gamma_{00}^{0} = 0 \\
&\Gamma_{0i}^{0} = \Gamma_{i0}^{0} = -\left(1 - \frac{w^2}{4c^4}\right)^{-1}\frac{w_{,i}}{c^2} \\
&\Gamma_{ij}^{0} = 0 \\
&\Gamma_{00}^{i} = -\left(1 - \frac{w}{2c^2}\right)\left(1 + \frac{w}{2c^2}\right)^{-7}\frac{w_{,i}}{c^2} \\
&\Gamma_{0j}^{i} = 0 \\
&\Gamma_{ij}^{k} = \left(1 + \frac{w}{2c^2}\right)^{-1}\frac{1}{c^2}(\delta_{ik}w_{,j} + \delta_{jk}w_{,i} - \delta_{ij}w_{,k})
\end{aligned}
\right.
\tag{5-5-6}
$$

5.5.3　克尔各向同性坐标仿射联络

根据克尔各向同性时空度规 (5-4-4)，其逆变度规系数可近似为

$$
\begin{cases}
g^{00} = -\left(1 - \dfrac{w}{2c^2}\right)^{-2}\left(1 + \dfrac{w}{2c^2}\right)^2 \\[3mm]
g^{0i} = -\dfrac{4w^i}{c^3} \\[3mm]
g^{ij} = \delta_{ij}\left(1 + \dfrac{w}{2c^2}\right)^{-4}
\end{cases}
\tag{5-5-7}
$$

考虑到引力场的稳态特性 (不随时间变化)，仿射联络可近似表达为

$$
\begin{cases}
\Gamma_{00}^{0} = 0 \\[3mm]
\Gamma_{0i}^{0} = \dfrac{1}{2}g^{00}g_{00,i} = -\dfrac{w_{,i}}{c^2} \\[3mm]
\Gamma_{ij}^{0} = \dfrac{1}{2}g^{00}(g_{i0,j} + g_{j0,i}) = -\dfrac{2}{c^3}(w_{,j}^{i} + w_{,i}^{j}) \\[3mm]
\Gamma_{00}^{i} = -\dfrac{1}{2}g^{ij}g_{00,j} = -\left(1 - \dfrac{2w}{c^2}\right)\dfrac{w_{,i}}{c^2} \\[3mm]
\Gamma_{0j}^{i} = \dfrac{1}{2}g^{ik}(g_{0k,j} - g_{0j,k}) = -\dfrac{2}{c^3}(w_{,j}^{i} - w_{,i}^{j}) \\[3mm]
\Gamma_{ij}^{k} = \dfrac{1}{2}g^{kl}(g_{il,j} + g_{jl,i} - g_{ij,l}) = \dfrac{1}{c^2}(\delta_{ik}w_{,j} + \delta_{jk}w_{,i} - \delta_{ij}w_{,k})
\end{cases}
\tag{5-5-8}
$$

第6章　测量中的相对论效应

6.1　相对论效应的概念

6.1.1　观测量与坐标量

　　宇宙中所有的物质都占有一定的时间和空间, 同时也具有 "发射"、"反射" 和 "吸收" 一定 "频率" 信号 (如电磁波、声波等) 的能力。通过各种 "频率" 信号的测量, 我们可以确定各种宇宙 "事件" 发生的 "时刻" 和 "位置", 并对 "事物" 进行识别。对宇宙 "事件" 进行 "时间" 和 "空间" 测量的过程称为 **"时空测量"**。

　　时空测量可分为 "空间测量" 和 "时频测量" 两大类。空间测量通常包括 "方位测量" 和 "距离测量" 两种, 时频测量则包括 "时间测量 (或时间计量)"、"频率测量 (或频率计量)" 和 "频谱测量" 等。顾名思义, "空间测量" 关心的是 "事件" 之间的空间 "位置" 关系, "时频测量" 关心的则是 "事件" 之间的 "时序" 关系和各种 "频率" 信号的 "频谱" 特征。

　　"观测量", 顾名思义, 是观者能够直接测量的 "量"。我们对任何宇宙事物的感知都是通过观测事物的 "信号" 实现的, 这种信号既可以是电磁波也可以是其他物质波。人类能够直接测量的量包括 "信号" 相对于观者的 "方位", 信号到达观者的 "时刻", 信号强度以及不同信号之间的 "时间间隔" 和 "方位差" 等。毫无疑问, 观测量只能是观者局域时空的物理量, 如标量和矢量等, 是以观者局域参考架为参考的。**局域参考架**(local reference frame) 由观者的时钟和空间参考架构成 (如经纬仪), 是一个局域时空坐标系, 是观者对时间和空间进行测量的基础。

　　在科学技术中, 仅有观者局域参考架是远远不够的。根据观测和研究对象的不同, 时空测量往往涉及大尺度的时空范围, 如地月空间、太阳系空间、银河系空间、河外空间等, 要研究天体的运动和变化规律, 必须构建大尺度的时空参考系, 并给出各类天体的时空位置坐标。**时空参考系**(space-time reference system) 是一个能够覆盖一定空间范围的大尺度时空坐标系, 由坐标参照物和时空度规构成。

　　时空测量中最重要的时空参考系是太阳系质心天球参考系 (barycentric celestial reference system, BCRS)、地心天球参考系 (geocentric celestial reference system, GCRS) 和地球参考系 (terrestrial reference system, TRS)。太阳系质心天球参考系是一个相对于遥远天体非旋转的太阳系质心坐标系, 主要用以描述遥远天体 (如恒星、星系、类星体和河外射电源等) 的空间位置和绕日运动天体 (如行星、彗星等)

的运行轨道；地心天球参考系是一个非旋转 (non-rotating) 或空固 (space-fixed) 的地心坐标系，主要用以描述绕地天体 (如人造地球卫星) 的运行轨道；地球参考系则是一个与地球相固连 (earth-fixed) 的、旋转的地心坐标系，主要用于描述地面观测台站的位置坐标。

由于引力场的存在，无论太阳系质心天球参考系还是地心天球参考系，都不是欧几里得和牛顿意义上的惯性坐标系，所以通常情况下，与时空参考系"坐标"有关的"量"并不一定是观者能够直接测量的"观测量"。为了加以区别，将这一类与时空坐标有关的"量"称为**"坐标量"**，如物质的速度和加速度等。

6.1.2　观测模型与相对论效应

在通常情况下，"坐标量"与坐标系的选择有关，不一定具有明晰的物理意义，因此"坐标量"一般不具备直接的"可观测性"。要得到"坐标量"的"量值"，必须建立"坐标量"和"观测量"之间的关系。通常将描述"观测量"与"待定量"(通常为坐标量) 之间关系的方程称为**观测模型**。

在欧几里得和牛顿理论框架下，"时间"、"空间"具有绝对性和平直性，与观者无关，因此时空测量的概念是比较简单的。我们可以构建覆盖时空全局的笛卡儿坐标系，并根据"坐标量"与"观测量"之间的几何关系建立观测模型。但是，在相对论框架下，时空不再具有绝对性和平直性，也不存在能够覆盖大尺度空间的笛卡儿坐标系，因此"观测量"与"坐标量"之间的关系并不明晰。观测模型不仅取决于"事件"和"观者"的空间位置，而且与时空度规和观测信号的传播过程有关。

在相对论框架下，无论是物质的"运动方程"还是测量的"观测模型"，都与欧几里得–牛顿力学的结果不同。两者之间的差异称为**"相对论效应"**或者**"相对论改正"**。

毋庸置疑，**"相对论效应"**或者**"相对论改正"**的称谓并不科学，因为这种差异自身恰恰是由欧氏几何和牛顿力学不够准确造成的。

迄今为止，人类活动和精密时空测量的范围还主要局限于太阳系。太阳系是一个孤立的、低速弱场系统，时空基本上是平直的，因此相对论效应并不显著 (地球附近的相对论效应约为 10^{-9})，只有在高精度大尺度空间测量技术和精密时间计量中才会考虑相对论效应。

6.2　天体测量中的观测量

6.2.1　观测方向和观测频率

方位测量的基本观测量是目标的**"观测方向"**。"观测方向"实质上是观者所

观测类光信号速度的反方向。因此，可以定义为

$$\vec{n}_{\mathrm{o}} \equiv -\frac{\vec{v}_{\mathrm{o}}}{|\vec{v}_{\mathrm{o}}|} = -\frac{\vec{v}_{\mathrm{o}}}{c} \qquad (6\text{-}2\text{-}1)$$

其中，$\vec{v}_{\mathrm{o}}$ 是信号相对于观者的三维空间速度。对观者而言，信号传播的三维空间速度 $\vec{v}_{\mathrm{o}}$ 与观者的四维速度 $\vec{u}_{\mathrm{r}}$ 相互垂直：

$$\vec{u}_{\mathrm{r}} \cdot \vec{v}_{\mathrm{o}} = \vec{u}_{\mathrm{r}} \cdot \vec{n}_{\mathrm{o}} = 0 \qquad (6\text{-}2\text{-}2)$$

频率测量的基本观测量是信号相对于观者的"**观测频率**"。观测频率是信号相对于观者在单位时间 (原时) 内的周期数或者振动次数，与空间相位角之间的关系可以表示为

$$f_{\mathrm{r}} \equiv \frac{1}{\tau_{\mathrm{c}}} = \frac{\mathrm{d}\phi_{\mathrm{r}}}{\mathrm{d}\tau_{\mathrm{r}}} \qquad (6\text{-}2\text{-}3)$$

其中，τ_{c} 是信号相对于观者原时的周期；ϕ_{r} 是信号相对于观者的相位。

根据 3.8 节的讨论，类光信号的四维波矢量可以定义为

$$\vec{k} \equiv \frac{2\pi f_{\mathrm{r}}}{c^2}(\vec{u}_{\mathrm{r}} - c\vec{n}_{\mathrm{o}}) \qquad (6\text{-}2\text{-}4)$$

那么信号的观测频率和观测方向可分别表示为

$$f_{\mathrm{r}} = -\frac{c^2}{2\pi}\vec{k} \cdot \vec{u}_{\mathrm{r}} \qquad (6\text{-}2\text{-}5)$$

$$\vec{n}_{\mathrm{o}} = \frac{1}{c}\vec{u}_{\mathrm{r}} + (\vec{k} \cdot \vec{u})^{-1}\vec{k} \qquad (6\text{-}2\text{-}6)$$

由于 $\vec{k}$ 是类光测地线 (光线) 的切矢量，在信号传播过程中保持不变，所以 $\vec{k}$ 与信号坐标速度 $\vec{v}_{\mathrm{p}}$ 的关系可以表示为

$$\vec{k} = \gamma_0(c\vec{e}_0 + v_{\mathrm{p}}^i \vec{e}_i) \qquad (6\text{-}2\text{-}7)$$

其中，$\vec{e}_{\alpha}$ 表示坐标基底矢量；v_{p}^i 是光子传播的坐标速度；γ_0 是一个比例常数。从公式 (6-2-6) 看出，观测方向与 γ_0 无关，可以不予考虑。

显然，处于不同运动状态的观者所观测的频率和方向是不同的。

6.2.2 距离测量和引力时延

大尺度的空间距离测量在本质上是时间测量。例如，甚长基线干涉测量 (VLBI)、卫星激光测距 (SLR)、月球激光测距 (LLR) 和全球卫星导航系统 (GNSS) 等技术基本上都是以测量信号传播时间为基础的。由于引力场的影响，电磁信号在空间的传播速度会发生改变，所以两点之间的距离并不等于信号传播时间与真空光速之

积。信号实际传播时间与真空 (无引力场) 传播时间之差称为**引力时延**(gravitational time delay)。如果将光源"发射光子"和观者"接收光子"两个事件的时空坐标记为 $(x_\mathrm{e}^i, t_\mathrm{e})$ 和 $(x_\mathrm{r}^i, t_\mathrm{r})$，那么，引力时延定义为

$$\tau_\mathrm{grav} \equiv t_\mathrm{r} - t_\mathrm{e} - \frac{r_\mathrm{er}}{c} \tag{6-2-8}$$

其中，r_er 是两个事件之间的欧氏距离

$$r_\mathrm{er} \equiv |\vec{x}_\mathrm{r} - \vec{x}_\mathrm{e}| \equiv [\delta_{ij}(x_\mathrm{r}^i - x_\mathrm{e}^i)(x_\mathrm{r}^j - x_\mathrm{e}^j)]^{\frac{1}{2}} \tag{6-2-9}$$

6.2.3　坐标方向与视差

两个坐标点之间的欧氏空间连线方向称为**坐标方向**。光源相对于观者的坐标方向定义为

$$\vec{n}_c \equiv n_c^i \vec{e}_i \equiv \frac{x_\mathrm{e}^i - x_\mathrm{r}^i}{r_\mathrm{er}} \vec{e}_i \tag{6-2-10}$$

显然，对于同一个光源，相对于不同空间位置的观者，坐标方向是不同的，这就是经典意义上的"**视差**"。视差可以表示为

$$\Delta \vec{n}_c \equiv \vec{n}_{c2} - \vec{n}_{c1} = (n_{c2}^i - n_{c1}^i)\vec{e}_i \equiv \Delta n_c^i \vec{e}_i \tag{6-2-11}$$

在天文学中，地心与太阳系质心之间的视差称为**周年视差**。显然周年视差的大小主要取决于天体方向和距离。天体与黄道面垂直时 (黄纬 $\beta = \pm 90°$)，天体的周年视差为最大。如果在该种情况下周年视差为 $1''$，则天体到太阳的距离称为 1 个"**秒差距**"。

6.2.4　光线引力偏折

对引力场中相对于坐标系的静止观者而言，光源的观测方向与其坐标方向之差，称为**引力偏折**(gravitational refraction)

$$\Delta \vec{n}_\mathrm{grav} \equiv \vec{n}_\mathrm{o}(v_\mathrm{r}^i = 0) - \vec{n}_c \tag{6-2-12}$$

根据公式 (6-2-6) 和公式 (6-2-7)，静止观者的观测方向

$$\vec{n}_\mathrm{o} = -\frac{1}{c}v_\mathrm{p}^i \vec{e}_i \tag{6-2-13}$$

因此

$$\Delta \vec{n}_\mathrm{grav} = -\left(\frac{1}{c}v_\mathrm{p}^i + \frac{x_\mathrm{e}^i - x_\mathrm{r}^i}{r_\mathrm{er}}\right) \vec{e}_i \tag{6-2-14}$$

观者运动速度对观测方向的影响称为光行差 (aberation)，已在 3.8 节中进行了讨论。

6.2.5 本征频率与引力红移

本征频率(或固有频率) 是观者与信号源处于相同位置和速度状态下的观测频率。信号源的**发射频率**定义为信号的本征频率。由于波矢量是一个时空不变量, 所以根据公式 (6-2-5), 信号发射频率可以表示为

$$f_{\rm e} = -\frac{c^2}{2\pi}\vec{k}\cdot\vec{u}_{\rm e} \qquad (6\text{-}2\text{-}15)$$

从而信号观测频率与本征频率的关系满足

$$\frac{f_{\rm e}}{f_{\rm r}} = \frac{\vec{k}\cdot\vec{u}_{\rm e}}{\vec{k}\cdot\vec{u}_{\rm r}} = \frac{g_{\mu\nu}(x_{\rm e}^{\alpha})k^{\mu}u_{\rm e}^{\nu}}{g_{\mu\nu}(x_{\rm r}^{\alpha})k^{\mu}u_{\rm r}^{\nu}} \qquad (6\text{-}2\text{-}16)$$

如果光源和观者在坐标系中都处于静止状态 (三维空间速度为零), 那么观者的观测频率与发射频率之差, 称为引力红移 (gravitational red shift)

$$\Delta f_{\rm grav} \equiv f_{\rm r}(v_{\rm r}^{i}=0) - f_{\rm e}(v_{\rm e}^{i}=0) \qquad (6\text{-}2\text{-}17)$$

考虑到在观者和光源都静止的情况下

$$\begin{cases} \vec{u}_{\rm e} \equiv \dfrac{{\rm d}x_{\rm e}^{\alpha}}{{\rm d}\tau_{\rm e}}\vec{e}_{\alpha} = \dfrac{{\rm d}x_{\rm e}^{\alpha}}{{\rm d}t}\dfrac{{\rm d}t}{{\rm d}\tau_{\rm e}}\vec{e}_{\alpha} = \gamma_{\rm e}c\vec{e}_0 \\[3mm] \vec{u}_{\rm r} \equiv \dfrac{{\rm d}x_{\rm r}^{\alpha}}{{\rm d}\tau_{\rm r}}\vec{e}_{\alpha} = \dfrac{{\rm d}x_{\rm r}^{\alpha}}{{\rm d}t}\dfrac{{\rm d}t}{{\rm d}\tau_{\rm r}}\vec{e}_{\alpha} = \gamma_{\rm r}c\vec{e}_0 \end{cases} \qquad (6\text{-}2\text{-}18)$$

公式 (6-2-16) 给出

$$\frac{f_{\rm e}}{f_{\rm r}} = \frac{\vec{k}\cdot\vec{u}_{\rm e}}{\vec{k}\cdot\vec{u}_{\rm r}} = \frac{\sqrt{-g_{00}(x_{\rm e}^{\alpha})}}{\sqrt{-g_{00}(x_{\rm r}^{\alpha})}} \approx 1 - \frac{\mu}{c^2}\left(\frac{1}{r_{\rm e}} - \frac{1}{r_{\rm r}}\right) \qquad (6\text{-}2\text{-}19)$$

因此引力红移可以近似表示为

$$\Delta f_{\rm grav} \equiv f_{\rm r} - f_{\rm e} = \frac{\mu}{c^2}\left(\frac{1}{r_{\rm e}} - \frac{1}{r_{\rm r}}\right)f_{\rm r} \qquad (6\text{-}2\text{-}20)$$

显然, 若 $r_{\rm r} > r_{\rm e}$, 则 $\Delta f_{\rm grav} > 0$, 观测频率发生蓝移; 若 $r_{\rm r} < r_{\rm e}$, 则 $\Delta f_{\rm grav} < 0$, 观测频率发生红移。这说明对于同一个信号, 观者所处的引力场越强所观测到的频率值越小。

公式 (6-2-16) 表明, 观测频率不仅和引力位有关也和观者的运动速度有关。在闵可夫斯基空间 (不考虑引力场情况下) 中

$$\begin{cases} \vec{u}_{\rm e} = \dfrac{1}{\sqrt{1-v_{\rm e}^2/c^2}}(c\vec{e}_0 + v_{\rm e}^i\vec{e}_i) \\[3mm] \vec{u}_{\rm r} = \dfrac{1}{\sqrt{1-v_{\rm r}^2/c^2}}(c\vec{e}_0 + v_{\rm r}^i\vec{e}_i) \end{cases} \qquad (6\text{-}2\text{-}21)$$

从而

$$\frac{f_e}{f_r} = \frac{\vec{k} \cdot \vec{u}_e}{\vec{k} \cdot \vec{u}_r} = \frac{\sqrt{1 - v_r^2/c^2}(1 + n_o^i v_e^i/c)}{\sqrt{1 - v_e^2/c^2}(1 + n_o^i v_r^i/c)} \tag{6-2-22}$$

如果观者处于静止 $(v_r^i = 0)$，则

$$f_r = f_e \frac{\sqrt{1 - v_e^2/c^2}}{1 + n_o^i v_e^i/c} \tag{6-2-23}$$

如果光源处于静止 $(v_e^i = 0)$，则

$$f_r = f_e \frac{1 + n_o^i v_r^i/c}{\sqrt{1 - v_r^2/c^2}} \tag{6-2-24}$$

不难理解，这恰恰就是 3.8 节讨论的多普勒效应。

显然，要给出各种观测效应的具体量值不仅要知道时空度规，而且要给出光子在时空中的运动速度。

6.3   史瓦西场运动方程

6.3.1   史瓦西场三维时变测地线方程

由于太阳系天体具有低速、弱场和球对称特性，所以史瓦西度规是太阳系引力场时空度规很好的近似。将公式 (5-5-3) 代入公式 (4-6-11)，可得

$$\begin{cases} \dfrac{d^2 r}{dt^2} = -\left(1 - \dfrac{2\varphi}{c^2}\right) \dfrac{\varphi}{r} + 3\left(1 - \dfrac{2\varphi}{c^2}\right)^{-1} \dfrac{\varphi}{rc^2} \dot{r}^2 + \left(1 - \dfrac{2\varphi}{c^2}\right) \dfrac{r}{c^2} (\dot{\theta}^2 + \sin^2\theta \dot{\phi}^2) \\ \dfrac{d^2\theta}{dt^2} = -\dfrac{2}{r} \dot{r}\dot{\theta} + \dot{\phi}^2 \sin\theta\cos\theta + \dfrac{2\varphi}{rc^2} \dot{r}\dot{\theta} \\ \dfrac{d^2\phi}{dt^2} = -\dfrac{2}{r} \dot{r}\dot{\phi} - 2\dot{\theta}\dot{\phi}\cot\theta + \dfrac{2\varphi}{rc^2} \dot{r}\dot{\phi} \end{cases} \tag{6-3-1}$$

该式是史瓦西场标准度规下的三维测地线方程。同样，将公式 (5-5-7) 代入公式 (4-6-11)，则可以给出史瓦西场各向同性坐标系的三维测地线方程

$$\begin{aligned} \frac{d^2 x^i}{dt^2} = &\left(1 - \frac{w}{2c^2}\right)\left(1 + \frac{w}{2c^2}\right)^{-7} w_{,i} + \left(1 + \frac{w}{2c^2}\right)^{-1} \frac{w_{,i}}{c^2} v^2 \\ &- 2\left[\left(1 - \frac{w}{2c^4}\right)^{-1} + 1\right] \left(1 + \frac{w}{2c^2}\right)^{-1} \frac{v^j w_{,j}}{c^2} v^i \end{aligned} \tag{6-3-2}$$

对于粒子运动，$v \ll c$，因此若保留到 c^{-2} 项，则有

$$\frac{d^2 x^i}{dt^2} = w_{,i} - \frac{4w - v^2}{c^2} w_{,i} - 4\frac{v^j w_{,j}}{c^2} v^i + O(c^{-4}) \tag{6-3-3}$$

公式 (6-3-3) 是史瓦西场自由质点的后牛顿运动方程。其中第一项是牛顿的万有引力项。

6.3.2 光子运动方程

对于电磁波传播, $v \approx c$, 因此根据公式 (6-3-2), 光传播的后牛顿运动方程为

$$\frac{\mathrm{d}^2 x^i}{\mathrm{d}t^2} = -\left(2 - \frac{9w}{2c^2}\right) w \frac{x^i}{r^2} + 4\left(1 - \frac{w}{2c^2}\right) w \frac{\delta_{jk} x^j v^k}{r^2} \frac{v^i}{c^2} \tag{6-3-4}$$

这里根据使用习惯将 ρ 换成了 r。

由于在弱场情况下, $w/c^2 \ll 1$, 因此, 若将其忽略, 有

$$\frac{\mathrm{d}^2 x^i}{\mathrm{d}t^2} = -2w \frac{x^i}{r^2} + 4w \frac{\delta_{jk} x^j v^k}{r^2} \frac{v^i}{c^2} \tag{6-3-5}$$

如果光源和观者的坐标分别记为 $(x_{\mathrm{e}}^i, t_{\mathrm{e}})$ 和 $(x_{\mathrm{r}}^i, t_{\mathrm{r}})$, 那么光在引力场中的传播速度可以表示为

$$v^i = \frac{\mathrm{d}x^i}{\mathrm{d}t} \equiv -n_c^i c + \frac{\mathrm{d}x_P^i}{\mathrm{d}t} \tag{6-3-6}$$

其中, n_c^i 光源的坐标方向是真空中的光源方向; r_{er} 是光源与观者之间的欧氏距离; $\dfrac{\mathrm{d}x_P^i}{\mathrm{d}t}$ 是实际光速相对于真空光速的偏离。将公式 (6-3-6) 代入公式 (6-3-5), 给出

$$\frac{\mathrm{d}^2 x_P^i}{\mathrm{d}t^2} = -\frac{2\mu}{r^3}(x^i - 2\delta_{jk} x^j n_c^k n_c^i) \tag{6-3-7}$$

或者

$$\frac{\mathrm{d}^2 x_P^i}{\mathrm{d}t^2} = 2[\nabla w - 2(\vec{n}_c \cdot \nabla w)\vec{n}_c] \tag{6-3-8}$$

如果进一步定义

$$\begin{cases} \dfrac{\mathrm{d}\vec{x}_{P\parallel}}{\mathrm{d}t} \equiv \left(\dfrac{\mathrm{d}\vec{x}_P}{\mathrm{d}t} \cdot \vec{n}_c\right) \vec{n}_c \\[3mm] \dfrac{\mathrm{d}\vec{x}_{P\perp}}{\mathrm{d}t} \equiv \dfrac{\mathrm{d}\vec{x}_P}{\mathrm{d}t} - \dfrac{\mathrm{d}\vec{x}_{P\parallel}}{\mathrm{d}t} \end{cases} \tag{6-3-9}$$

分别表示光速的正向 (平行于传播方向) 变化和横向 (垂直于传播方向) 变化, 则

$$\begin{cases} \dfrac{\mathrm{d}^2 \vec{x}_{P\parallel}}{\mathrm{d}t^2} = \left(\dfrac{\mathrm{d}^2 \vec{x}_P}{\mathrm{d}t^2} \cdot \vec{n}_c\right) \vec{n}_c = \dfrac{2\mu}{r^3}(\vec{x} \cdot \vec{n}_c)\vec{n}_c \\[3mm] \dfrac{\mathrm{d}^2 \vec{x}_{P\perp}}{\mathrm{d}t^2} \equiv \dfrac{\mathrm{d}^2 \vec{x}_P}{\mathrm{d}t^2} - \vec{n}_c \dfrac{\mathrm{d}^2 \vec{x}_{P\parallel}}{\mathrm{d}t^2} = -\dfrac{2\mu}{r^3}\vec{d} \end{cases} \tag{6-3-10}$$

其中

$$\vec{d} \equiv \vec{n}_d d \equiv \vec{x} - (\vec{x} \cdot \vec{n}_c)\vec{n}_c \tag{6-3-11}$$

是光线的近日点矢量, 如图 6-3-1 所示。

考虑到

$$r \equiv |\vec{x}| \approx |\vec{x}_{\mathrm{e}} - \vec{n}_c c(t - t_{\mathrm{e}})| \tag{6-3-12}$$

对公式 (6-3-10) 进行积分，可以给出

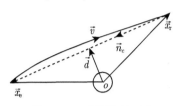

图 6-3-1　光线路径示意

$$\begin{cases} \dfrac{\mathrm{d}\vec{x}_{P\parallel}}{\mathrm{d}t} = \dfrac{2w}{c}\vec{n}_c \\ \dfrac{\mathrm{d}\vec{x}_{P\perp}}{\mathrm{d}t} = -\dfrac{2w}{c}\left(\dfrac{\vec{x}}{d}\cdot\vec{n}_c\right)\vec{n}_d \end{cases} \tag{6-3-13}$$

因此史瓦西场的光速为

$$\frac{\mathrm{d}\vec{x}}{\mathrm{d}t} = -c\left(1 - \frac{2w}{c^2}\right)\vec{n}_c - \frac{2w}{c}\left(\frac{\vec{x}}{d}\cdot\vec{n}_c\right)\vec{n}_d \tag{6-3-14}$$

由此可见，光或电磁波在引力场中的传播速度并非常数。引力场越强，光速越慢。光线也不是欧氏意义上的直线。对公式 (6-3-14) 进一步积分可以给出光线方程

$$\vec{x}(t) = \vec{x}_e - \vec{n}_c c(t - t_e) + \delta\vec{x}_P(t) \tag{6-3-15}$$

其中，$\delta\vec{x}_P(t)$ 是光相对于匀速直线运动的偏离

$$\delta\vec{x}_P(t) = -\frac{2\mu}{c^2}\left\{\ln\frac{r - \vec{x}\cdot\vec{n}_c}{r_e - \vec{x}_e\cdot\vec{n}_c}\vec{n}_c + \frac{1}{d}(r - r_e)\vec{n}_d\right\} \tag{6-3-16}$$

6.4　史瓦西场的光线引力偏折

6.4.1　史瓦西场光线引力偏折

在史瓦西各向同性坐标条件下，空间坐标轴是相互垂直的，时间轴与空间坐标轴正交 (时轴正交)。因此对于引力场中的静止观者，其局域惯性参考架可以表示为

$$\begin{cases} \vec{z}_0 = \dfrac{1}{\sqrt{-g_{00}}}\vec{e}_0 \\ \vec{z}_i = \dfrac{1}{\sqrt{g_{11}}}\vec{e}_i \end{cases} \tag{6-4-1}$$

从而在观者局域参考架中，光子四维波矢量可以表示为

$$\vec{k} = \frac{2\pi f}{c^2}(\vec{z}_0 - n_o^i\vec{z}_i) = \frac{2\pi f}{c^2}\left(\frac{1}{\sqrt{-g_{00}}}\vec{e}_0 - \frac{1}{\sqrt{g_{11}}}n_o^i\vec{e}_i\right) \tag{6-4-2}$$

其中，n_o^i 是光源的观测方向。另一方面，光子四维波矢量 $\vec{k}$ 与三维速度 $\vec{v}_p$ 的关系可以表示为

$$\vec{k} = \gamma_0(c\vec{e}_0 + v_p^i\vec{e}_i) \tag{6-4-3}$$

因此

$$\frac{2\pi f_o}{c^2}\left(\frac{1}{\sqrt{-g_{00}}}\vec{e}_0 - \frac{1}{\sqrt{g_{11}}}n_o^i\vec{e}_i\right) = \gamma_0(c\vec{e}_0 + v_p^i\vec{e}_i) \tag{6-4-4}$$

比较等式两边，给出

$$
\begin{cases}
\gamma_0 = \dfrac{2\pi f_{\mathrm{o}}}{c^3}\dfrac{1}{\sqrt{-g_{00}}} \\[4mm]
\dfrac{1}{\sqrt{g_{11}}}cn_{\mathrm{o}}^i = -\dfrac{1}{\sqrt{-g_{00}}}v_{\mathrm{p}}^i
\end{cases}
\tag{6-4-5}
$$

因此在史瓦西场中，静止观者所观测的光传播方向与光传播坐标速度的关系可以表示为

$$
n_{\mathrm{o}}^i = -\frac{\sqrt{g_{11}}}{\sqrt{-g_{00}}}\frac{v_{\mathrm{p}}^i}{c} = -\left(1-\frac{w}{2c^2}\right)^{-1}\left(1+\frac{w}{2c^2}\right)^3\frac{v_{\mathrm{p}}^i}{c}
\tag{6-4-6}
$$

将公式 (6-3-14) 给出的光速代入上式，可以给出史瓦西场后牛顿精度的引力偏折计算公式

$$
\Delta\vec{n}_{\mathrm{grav}} \equiv \vec{n}_{\mathrm{o}} - \vec{n}_c = -\frac{2w}{c^2}\vec{n}_c + \frac{2w}{c^2}\left(\frac{\vec{x}}{d}\cdot\vec{n}_c\right)\vec{n}_d
\tag{6-4-7}
$$

观测方向与坐标方向的夹角可以表示为

$$
\Delta\phi = \left|\Delta\vec{n}_{\mathrm{grav}} - (\Delta\vec{n}_{\mathrm{grav}}\cdot\vec{n}_c)\vec{n}_c\right| = \frac{2w}{c^2}\left(\frac{\vec{x}}{d}\cdot\vec{n}_c\right)
\tag{6-4-8}
$$

6.4.2 太阳光线引力偏折观测

设光源位于无穷远处，经过天体引力场后再传播至无穷远处，那么引力场引起的最大折射角为

$$
\delta\phi_{\max} = 4\frac{\mu}{c^2 d}
\tag{6-4-9}
$$

如果光线掠过太阳表面，那么我们可以取

$$
\begin{cases}
d = R_{\odot} = 6.9598\times 10^5\,\mathrm{km} \\[2mm]
\mu/c^2 = 1.476624\,\mathrm{km}
\end{cases}
$$

分别为太阳半径和太阳引力常数，由此得到

$$
\delta\phi_{\max} = 1.75''
$$

光线引力偏折是爱因斯坦广义相对论最重要的理论成果，可以通过日食期间的恒星方位观测进行验证。1919 年 5 月 29 日发生日全食，英国格林尼治天文台派出了两个日食观测组，分别由爱丁顿 (Eddington) 和戴维森 (Davidson) 带队，分赴西非的普林西比岛 (Principe) 和巴西的索布拉尔 (Sobral) 采用照相天体测量技术对太阳引力偏折进行观测。同年 11 月 6 日公布了两个小组给出的观测结果

$$
\delta\phi = \begin{cases}
1.98'' \pm 0.16'' \\[2mm]
1.61'' \pm 0.40''
\end{cases}
$$

这是人类历史上第一个光线引力偏折观测结果，在科学史上具有里程碑的意义。当时的英国皇家学会会长汤姆孙 (Thomson Joseph John，1856~1940) 评价道 "这是自牛顿时代以来取得的关于引力理论的最重要成果，它是人类思想的最崇高成就之一"。从 1919 年到 1973 年，共进行了 12 次日食光学观测检验，表 6-4-1 给出了部分观测结果 (须重明和吴雪君，1999)。

表 6-4-1 引力偏折日食观测结果

日食日期	观测地点	观测结果/(″)
1919.5.29	巴西索布拉尔	1.98±0.16
	西非普林西比岛	1.61±0.40
1922.9.21	澳大利亚	1.72±0.15
1929.5.09	苏门答腊	2.24±0.10
1936.6.19	苏联	2.73±0.31
1947.5.20	巴西	2.01±0.27
1952.2.25	苏丹	1.70±0.10
1973.6.30	毛里塔尼亚	1.66±0.18

由于恒星方位的日食观测会受到日冕折射等多种物理效应的影响，所以角度观测的不确定度只能达到 0.1″。20 世纪 70 年代以后，由于甚长基线干涉测量技术的出现，射电源方位测量精度得到大幅提高，不确定度可以达到毫角秒甚至微角秒。表 6-4-2 给出了部分射电观测结果 (须重明和吴雪君，1999, Fomalont et al., 2009)。

表 6-4-2 引力偏折射电观测

日期	地点	基线长度/km	相对论一致性
1970	Ovens Valley	1.06	1.01±0.11
1970	Goldstone	21.56	1.04±0.15
1971	National RAO(USA)		0.90±0.05
1971	Mullard RAO		1.07±0.17
1973	Cambridge	4.57	1.04±0.08
1974	Vesterbork		0.96±0.05
1974	Haystack/National	845	0.99±0.03
1975	National RAO(USA)	35.6	1.015±0.011
1975	Westerbork		1.04±0.03
1976	National RAO(USA)	35.6	1.007±0.009
1984	VLBI		1.004±0.002
1991	VLBI		1.0002±0.0010
1995	VLBI		0.9996±0.0017
2004	VLBI		0.9998±0.0004
2009	VLBA		0.9998±0.0003

从表 6-4-2 可以看出，光线引力偏折的观测结果与相对论给出的理论值有很好的一致性，观测偏差仅有万分之几甚至更小。2002 年 9 月卡西尼号 (Cassini) 空间飞行器飞越太阳时给出的测量结果为 1.00002±0.00002(Bertotti et al., 2003)。这是

广义相对论被广泛认可的基本原因之一。

6.5 引力时延与雷达回波延迟

6.5.1 史瓦西场引力时延

引力场会导致光或者电磁波在空间的传播速度发生变化。这不仅会使光线产生引力偏折现象,同时也会使信号在空间的传播时间发生变化。引力场中的信号传播时间与信号在真空 (无引力场) 中的传播时间之差称为**引力时延**。这个效应最早由 I.Shapiro 提出,因此也被称为 Shapiro 效应。由于该效应是通过水星雷达测距进行检验的,所以也称为**雷达回波延迟效应**。它与光线引力偏折、水星近日点进动和引力红移并称为相对论效应**四大经典检验**。

如果光由 $(x_{\mathrm{e}}^i, t_{\mathrm{e}})$ 传播至 $(x_{\mathrm{r}}^i, t_{\mathrm{r}})$,则

$$x_{\mathrm{r}}^i = x_{\mathrm{e}}^i + \int_{t_{\mathrm{e}}}^{t_{\mathrm{r}}} \frac{\mathrm{d}x^i}{\mathrm{d}t} \mathrm{d}t \tag{6-5-1}$$

因此,根据史瓦西场的后牛顿光速表达式 (6-3-14),有

$$x_{\mathrm{r}}^i = x_{\mathrm{e}}^i - \int_{t_{\mathrm{e}}}^{t_{\mathrm{r}}} \left[c \left(1 - \frac{2w}{c^2} \right) \vec{n}_c + \frac{2w}{c} \left(\frac{\vec{x}}{d} \cdot \vec{n}_c \right) \vec{n}_d \right] \mathrm{d}t \tag{6-5-2}$$

等式两边与 $\vec{n}_c$ 作点积,可以进一步给出

$$r_{\mathrm{er}} = \int_{t_{\mathrm{e}}}^{t_{\mathrm{r}}} c \left(1 - \frac{2w}{c^2} \right) \mathrm{d}t = \int_{t_{\mathrm{e}}}^{t_{\mathrm{r}}} \left(c - \frac{2\mu}{rc} \right) \mathrm{d}t \tag{6-5-3}$$

从而

$$\begin{aligned} \tau_{\mathrm{grav}} &\equiv t_{\mathrm{r}} - t_{\mathrm{e}} - \frac{r_{\mathrm{er}}}{c} = \frac{1}{c^2} \int_{t_{\mathrm{e}}}^{t_{\mathrm{r}}} \frac{2\mu}{r} \mathrm{d}t \\ &= \frac{2\mu}{c^3} \ln \frac{r_{\mathrm{r}} - \vec{x}_{\mathrm{r}} \cdot \vec{n}_c}{r_{\mathrm{e}} - \vec{x}_{\mathrm{e}} \cdot \vec{n}_c} \end{aligned} \tag{6-5-4}$$

根据公式 (6-3-11),有

$$d^2 = r_{\mathrm{e}}^2 - (\vec{x}_{\mathrm{e}} \cdot \vec{n}_c)^2 = (r_{\mathrm{e}} + \vec{x}_{\mathrm{e}} \cdot \vec{n}_c)(r_{\mathrm{e}} - \vec{x}_{\mathrm{e}} \cdot \vec{n}_c) \tag{6-5-5}$$

引力时延也可以表示为

$$\tau_{\mathrm{grav}} = \frac{2\mu}{c^2} \ln \frac{(r_{\mathrm{r}} - \vec{x}_{\mathrm{r}} \cdot \vec{n}_c)(r_{\mathrm{e}} + \vec{x}_{\mathrm{e}} \cdot \vec{n}_c)}{d^2} \tag{6-5-6}$$

6.5.2　水星雷达回波延迟

对于水星雷达测距, 当水星处于下合 (太阳与地球之间) 位置时, 信号往返的引力时延为最小

$$\tau_{\text{grav}}(\min) = \frac{4\mu}{c^3} \ln \frac{r_{\text{地}}}{r_{\text{水}}} \approx \frac{4GM_\odot}{c^3} \ln \frac{A}{a_{\text{水}}} \approx 19\mu s$$

当水星处于上合 (太阳背后) 附近时, 信号往返的引力时延为最大

$$\tau_{\text{grav}}(\max) = \frac{4\mu}{c^3} \ln \frac{4r_{\text{水}}r_{\text{地}}}{d^2} \approx \frac{4GM_\odot}{c^3} \ln \frac{1.55A^2}{R_\odot^2} \approx 223\mu s$$

这里近似取太阳引力常数 $GM_\odot/c^2 \approx 1.475\text{km}$, 日地平均距离 (天文单位)$1A \approx 1.496 \times 10^8\text{km}$, 太阳半径 $R_\odot \approx 6.96 \times 10^5\text{km}$, 水星轨道半长径 $a_{\text{水}} \approx 5.79 \times 10^7\text{km}$, 光速 $c = 299792458\text{m/s}$。

Shapiro 在 1970 年水星上合 (1 月 25 日) 前后的观测结果与广义相对论的结果相符合。雷达波往返信号的时间延迟最大达到 180μs(Shapiro et al.，1971)。1979 年海盗号火星探测器测量上合时间信号延迟的不确定度达到 50 个纳秒, 与相对论的结果高度一致, 不确定度仅有千分之二 (Reasenberg et al., 1979)。

6.6　行星近日点进动

6.6.1　粒子运动方程

水星近日点进动是相对论最早、也是最成功的观测验证, 所有的相对论教科书对此都有论述。为了简单, 通常将行星视为检验体, 太阳引力场视为史瓦西场。在球对称情况下, 可以取 $\theta = \pi/2$, 因此根据标准度规和测地线方程, 可以给出

$$\begin{cases} \dfrac{\mathrm{d}^2 t}{\mathrm{d}\lambda^2} = -2\left(1 - \dfrac{2\varphi}{c^2}\right)^{-1} \dfrac{\varphi}{r} \left(\dfrac{\mathrm{d}t}{\mathrm{d}\lambda}\right)\dfrac{\mathrm{d}r}{\mathrm{d}\lambda} \\[3mm] \dfrac{\mathrm{d}^2 r}{\mathrm{d}\lambda^2} = -\left(1 - \dfrac{2\varphi}{c^2}\right)^{-1}\dfrac{\varphi}{r}\left(\dfrac{c\mathrm{d}t}{\mathrm{d}\lambda}\right)^2 + \left(1 - \dfrac{2\varphi}{c^2}\right)^{-1}\dfrac{\varphi}{rc^2}\left(\dfrac{\mathrm{d}r}{\mathrm{d}\lambda}\right)^2 \\[3mm] \qquad + \left(1 - \dfrac{2\varphi}{c^2}\right)r\sin^2\theta\left(\dfrac{\mathrm{d}\phi}{\mathrm{d}\lambda}\right)^2 + \left(1 - \dfrac{2\varphi}{c^2}\right)r\left(\dfrac{\mathrm{d}\theta}{\mathrm{d}\lambda}\right)^2 \\[3mm] \dfrac{\mathrm{d}^2\theta}{\mathrm{d}\lambda^2} = -\dfrac{2}{r}\dfrac{\mathrm{d}r}{\mathrm{d}\lambda}\dfrac{\mathrm{d}\theta}{\mathrm{d}\lambda} - 2\sin\theta\cos\theta\left(\dfrac{\mathrm{d}\phi}{\mathrm{d}\lambda}\right)^2 \\[3mm] \dfrac{\mathrm{d}^2\phi}{\mathrm{d}\lambda^2} = -\dfrac{2}{r}\dfrac{\mathrm{d}r}{\mathrm{d}\lambda}\dfrac{\mathrm{d}\phi}{\mathrm{d}\lambda} - 2\cot\theta\dfrac{\mathrm{d}\theta}{\mathrm{d}\lambda}\dfrac{\mathrm{d}\phi}{\mathrm{d}\lambda} \end{cases} \quad (6\text{-}6\text{-}1)$$

由于引力场具有球对称特性，因此为了讨论方便，可以取 $\theta = \pi/2$，即粒子在赤道面上运动，从而

$$
\begin{cases}
\dfrac{\mathrm{d}^2 t}{\mathrm{d}\lambda^2} = -2\left(1 - \dfrac{2\varphi}{c^2}\right)^{-1} \dfrac{\varphi}{r}\left(\dfrac{\mathrm{d}t}{\mathrm{d}\lambda}\right)\dfrac{\mathrm{d}r}{\mathrm{d}\lambda} \\[2mm]
\dfrac{\mathrm{d}^2 r}{\mathrm{d}\lambda^2} = -\left(1 - \dfrac{2\varphi}{c^2}\right)\dfrac{\varphi}{r}\left(\dfrac{c\mathrm{d}t}{\mathrm{d}\lambda}\right)^2 + \left(1 - \dfrac{2\varphi}{c^2}\right)^{-1}\dfrac{\varphi}{rc^2}\left(\dfrac{\mathrm{d}r}{\mathrm{d}\lambda}\right)^2 + \left(1 - \dfrac{2\varphi}{c^2}\right)r\left(\dfrac{\mathrm{d}\phi}{\mathrm{d}\lambda}\right)^2 \\[2mm]
\dfrac{\mathrm{d}^2 \phi}{\mathrm{d}\lambda^2} = -\dfrac{2}{r}\dfrac{\mathrm{d}r}{\mathrm{d}\lambda}\dfrac{\mathrm{d}\phi}{\mathrm{d}\lambda}
\end{cases}
\tag{6-6-2}
$$

由公式 (6-6-2) 的第一式和第三式可以给出

$$
\begin{cases}
\left(\dfrac{\mathrm{d}t}{\mathrm{d}\lambda}\right)^{-1}\dfrac{\mathrm{d}^2 t}{\mathrm{d}\lambda^2} = -2\left(1 - \dfrac{2\varphi}{c^2}\right)^{-1}\dfrac{\varphi}{r}\left(\dfrac{\mathrm{d}r}{\mathrm{d}\lambda}\right) \\[2mm]
\left(\dfrac{\mathrm{d}\phi}{\mathrm{d}\lambda}\right)^{-1}\dfrac{\mathrm{d}^2 \phi}{\mathrm{d}\lambda^2} = -\dfrac{2}{r}\dfrac{\mathrm{d}r}{\mathrm{d}\lambda}
\end{cases}
\tag{6-6-3}
$$

由此可以给出两个积分

$$
\begin{cases}
\dfrac{\mathrm{d}}{\mathrm{d}\lambda}\ln\left(\dfrac{\mathrm{d}t}{\mathrm{d}\lambda}\right) = \dfrac{\mathrm{d}}{\mathrm{d}\lambda}\ln\left(1 - \dfrac{2\varphi}{c^2}\right) \\[2mm]
\left(\dfrac{\mathrm{d}\phi}{\mathrm{d}\lambda}\right)^{-1}\dfrac{\mathrm{d}^2 \phi}{\mathrm{d}\lambda^2} = -\dfrac{2}{r}\dfrac{\mathrm{d}r}{\mathrm{d}\lambda}
\end{cases}
\tag{6-6-4}
$$

从而可以给出

$$
\begin{cases}
\dfrac{\mathrm{d}t}{\mathrm{d}\lambda} = \left(1 - \dfrac{2\varphi}{c^2}\right)^{-1} \\[2mm]
r^2\dfrac{\mathrm{d}\phi}{\mathrm{d}\lambda} = J
\end{cases}
\tag{6-6-5}
$$

将其代入公式 (6-6-2) 的第二个方程

$$
\dfrac{\mathrm{d}^2 r}{\mathrm{d}\lambda^2} = -\left(1 - \dfrac{2\varphi}{c^2}\right)^{-1}\dfrac{c^2\varphi}{r} + \left(1 - \dfrac{2\varphi}{c^2}\right)^{-1}\dfrac{\varphi}{rc^2}\left(\dfrac{\mathrm{d}r}{\mathrm{d}\lambda}\right)^2 + \dfrac{J^2}{r^3}\left(1 - \dfrac{2\varphi}{c^2}\right)
\tag{6-6-6}
$$

方程两边同乘以 $\left(1 - \dfrac{2\varphi}{c^2}\right)\left(\dfrac{\mathrm{d}r}{\mathrm{d}\lambda}\right)$，并进行整理，可以给出

$$
\dfrac{1}{2}\dfrac{\mathrm{d}}{\mathrm{d}\lambda}\left\{\left(1 - \dfrac{2\varphi}{c^2}\right)^{-1}\left[\left(\dfrac{\mathrm{d}r}{\mathrm{d}\lambda}\right)^2 - c^2\right] + \dfrac{J^2}{r^2}\right\} = 0
\tag{6-6-7}
$$

因此，积分得到

$$
\left(1 - \dfrac{2\varphi}{c^2}\right)^{-1}\left[\left(\dfrac{\mathrm{d}r}{\mathrm{d}\lambda}\right)^2 - c^2\right] + \dfrac{J^2}{r^2} = -E
\tag{6-6-8}
$$

考虑到

$$
\begin{cases}
\dfrac{\mathrm{d}r}{\mathrm{d}\lambda} = \dfrac{\mathrm{d}r}{\mathrm{d}t}\dfrac{\mathrm{d}t}{\mathrm{d}\lambda} = \dot{r}\left(1 - \dfrac{2\varphi}{c^2}\right)^{-1} \\[4mm]
\dfrac{\mathrm{d}\phi}{\mathrm{d}\lambda} = \dfrac{\mathrm{d}\phi}{\mathrm{d}t}\dfrac{\mathrm{d}t}{\mathrm{d}\lambda} = \dot{\phi}\left(1 - \dfrac{2\varphi}{c^2}\right)^{-1}
\end{cases}
\tag{6-6-9}
$$

因此粒子的运动方程可以表述为

$$
\begin{cases}
\left(1 - \dfrac{2\varphi}{c^2}\right)^{-1} c^2 - \left(1 - \dfrac{2\varphi}{c^2}\right)^{-3}\dot{r}^2 - \dfrac{J^2}{r^2} = E \\[4mm]
\left(1 - \dfrac{2\varphi}{c^2}\right)^{-1} r^2\dot{\phi} = J
\end{cases}
\tag{6-6-10}
$$

其中, J、E 是积分常数, 分别表示单位质量粒子的角动量和总能量。因此公式 (6-6-10) 反映了粒子在运动过程中保持能量和角动量守恒。

由于

$$
\frac{\mathrm{d}r}{\mathrm{d}t} = \frac{\mathrm{d}r}{\mathrm{d}\phi}\dot{\phi} = \left(1 - \frac{2\varphi}{c^2}\right)\frac{J}{r^2}
\tag{6-6-11}
$$

所以粒子的运动方程可以进一步表示为

$$
\left(\frac{\mathrm{d}r}{\mathrm{d}\phi}\right)^2 = \frac{r^4}{J^2}\left[c^2 - \left(1 - \frac{2\varphi}{c^2}\right)\left(E + \frac{J^2}{r^2}\right)\right]
\tag{6-6-12}
$$

令

$$
\begin{cases}
u \equiv \dfrac{1}{r} \\[4mm]
\mu \equiv GM
\end{cases}
\tag{6-6-13}
$$

则

$$
\left(\frac{\mathrm{d}u}{\mathrm{d}\phi}\right)^2 = \frac{1}{J^2}\left[c^2 - \left(1 - \frac{2\mu}{c^2}u\right)\left(E + u^2 J^2\right)\right]
\tag{6-6-14}
$$

将上式两边对 ϕ 求导, 并整理, 得到

$$
\left(\frac{\mathrm{d}^2 u}{\mathrm{d}\phi^2} + u - \frac{3\mu}{c^2}u^2 - \frac{\mu}{c^2}\frac{E}{J^2}\right)\frac{\mathrm{d}u}{\mathrm{d}\phi} = 0
\tag{6-6-15}
$$

该方程有两个解

$$
\begin{cases}
\dfrac{\mathrm{d}u}{\mathrm{d}\phi} = 0 \\[4mm]
\dfrac{\mathrm{d}^2 u}{\mathrm{d}\phi^2} + u - \dfrac{\mu}{c^2}\dfrac{E}{J^2} - \dfrac{3\mu}{c^2}u^2 = 0
\end{cases}
\tag{6-6-16}
$$

显然, 两个方程分别对应圆轨道 ($r = \text{const.}$) 和非圆轨道。

对于非圆轨道, 可通过迭代方式求解。首先考虑方程的前 3 项, 可以给出

$$u_0 = \frac{1}{p}[1 + e\cos\phi] \tag{6-6-17}$$

该表达式与牛顿力学的椭圆轨道相一致, 其中

$$p \equiv \frac{J^2 c^2}{\mu E} = a\left(1 - e^2\right) \tag{6-6-18}$$

是轨道的半通径, a 是轨道半长径, e 是轨道偏心率。进一步, 令

$$u = \frac{1}{p}[1 + e\cos\phi] + \delta u \tag{6-6-19}$$

代入原方程, 并忽略 δu 的高次方项, 给出

$$\frac{\mathrm{d}^2\delta u}{\mathrm{d}\phi^2} + \delta u - \frac{3\mu}{c^2 p^2}[1 + 2e\cos\phi + e^2\cos^2\phi] = 0 \tag{6-6-20}$$

该方程的解为

$$\begin{aligned}
\delta u = &\frac{3\mu}{c^2 p^2}\left(1 + \frac{1}{2}e^2\right)[1 + e\cos\phi] \\
&+ \frac{3\mu}{c^2 p^2}[e\phi\sin\phi - \frac{e^2}{6}\cos 2\phi]
\end{aligned} \tag{6-6-21}$$

从而

$$\begin{aligned}
u = &\left[\frac{1}{p} + \frac{3\mu}{c^2 p^2}\left(1 + \frac{1}{2}e^2\right)\right](1 + e\cos\phi) \\
&+ \frac{3\mu}{c^2 p^2}\left(e\phi\sin\phi - \frac{e^2}{6}\cos 2\phi\right)
\end{aligned} \tag{6-6-22}$$

6.6.2 行星近日点进动

在近日点处, r 应取极小值, 因此

$$\begin{aligned}
\frac{\mathrm{d}u}{\mathrm{d}\phi} = &-\left[\frac{1}{p} + \frac{3\mu}{c^2 p^2}\left(1 + \frac{1}{2}e^2\right)\right]e\sin\phi \\
&+ \frac{3\mu}{c^2 p^2}\left[e\sin\phi + e\phi\cos\phi + \frac{e^2}{3}\sin 2\phi\right] \\
= &\, 0
\end{aligned} \tag{6-6-23}$$

该方程的解可以表示为

$$\phi = 2k\pi + \delta\omega \tag{6-6-24}$$

将其代入公式 (6-6-23), 可以给出

$$\delta\omega = \frac{6k\pi\mu}{pc^2} = \frac{6k\pi\mu}{(1-e^2)\,ac^2} \tag{6-6-25}$$

若取太阳引力常数

$$\mu/c^2 = 1.476624\text{km}$$

天文单位 (平均日地距离)

$$1A = 149597870 \text{ km}$$

则行星运行一周 $(k=1)$ 近日点的进动角度为

$$\delta\omega = \frac{6k\pi\mu}{c^2} = \frac{0.038377''A}{a\,(1-e^2)} \tag{6-6-26}$$

其中, a 以天文单位为单位。可见对地球和地外行星而言, 这个量是非常微小的。对于水星

$$\begin{cases} a = 0.38709893A \\ e = 0.205615 \\ T = 87.9693d \end{cases}$$

因此

$$\delta\omega = \frac{6\pi\mu}{c^2} = \frac{0.038377''A}{a\,(1-e^2)} = 0.1035''$$

100 年 (36525 天) 水星绕日运行 415.2 个周期, 因此水星近日点进动约为每世纪 $43''$。

6.7   测地岁差与时空拖曳效应

6.7.1   托马斯进动

根据公式 (3-5-17) 和公式 (3-5-20), 在无外力矩作用下, 粒子的自旋角速度矢量满足

$$\begin{cases} \dfrac{\mathrm{d}\vec{S}}{\mathrm{d}\tau} \cdot \vec{u} + \vec{S} \cdot \dfrac{\mathrm{d}\vec{u}}{\mathrm{d}\tau} = 0 \\[3mm] \dfrac{\mathrm{d}\vec{S}}{\mathrm{d}\tau} \cdot \vec{S} = 0 \end{cases} \tag{6-7-1}$$

因此如果粒子的四维加速度不为零, 那么粒子的自旋矢量会有一个额外的进动

$$\frac{\mathrm{d}\vec{S}}{\mathrm{d}\tau} = \left(\vec{S} \cdot \frac{\mathrm{d}\vec{u}}{\mathrm{d}\tau}\right)\vec{u} = \left(\vec{S} \cdot \vec{a}\right)\vec{u} \tag{6-7-2}$$

其中, $\vec{a}$ 是粒子的四维加速度矢量。该式表明粒子因外力产生的四维平动加速度会改变粒子的自旋角速度。这种因轨道外力产生的自旋角速度变化, 称为**托马斯 (Thomas) 进动**。

6.7.2 测地岁差

如果粒子的四维加速度为零,那么其自旋角速度矢量沿测地线平行移动

$$\frac{\mathrm{d}\vec{S}}{\mathrm{d}\tau} = \left(\frac{\mathrm{d}S^\mu}{\mathrm{d}\tau} + \Gamma^\mu_{\alpha\beta}S^\alpha u^\beta\right)\vec{e}_\mu = \left(\frac{\mathrm{d}S_\mu}{\mathrm{d}\tau} - \Gamma^\alpha_{\mu\beta}S_\alpha u^\beta\right)\vec{e}^\mu = 0 \tag{6-7-3}$$

或者

$$\begin{cases} \dfrac{\mathrm{d}S^\mu}{\mathrm{d}t} = -\Gamma^\mu_{\alpha\beta}S^\alpha v^\beta \\[3mm] \dfrac{\mathrm{d}S_\mu}{\mathrm{d}t} = \Gamma^\alpha_{\mu\beta}S_\alpha v^\beta \end{cases} \tag{6-7-4}$$

其中,v^β 是粒子的坐标速度。考虑到自旋角速度矢量与四维速度矢量相互垂直,即公式 (3-5-17),有

$$\begin{cases} S_0 = -S_i v^i/c \\[3mm] S^0 = -\dfrac{1}{g_{00}c}g_{ij}S^i v^j \end{cases} \tag{6-7-5}$$

因此

$$\begin{cases} \dfrac{\mathrm{d}S_i}{\mathrm{d}t} = -\Gamma^0_{i0}S_j v^j - \dfrac{1}{c}\Gamma^0_{ik}S_j v^j v^k + \Gamma^k_{ij}S_k v^j + \Gamma^k_{i0}S_k c \\[3mm] \dfrac{\mathrm{d}S^i}{\mathrm{d}t} = \dfrac{1}{g_{00}c}\Gamma^i_{0l}g_{jk}S^j v^k v^l - \Gamma^i_{j0}S^j c + \left(\dfrac{1}{g_{00}}\Gamma^i_{00}g_{jk} - \Gamma^i_{jk}\right)S^j v^k \end{cases} \tag{6-7-6}$$

将史瓦西仿射联络 (5-5-6) 代入上式并忽略高阶项,有

$$\begin{cases} \dfrac{\mathrm{d}S_i}{\mathrm{d}t} = -\Gamma^0_{i0}S_j v^j + \Gamma^k_{ij}S_k v^j \\[3mm] \qquad = \dfrac{2w_{,i}}{c^2}S_j v^j - \dfrac{1}{c^2}\left(v^i S_j w_{,j} - S_i v^j w_{,j}\right) \\[3mm] \dfrac{\mathrm{d}S^i}{\mathrm{d}t} = \left(\dfrac{1}{g_{00}}\Gamma^i_{00}g_{jk} - \Gamma^i_{jk}\right)S^j v^k \\[3mm] \qquad = \dfrac{2w_{,i}}{c^2}S^j v^j - \dfrac{1}{c^2}\left(v^i S^j w_{,j} + S^i w_{,j}v^j\right) \end{cases} \tag{6-7-7}$$

由于

$$\frac{\mathrm{d}S_i}{\mathrm{d}t} = \frac{\mathrm{d}}{\mathrm{d}t}\left(g_{ij}S^j\right) = \frac{\mathrm{d}S^i}{\mathrm{d}t} + 2w_{,j}v^j S^i \tag{6-7-8}$$

所以公式 (6-7-7) 的两个等式是完全等价的。

若定义陀螺随动非旋转笛卡儿参考架为

$$\begin{cases} \vec{e}'_0 \equiv \dfrac{1}{\sqrt{-g_{00}}}L'^0_0\vec{e}_0 + \dfrac{1}{\sqrt{g_{kk}}}L'^j_0\vec{e}_j \\[3mm] \vec{e}'_i \equiv \dfrac{1}{\sqrt{-g_{00}}}L'^0_i\vec{e}_0 + \dfrac{1}{\sqrt{g_{kk}}}L'^j_i\vec{e}_j \end{cases} \tag{6-7-9}$$

那么陀螺自旋角速度矢量可以表示为

$$\vec{S} = S'^i \vec{e}'_i = S'^i L_i^j \frac{1}{\sqrt{g_{kk}}} \vec{e}_j + S'^i L_i^0 \frac{1}{\sqrt{-g_{00}}} \vec{e}_0 \tag{6-7-10}$$

从而

$$S'^i = L_j'^i \sqrt{g_{kk}} S^j + L_0'^i \sqrt{-g_{00}} S^0 = L_j'^i \sqrt{g_{kk}} S^j + L_0'^i S'^j L_j^0$$

$$\approx \left(1 + \frac{w}{c^2}\right) S^j - \frac{1}{2c^2} v^i v^j S^j \tag{6-7-11}$$

因此

$$\frac{\mathrm{d}S'^i}{\mathrm{d}\tau} \approx \frac{\mathrm{d}S^i}{\mathrm{d}t} + \frac{w_{,j}}{c^2} v^j S^i - \frac{1}{2c^2} w_{,i} v^j S^j - \frac{1}{2c^2} v^i w_{,j} S^j \tag{6-7-12}$$

将公式 (6-7-7) 的第二式代入上式, 给出

$$\frac{\mathrm{d}S'^i}{\mathrm{d}\tau} \approx \frac{3}{2c^2} \left(w_{,i} S^j v^j - v^i S^j w_{,j}\right) \tag{6-7-13}$$

从而陀螺自旋角速度矢量相对于陀螺随动非旋转笛卡儿参考架的变化可以表示为

$$\frac{\mathrm{d}\vec{S}}{\mathrm{d}\tau} \equiv \frac{\mathrm{d}S'^i}{\mathrm{d}\tau} \vec{e}'_i = \frac{3}{2c^2} \left(w_{,i} S^j v^j - v^i S^j w_{,j}\right) \vec{e}'_i$$

$$= \frac{3GM}{2c^2 r^3} \left(\vec{r} \times \vec{v}\right) \times \vec{S} = \frac{3GM}{2c^2 r^3} \vec{h} \times \vec{S} \tag{6-7-14}$$

由二体问题可知, $\vec{h} \equiv \vec{r} \times \vec{v}$ 是一个指向轨道面法向的不变量, 因此陀螺自旋角速度矢量相对绕远天体而言在绕轨道面法向做进动。这个概念最早由荷兰天文学家威廉姆·德西特 (Willem de Sitter, 1872~1934) 提出, 因此称其为**德西特进动**(de Sitter precession)。

变和不变是相对的。我们知道, 由于角动量守恒, 自旋角速度矢量在陀螺随动局域惯性参考架中是一个不变量。这表明, 局域惯性参考架的空间坐标轴相对于遥远天体是在缓慢旋转的。

如果将地球视为一个大陀螺, 那么地球自转轴的空间指向会因德西特进动而发生缓慢变化。其量值约为每世纪 $1.92''$, 称为**测地岁差**(geodetic precession)。

在天文学中, 地球自转轴空间指向的变化称为**岁差章动**(precession and nutation), 其中长期变化称为岁差, 周期变化称为章动。汉语"岁差"的概念源于晋代天文学家虞喜 (281~356),《宋史·律历志》记载"虞喜云:'尧时冬至日短星昴, 今二千七百余年, 乃东壁中, 则知每岁渐差之所至'"。牛顿认为岁差主要起因于日月对地球赤道隆起部分的吸引, 称为**日月岁差**。日月岁差使北天极 (地球自转轴与天球的交点) 绕北黄极 (地球公转轨道面 —— 黄道面的法线方向) 运动, 周期约为 26000 年, 从而导致春分点 (黄道对于天赤道的升交点, 是春分时刻太阳的所在位

置) 每年向西退行 5.03″。章动主要起因于月球公转轨道面 (白道面) 的周期性变化。白道相对于黄道的升交点沿黄道向西运动，运行一周为 18.6 年，从而使天极产生周期为 18.6 年的周期项运动。在日月岁差和章动的共同作用下，北天极绕北黄极在天球上描绘出一条波浪形圆周曲线，章动振幅约为 9.21″。除此之外，由于受到太阳系其他行星的吸引，地球的黄道面会发生缓慢变化，导致春分点每年沿赤道向东移动 0.13″，称为**行星岁差**。

6.7.3 Lense-Thirring 效应

在相对论框架中，引力体的转动惯量 ($g_{0i} \neq 0$) 会对自由粒子产生附加的引力作用，从而使粒子的轨道面发生微小变化，这种效应称为 Lense-Thirring 进动或 Lense-Thirring 岁差，也称为时空拖曳效应。Lense-Thirring 岁差使天体的升交点赤经不断增大，速率为 (Lense, Thirring, 1918)：

$$\dot{\Omega}_{\text{LT}} = \frac{2GJ}{c^2 a^3 (1 - e^2)^{3/2}} \tag{6-7-15}$$

测地岁差和 Lense-Thirring 岁差是相对论效应检验的重要内容之一。但因其量值很小，测量难度非常大。Lageos 卫星给出的观测值为 47.9mas/y，不确定度为 10%(Ciufolini, 2004)。

6.8 原子钟计时与引力红移

6.8.1 原子钟计时技术

从 20 世纪 50 年代中期第一台实用型原子钟诞生以来，人类的时间计量技术得到飞速发展，时间计量精度每 10 年就会提高一个数量级。目前，国际原子时 (TAI) 和协调世界时 (coordiated universal time，UTC) 的不确定度已经小于 1×10^{-15}，氢原子钟的长期稳定度达到 1×10^{-16}，光频标的频率不确定度指标达到 1×10^{-17} 以上。原子钟技术的发展为通信、互联网、全球卫星导航系统、智能化技术奠定了坚实的基础。

原子钟计时的基本原理是测量原子 (或离子) 不同能级间的跃迁频率。国际单位制 (SI) 秒长的基本定义是：在零度零磁场状态下，铯 133 原子基态超精细能级间跃迁辐射 9192631770 周所经历的时间间隔。

光频标的计时原理与原子钟相似，只是测量频段不同。原子钟测量的是微波，光频标测量的是光波。由于两者相差 10^4，所以后者更易于减小测量不确定度。但是，不难理解，两者都是以公设 5 为前提的。

由于原子跃迁是引力场中的物质运动，所以满足公设 8，原子钟跃迁的时间间隔与线元长度之间的关系满足

$$d\tau^2 \equiv -\frac{1}{c^2}ds^2 = -\frac{1}{c^2}g_{\mu\nu}\left(x_a^\alpha\right)dx^\mu dx^\nu \tag{6-8-1}$$

或者

$$d\tau = \frac{1}{c}\sqrt{-g_{\mu\nu}\left(x_a^\alpha\right)dx^\mu dx^\nu} \tag{6-8-2}$$

其中, x_a^α 是原子的四维坐标。

6.8.2　原子钟引力红移效应

将史瓦西各向同性度规 (5-3-23) 代入公式 (6-8-2) 给出

$$\frac{d\tau}{dt} = \left[\left(1-\frac{w}{2c^2}\right)^2\left(1+\frac{w}{2c^2}\right)^{-2}+\left(1+\frac{w}{2c^2}\right)^4\frac{v_a^2}{c^2}\right]^{\frac{1}{2}}$$
$$\approx 1-\frac{1}{c^2}\left(\frac{\mu}{r_a}+\frac{1}{2}v_a^2\right) \tag{6-8-3}$$

其中, r_a 和 v_a 分别表示原子的欧氏向径和速度。由此看出, 与坐标钟相比, 原子跃迁所处的引力场和原子的运动速度都会使原子钟的运行速率减慢, 其中速度影响恰恰就是狭义相对论的时钟变慢效应。如果令原子钟处于静止状态, 那么

$$\frac{d\tau}{dt} = 1-\frac{1}{c^2}\frac{\mu}{r_a}$$

可见原子钟的向径越小, 引力场越强, 原子钟越慢, 这称为原子钟的引力红移效应。不难看出, 其结论与频率的引力红移是相同的。

对于太阳引力场, 地球上的原子钟相对于太阳系质心坐标时 (无穷远处静止钟的时间或没有引力场作用的质心静止原子钟时间) 的钟速率为

$$\frac{d\tau_\oplus}{dt_\odot} = 1-\frac{1}{c^2}\left(\frac{GM_\odot}{r_\oplus}+\frac{1}{2}v_\oplus^2\right) \approx 1-1.48\times10^{-8}$$

这里取太阳引力常数 $GM_\odot/c^2 = 1.475\text{km}$, 地球的平均轨道速度 $v_\oplus = 29.78\text{km/s}$。

对于地球引力场, 地面上的原子钟相对于地心处、不考虑地球自身引力场影响的理想钟的钟速率为

$$\frac{d\tau}{d\tau_\oplus} = 1-\frac{1}{c^2}\left(\frac{GM_\oplus}{R}+\frac{1}{2}v^2\right) = 1-\frac{1}{c^2}(W_0-gH)$$
$$\approx 1-6.97\times10^{-10}+1.09\times10^{-16}H \tag{6-8-4}$$

其中, $W_0 = 62636856.0\text{m}^2\cdot\text{s}^{-2}$ 为大地水准面 (平均海水面) 上的重力位; g 为大地水准面上的重力加速度; H 是海拔高度, 以 "米" 为单位。由此看出, 原子钟的海

拔不同, 钟速也不同。1m 的高度差相当于 1×10^{-16} 的钟速差。这种影响在频率基准归算中是必须加以考虑的。公式 (6-8-4) 也是相对论水准测量的基本原理。同一原子跃迁在两个地点的频率之差 (钟速差) 等价于两地的高程之差。

6.8.3 时钟变慢效应的再讨论

通过上述讨论可以看出, 引力场中的原子钟变慢效应与洛伦兹时钟变慢效应完全不同。它仅与原子钟所处的空间位置有关, 是一种可以测量的、"客观" 真实的物理效应。但是, 这种效应是真正意义上的 "时间膨胀" 吗? 我们可以说引力场中的原子钟变慢, 但能说引力场中的 "日晷" 变慢吗? 显然不能!

原子钟所实现的 "秒长" 是会受引力场影响的。"原子钟" 之间的差异在于它们的 "秒长" 不一样。虽然它们都采用了相同的 "原子跃迁周期数", 但这个相同的 "周期数" 在不同的引力场中却代表了不同的 "时间间隔"!

从物理上看, 由公设 5 所定义的时空度量规则能够准确反映时空的不均匀性, 从而使物质的运动规律呈现出简单的运动形式 (短程线运动)。但是, 这个 "优点" 也会造成 "时间基准" 和 "空间尺度" 的 "不同"。这是同一个问题的两个不同方面。可谓兴一利必带一害。

观者所处的引力场不同, "原子钟" 的读数也不同。这意味着不同观者的 "原时钟" 之间没有直接的可比对性。因此, 在相对论框架下, 有比对意义的只能是合理选择的 "坐标钟"。这会进一步启发我们如何去定义一个在全局均匀统一的时间基准。

地球公转轨道并非严格的圆轨道, 太阳的引力场效应是不能忽略的, 因此在地球上实现的原子时 (如 TAI) 从太阳系全局来看并不是均匀的。要解决这一问题, 必须扣除太阳系引力场的影响, 将时间基准定义到太阳系质心, 这就是太阳系质心坐标时 (barycentric coordinate time, TCB)。太阳系质心坐标时是无穷远处、相对于太阳系质心静止的理想原子钟所计量的时间, 或者说太阳系质心处不受太阳系引力场影响的理想原子钟所计量的时间。显然, 相对于太阳系质心坐标时, 地球质心坐标时 (geocentric coordinate time, TCG) 和地球时 (terrestrial time, TT) 都是不均匀的。当然, 如果进一步考虑到太阳系在银河系中的运动, 太阳系质心坐标时也并不是绝对均匀的。更均匀的时间应该考虑去除银河系引力场的影响 ⋯⋯

事实上, 时间的 "均匀" 性本身就是需要深入讨论的问题, 何为 "均匀" 的时间? 一个简明的回答是: "在均匀的时间参考下, 物质运动的方程最为简单。" 这是显然的, 如果时间不均匀, 牛顿的匀速直线运动就会成为复杂的变速运动。但是, 一个均匀的时间参考能否使所有的物质都具有简单的运动形式呢? 答案是不确定的。如果在某一区域内所有的物质都受到相同的影响, 那么对于描述本区域的物质运动, 以该区域的某一运动做时间参考是最合适的, 也可以说这种参考时间是 "均匀”的，然而对其他区域的物质运动而言，时间可能就是不均匀的。例如，对于地球和地球附近空间的物质运动，地球质心坐标时、地球时和国际原子时都可以视为均匀的时标，但对于描述行星的运动，它们就是不均匀的。由此可见，均匀性是具有一定相对性的。

同样的问题也涉及"米"长基准的定义。这可以说是讨论参考系选择合理性的关键问题所在。

第7章 后牛顿时空度规

7.1 坐 标 规 范

7.1.1 坐标任意性

度规张量是一个 2 阶对称张量，共有 10 个独立分量，而爱因斯坦场方程只有 6 个独立方程 (黎曼曲率张量满足比安基恒等式)。因此，场方程求解有 4 个剩余自由度，这 4 个自由度称为**坐标条件**或**规范条件**。规范条件决定了四维时空中坐标的选择。

从理论上说，在广义相对论框架下，坐标的选择是任意的。只要选择 4 个独立方程对爱因斯坦场方程进行约束，就可以求解时空度规。因此，在广义相对论框架中所有坐标系都是等价的。

坐标系的等价性是由度规的唯一性确定的。事实上，这在欧几里得–牛顿时空中同样存在。尽管牛顿力学定律只在惯性系中成立，但任何物理量都可以在不同的坐标系中进行转换。如果将物理定律以张量形式表达，其形式是相同的。例如，我们可以将球坐标变为直角坐标，也可以把惯性系的运动方程转换到非惯性坐标系中。当然我们也可以将仿射坐标转换成曲线坐标。因此坐标的任意性和等价性并非广义相对论所独有的。

7.1.2 谐和坐标规范

在后牛顿近似下，谐和坐标规范 (简称谐和规范) 可以表示为

$$
\begin{cases}
\dfrac{1}{2}g_{00,0} - g_{0i,i} + \dfrac{1}{2}g_{ii,0} = 0 \\[2mm]
\dfrac{1}{2}g_{00,i} + g_{ij,j} - \dfrac{1}{2}g_{jj,i} = 0
\end{cases}
\tag{7-1-1}
$$

对其求偏导数，可以给出

$$
\begin{cases}
\dfrac{1}{2}g_{00,00} - g_{0j,0j} + \dfrac{1}{2}g_{jj,00} = 0 \\[2mm]
\dfrac{1}{2}g_{00,0i} + g_{0j,ji} - \dfrac{1}{2}g_{jj,0i} = 0 \\[2mm]
\dfrac{1}{2}g_{00,ik} + g_{ij,jk} - \dfrac{1}{2}g_{jj,ik} = 0 \\[2mm]
\dfrac{1}{2}g_{00,ki} + g_{kj,ji} - \dfrac{1}{2}g_{jj,ki} = 0
\end{cases}
\tag{7-1-2}
$$

因此在谐和规范条件下有如下等式成立：

$$\begin{cases} g_{jj,0i} - g_{0j,ji} - g_{ij,j0} = 0 \\ g_{00,ik} - g_{jj,ik} + g_{kj,ji} + g_{ij,kj} = 0 \end{cases} \tag{7-1-3}$$

等式 (7-1-3) 可以使爱因斯坦场方程得到直接简化。

7.1.3　标准后牛顿规范

除谐和规范以外，在后牛顿理论中另一个非常重要的坐标规范是标准后牛顿规范，简称标准 PN 规范。标准 PN 规范可以表示为 (须重明和吴雪君，1999)

$$\begin{cases} \dfrac{1}{2}g_{ii,0} - g_{0i,i} = 0 \\ \dfrac{1}{2}g_{00,i} + g_{ij,j} - \dfrac{1}{2}g_{jj,i} = 0 \end{cases} \tag{7-1-4}$$

与谐和规范相类似，可以进一步给出

$$\begin{cases} g_{0j,j0} - \dfrac{1}{2}g_{jj,00} = 0 \\ g_{0i,ij} - \dfrac{1}{2}g_{ii,0j} = 0 \\ g_{ki,kj} + g_{kj,ki} + g_{00,ij} - g_{kk,ij} = 0 \end{cases} \tag{7-1-5}$$

7.1.4　谐和规范与标准 PN 规范的坐标关系

将公式 (7-1-5) 和公式 (7-1-3) 进行比较，可以看出，谐和规范与标准 PN 规范之间仅在时间基底的选择上有差异，空间基底是完全相同的。如果用 (t, x^i) 表示谐和坐标，用 (t', x'^i) 表示标准 PN 坐标，则

$$\begin{cases} t' = t - \dfrac{1}{2c^3}\dfrac{\partial \chi}{\partial t} \\ x'^i = x^i \end{cases} \tag{7-1-6}$$

其度规系数之间满足

$$\begin{cases} g'_{00} = g_{00} + \dfrac{1}{c^4}\dfrac{\partial^2 \chi}{\partial t^2} \\ g'_{0i} = g_{0i} - \dfrac{1}{2c^3}\dfrac{\partial^2 \chi}{\partial t \partial x^i} \\ g'_{ij} = g_{ij} \end{cases} \tag{7-1-7}$$

其中，χ 称为超势。根据谐和规范条件下的后牛顿度规可以给出标准 PN 规范的时空度规，进而确定出超势 χ

$$\nabla^2 \chi = -2\varphi = -2G \int \dfrac{\rho\left(t, x'^i\right)}{|\vec{x} - \vec{x'}|} \mathrm{d}^3 x' \tag{7-1-8}$$

式中，φ 是牛顿引力位。从而

$$\chi\left(t, x^i\right) = -G \int \rho\left(t, x'^i\right) |\vec{x} - \vec{x}'| \mathrm{d}^3 x' \tag{7-1-9}$$

7.2 各向同性坐标

7.2.1 关于"优越"坐标

大多数现代理论物理学家不承认"优越"坐标系的存在。然而，从理念和实践上看，使用方便、物理意义明晰的"优越"坐标系始终是存在的。所谓"优越"坐标系就是物质运动方程"简单"的坐标系。在通常情况下，欧氏直角坐标比曲线坐标使用方便，惯性系中的运动方程则显得尤为简单。

对于孤立的天体系统，空间是渐近平直的。因此描述系统物质运动的"优越"坐标系应该满足

$$\lim_{r \to \infty} g_{\mu\nu}\left(x^\alpha\right) = \eta_{\mu\nu} \tag{7-2-1}$$

这种坐标系称为**"准惯性坐标系"**（quasi-inertial coordinate system）。

万有引力定律是牛顿最伟大的科学发现之一。观测实践表明，它是相当正确的。因此，除满足公式 (7-2-1) 之外，时空度规应该在近似条件下给出牛顿万有引力方程，即

$$\begin{cases} g_{00} = -\left(1 - \dfrac{2\varphi}{c^2}\right) + O\left(c^{-4}\right) \\[2mm] g_{0i} = O\left(c^{-3}\right) \\[1mm] g_{ij} \equiv \delta_{ij} + O\left(c^{-2}\right) \end{cases} \tag{7-2-2}$$

其中，φ 是牛顿引力位。

毫无疑问，无论采用谐和规范，还是采用标准 PN 规范，由爱因斯坦场方程求解得到的时空度规都能够给出万有引力定律。如果忽略系统自身引力场的影响，时空度规都会退化为闵可夫斯基度规形式。

但是，哪种"坐标"更适合定义为欧几里得空间的笛卡儿坐标呢？答案似乎并不清楚。除非我们使用某种不受引力场影响的"坐标尺"对时空进行逐点测量，否则我们基本上没有办法给出所谓的"笛卡儿"坐标。Brumberg 等 (1990) 认为一个"恰当的"(adequate) 坐标系应该使物质在引力场中的运动方程尽可能简单。这恐怕是我们现在能够使用的唯一评判标准。

7.2.2 空间各向同性坐标

无论采用谐和坐标还是标准 PN 坐标，时空度规均满足

$$g_{00}g_{ij} = -\delta_{ij} + O\left(c^{-4}\right) \tag{7-2-3}$$

该条件称为**"共形各向同性"条件**。

　　显然，空间共形各向同性坐标满足公式 (7-2-1) 和公式 (7-2-2) 所确定的"优越"坐标的基本条件。因此，在后牛顿精度下，我们可以将满足"共形各向同性"条件的时空坐标视为欧几里得–牛顿空间的笛卡儿坐标。显然，史瓦西场和克尔场的各向同性坐标可视为欧几里得–牛顿惯性空间的笛卡儿坐标。

7.3　场方程的后牛顿近似

7.3.1　后牛顿时空度规形式

　　引力场方程是一个复杂的非线性方程组，要通过求解场方程给出严格的时空度规，在一般情况下是难以实现的。但是，对于像太阳系这样的由多天体构成的低速 $(v^2/c^2 \ll 1)$ 弱场 $\left(\dfrac{GM}{rc^2} \ll 1\right)$，可以通过后牛顿近似的方法求解爱因斯坦场方程。

　　所谓后牛顿近似 (简称 1PN)，就是将引力场视为物质对平直时空的扰动，将时空度规按 $1/c$ 的级数形式展开，在保留牛顿运动方程一阶修正量的基础上，对场方程进行求解。

　　由于在平直时空中，时空度规满足闵可夫斯基度规形式，所以在存在引力场的情况下，时空度规可以表示为

$$g_{\mu\nu} \equiv \eta_{\mu\nu} + h_{\mu\nu} \tag{7-3-1}$$

考虑到

$$\left(\frac{\mathrm{d}s}{\mathrm{d}t}\right)^2 = -\left(1 - h_{00}\right)c^2 + h_{0i}cv^i + \left(\delta_{ij} + h_{ij}\right)v^iv^j \tag{7-3-2}$$

具有时间反演 $(t \to -t)$ 的不变性，因此，对于粒子运动，1PN 度规系数可以写成如下的参数表达形式：

$$\begin{cases} g_{00} \equiv -\left(1 - \dfrac{2\varphi}{c^2} + \dfrac{2\psi + 2\varphi^2}{c^4}\right) + O\left(c^{-6}\right) \\[3mm] g_{0i} \equiv \dfrac{4\varsigma_i}{c^3} + O\left(c^{-5}\right) \\[3mm] g_{ij} \equiv \delta_{ij} + \dfrac{\hbar_{ij}}{c^2} + O\left(c^{-4}\right) \end{cases} \tag{7-3-3}$$

其中，φ 是牛顿引力位，10 个度规参数的设置形式仅仅是为了方便公式的推导。

根据逆变度规系数与协变度规系数的关系，也可以给出 1PN 逆变度规系数的表达形式

$$
\begin{cases}
g^{00} = -\left(1 + \dfrac{2\varphi}{c^2} - \dfrac{2\psi - 2\varphi^2}{c^4}\right) + O\left(c^{-6}\right) \\[3mm]
g^{0i} = \dfrac{4\varsigma_i}{c^3} + O\left(c^{-5}\right) \\[3mm]
g^{ij} = \delta_{ij} - \dfrac{\hbar_{ij}}{c^2} + O\left(c^{-4}\right)
\end{cases}
\tag{7-3-4}
$$

7.3.2   里奇张量的后牛顿表达

根据自由粒子的三维测地线运动方程式 (4-6-11)，有

$$
\begin{aligned}
\frac{\mathrm{d}^2 x^i}{\mathrm{d}t^2} ={}& -c^2 \varGamma^i_{00} + c\left(\varGamma^0_{00} v^i - 2\varGamma^i_{0j} v^j\right) \\
&+ \left(2\varGamma^0_{0j} v^j v^i - \varGamma^i_{jk} v^j v^k\right) + c^{-1}\varGamma^0_{jk} v^j v^k v^i
\end{aligned}
\tag{7-3-5}
$$

可知，要给出 1PN 运动方程，仿射联络系数应保留到如下量级：

$$
\begin{cases}
\varGamma^i_{00} \sim c^{-4} \\
\varGamma^0_{00}, \varGamma^i_{0j} \sim c^{-3} \\
\varGamma^0_{0j}, \varGamma^i_{jk} \sim c^{-2} \\
\varGamma^0_{jk} \sim c^{-1}
\end{cases}
$$

在该指标要求下，仿射联络系数的 1PN 表达式为

$$
\begin{cases}
\varGamma^i_{00} = -\dfrac{1}{c^2}\dfrac{\partial \varphi}{\partial x^i} + \dfrac{1}{c^4}\left[\dfrac{\partial\left(\psi + \varphi^2\right)}{\partial x^i} + 4\dfrac{\partial \varsigma_i}{\partial t} + \dfrac{1}{2}\hbar_{ij}\dfrac{\partial \varphi}{\partial x^j}\right] \\[3mm]
\varGamma^0_{00} = -\dfrac{1}{c^3}\dfrac{\partial \varphi}{\partial t} \\[3mm]
\varGamma^i_{0j} = \dfrac{1}{c^3}\left(\dfrac{1}{2}\dfrac{\partial \hbar_{ij}}{\partial t} + 2\dfrac{\partial \varsigma_i}{\partial x^j} - 2\dfrac{\partial \varsigma_j}{\partial x^i}\right) \\[3mm]
\varGamma^0_{0j} = -\dfrac{1}{c^2}\dfrac{\partial \varphi}{\partial x^j} \\[3mm]
\varGamma^i_{jk} = \dfrac{1}{2c^2}\left(\dfrac{\partial \hbar_{ij}}{\partial x^k} + \dfrac{\partial \hbar_{ik}}{\partial x^j} - \dfrac{\partial \hbar_{jk}}{\partial x^i}\right) \\[3mm]
\varGamma^0_{jk} = 0
\end{cases}
\tag{7-3-6}
$$

将方程 (7-3-6) 代入里奇张量表达式 (4-8-2)，可以给出

$$
\begin{cases}
\begin{aligned}
R_{00} &= \Gamma^i_{00,i} - \Gamma^i_{0i,0} - \Gamma^i_{00}\Gamma^0_{0i} + \Gamma^i_{00}\Gamma^j_{ij} \\
&= -\frac{1}{c^2}\nabla^2\varphi + \frac{1}{c^4}\left[\nabla^2\left(\psi+\varphi^2\right) + 4c\varsigma_{j,0j} - \frac{1}{2}c^2\hbar_{ii,00}\right. \\
&\quad \left. +\hbar_{ij,j}\varphi_{,i} - \frac{1}{2}\hbar_{jj,i}\varphi_{,i} - (\nabla\varphi)^2 + \hbar_{ij}\varphi_{,ij}\right] \\
R_{0i} &= \Gamma^0_{0i,0} + \Gamma^j_{0i,j} - \Gamma^0_{00,i} - \Gamma^j_{0j,i} \\
&= \frac{1}{c^3}\left[2\varsigma_{j,ij} + \frac{1}{2}c\hbar_{ij,0j} - \frac{1}{2}c\hbar_{jj,0i} - 2\nabla^2\varsigma_i\right] \\
R_{ij} &= \Gamma^k_{ij,k} - \Gamma^0_{i0,j} - \Gamma^k_{ik,j} \\
&= \frac{1}{c^2}\left[\varphi_{,ij} + \frac{1}{2}\hbar_{ik,kj} + \frac{1}{2}\hbar_{kj,ki} - \frac{1}{2}\hbar_{kk,ij} - \frac{1}{2}\nabla^2\hbar_{ij}\right]
\end{aligned}
\end{cases}
\tag{7-3-7}
$$

这里的 ∇^2 是三维拉普拉斯算子。在采用谐和规范的条件下

$$
\begin{cases}
\frac{1}{2}g_{00,0} - g_{0i,i} + \frac{1}{2}g_{ii,0} = \frac{1}{c^3}\left[c\varphi_{,0} - 4\varsigma_{i,i} + \frac{1}{2}c\hbar_{ii,0}\right] = 0 \\
\frac{1}{2}g_{00,i} + g_{ij,j} - \frac{1}{2}g_{jj,i} = \frac{1}{c^2}\left[\varphi_{,i} + \hbar_{ij,j} - \frac{1}{2}\hbar_{jj,i}\right] = 0
\end{cases}
\tag{7-3-8}
$$

因此

$$
\begin{cases}
c\varphi_{,00} - 4\varsigma_{i,i0} + \frac{1}{2}c\hbar_{ii,00} = 0 \\
c\varphi_{,0i} - 4\varsigma_{j,ji} + \frac{1}{2}c\hbar_{jj,0i} = 0 \\
\varphi_{,i0} + \hbar_{ij,j0} - \frac{1}{2}\hbar_{jj,i0} = 0 \\
\varphi_{,ij} + \hbar_{ik,kj} - \frac{1}{2}\hbar_{kk,ij} = 0
\end{cases}
\tag{7-3-9}
$$

考虑到

$$(\nabla\varphi)^2 = \frac{1}{2}\nabla^2\varphi^2 - \varphi\nabla^2\varphi$$

由公式 (7-3-7) 和等式 (7-3-9) 可以给出

$$
\begin{cases}
R_{00} = -\frac{1}{c^2}\nabla^2\varphi + \frac{1}{c^4}\left[\nabla^2\psi + \frac{\partial^2\varphi}{\partial t^2} + 2\varphi\nabla^2\varphi + \hbar_{ij}\frac{\partial^2\varphi}{\partial x^i\partial x^j}\right] \\
R_{0j} = -\frac{2}{c^3}\nabla^2\varsigma_i \\
R_{ij} = -\frac{1}{2c^2}\nabla^2\hbar_{ij}
\end{cases}
\tag{7-3-10}
$$

7.3.3 后牛顿场方程及其解

根据 5.1 节的讨论，能量动量张量的逆变坐标分量可以一般性地表示为

$$T^{\alpha\beta} \equiv \begin{bmatrix} \rho c^2 & c\sigma^j \\ c\sigma^i & T^{ij} \end{bmatrix} \tag{7-3-11}$$

其中，ρ、σ^i 和 T^{ij} 分别为质量密度、动量密度和动量流密度。通过公式 (5-2-6)，可以给出

$$S_{\mu\nu} = \left(g_{\mu\alpha} g_{\nu\beta} - \frac{1}{2} g_{\mu\nu} g_{\alpha\beta} \right) T^{\alpha\beta} \tag{7-3-12}$$

因此

$$\begin{cases} S_{00} = \dfrac{1}{2}\rho c^2 - 2\rho\varphi + \dfrac{1}{2}T^{ii} + O\left(c^{-2}\right) \\[2mm] S_{0i} = -c\sigma^i + O\left(c^{-2}\right) \\[2mm] S_{ij} = \dfrac{1}{2}\delta_{ij}\rho c^2 + O\left(c^0\right) \end{cases} \tag{7-3-13}$$

根据爱因斯坦方程 $R_{\mu\nu} = \kappa S_{\mu\nu}$，可以进一步给出

$$\begin{cases} R_{00} = -\dfrac{1}{c^2}\nabla^2\varphi + \dfrac{1}{c^4}\left[\nabla^2\psi + \dfrac{\partial^2\varphi}{\partial t^2} + 2\varphi\nabla^2\varphi + \hbar_{ij}\dfrac{\partial^2\varphi}{\partial x^i \partial x^j} \right] \\[2mm] \qquad = \dfrac{4\pi G\rho}{c^2} + \dfrac{4\pi G}{c^4}\left(T^{ii} - 4\rho\varphi \right) \\[2mm] R_{0j} = -\dfrac{2}{c^3}\nabla^2\varsigma_i = -\dfrac{8\pi G}{c^3}\sigma^i \\[2mm] R_{ij} = -\dfrac{1}{2c^2}\nabla^2\hbar_{ij} = \dfrac{4\pi G}{c^2}\delta_{ij}\rho \end{cases} \tag{7-3-14}$$

即

$$\begin{cases} \hbar_{ij} = 2\varphi\delta_{ij} \\[2mm] \nabla^2\varphi = -4\pi G\rho \\[2mm] \nabla^2\varsigma_i = 4\pi G\sigma^i \\[2mm] \nabla^2\psi = 4\pi G T^{ii} - \dfrac{\partial^2\varphi}{\partial t^2} \end{cases} \tag{7-3-15}$$

由此看出，正如我们所预期的那样，φ 满足泊松方程，是牛顿的引力位

$$\varphi(\vec{x}, t) = G \int \frac{1}{|\vec{x'} - \vec{x}|} \rho\left(\vec{x'}, t\right) \mathrm{d}^3 x' \tag{7-3-16}$$

ς_i 是一个由动量密度产生的矢量位

$$\varsigma_i(\vec{x}, t) = -G \int \frac{1}{|\vec{x'} - \vec{x}|} \sigma^i\left(\vec{x'}, t\right) \mathrm{d}^3 x' \tag{7-3-17}$$

ψ 是一个由动量流密度和引力位随时间变化产生的、比较复杂的标量函数

$$\psi(\vec{x},t) = \int \frac{1}{|\vec{x'}-\vec{x}|}\left\{\frac{1}{4\pi}\frac{\partial^2\varphi(\vec{x'},t)}{\partial t^2} - GT^{ii}(\vec{x'},t)\right\}\mathrm{d}^3x' \tag{7-3-18}$$

至此，在谐和坐标条件下，1PN 时空度规可以表示为以下形式：

$$\begin{cases} g_{00} \equiv -\left(1 - \frac{2\varphi}{c^2} + \frac{2\psi+2\varphi^2}{c^4}\right) + O\left(c^{-6}\right) \\[2mm] g_{0i} \equiv \frac{4\varsigma_i}{c^3} + O\left(c^{-5}\right) \\[2mm] g_{ij} \equiv \delta_{ij}\left(1 + \frac{2\varphi}{c^2}\right) + O\left(c^{-4}\right) \end{cases} \tag{7-3-19}$$

与之相应的 1PN 仿射联络表达式为

$$\begin{cases} \Gamma^i_{00} = -\frac{1}{c^2}\frac{\partial\varphi}{\partial x^i} + \frac{1}{c^4}\left[\frac{\partial\psi}{\partial x^i} + \varphi\frac{\partial\varphi}{\partial x^i} + 4\frac{\partial\varsigma_i}{\partial t}\right] \\[2mm] \Gamma^0_{00} = -\frac{1}{c^3}\frac{\partial\varphi}{\partial t} \\[2mm] \Gamma^i_{0j} = \frac{1}{c^3}\left[\delta_{ij}\frac{\partial\varphi}{\partial t} + 2\frac{\partial\varsigma_i}{\partial x^j} - 2\frac{\partial\varsigma_j}{\partial x^i}\right] \\[2mm] \Gamma^0_{0j} = -\frac{1}{c^2}\frac{\partial\varphi}{\partial x^j} \\[2mm] \Gamma^i_{jk} = \frac{1}{2c^2}\left[\delta_{ij}\frac{\partial\varphi}{\partial x^k} + \delta_{ik}\frac{\partial\varphi}{\partial x^j} - \delta_{jk}\frac{\partial\varphi}{\partial x^i}\right] \\[2mm] \Gamma^0_{jk} = 0 \end{cases} \tag{7-3-20}$$

7.4   时空度规的 DSX 表达

7.4.1   1PN 度规形式的指数化表达

从公式 (7-3-15) 可以看出，后牛顿时空度规表达式 (7-3-19) 中的 ψ 所满足的方程是非线性的，因此对于像太阳系这样有多个天体构成的 N 体系统，要根据公式 (7-3-16)~(7-3-18) 写出时空度规的具体表达式是非常困难的。20 世纪 90 年代初，Damour T(法国)、Soffel M(德国) 和 Xu C(须重明，中国) 合作发表了关于太阳系后牛顿时空参考系的系列文章 (Damour T, Soffel M, Xu C, 1991, 1992, 1993, 1994)，被称为 DSX 体系。DSX 提出了一种时空度规的线性表达方法，对于 N 体系统的后牛顿时空度规求解是非常方便的。

如果定义

$$\begin{cases} w \equiv \varphi - \dfrac{\psi}{c^2} \\[2mm] w^i \equiv -\varsigma_i \end{cases} \tag{7-4-1}$$

那么，根据公式 (7-3-19)，在后牛顿精度下，时空度规可以表示为

$$\begin{cases} g_{00} = -\left(1 - \dfrac{2w}{c^2} + \dfrac{2w^2}{c^4}\right) + O\left(c^{-6}\right) = -\exp\left(-\dfrac{2w}{c^2}\right) + O\left(c^{-6}\right) \\[3mm] g_{0i} = -\dfrac{4w^i}{c^3} + O\left(c^{-5}\right) \\[3mm] g_{ij} = \delta_{ij}\left(1 + \dfrac{2w}{c^2}\right) + O\left(c^{-4}\right) = \delta_{ij}\exp\left(\dfrac{2w}{c^2}\right) + O\left(c^{-4}\right) \end{cases} \tag{7-4-2}$$

因此，根据公式 (7-3-15)，可以给出

$$\begin{cases} \nabla^2 w - \dfrac{1}{c^2}\dfrac{\partial^2 w}{\partial t^2} = -4\pi G\sigma \\[3mm] \nabla^2 w^i = -4\pi G\sigma^i \end{cases} \tag{7-4-3}$$

其中

$$\sigma \equiv \rho + \dfrac{1}{c^2}T^{ii} \tag{7-4-4}$$

是牛顿质量密度概念的推广，称为质量–能量密度。如果把源和场变量写成四维形式，即

$$\begin{cases} \sigma^\mu \equiv (\sigma, \sigma^i) \\[2mm] w^\mu \equiv (w, w^i) \end{cases} \tag{7-4-5}$$

则场方程 (7-4-3) 可以写成如下更为简单的表达式：

$$\Box w^\mu = -4\pi G\sigma^\mu \tag{7-4-6}$$

其中，$\Box$ 称为达朗贝尔算子

$$\Box \equiv -\dfrac{1}{c^2}\dfrac{\partial^2}{\partial t^2} + \nabla^2 \tag{7-4-7}$$

公式 (7-4-6) 称为 DSX 场方程。

将公式 (7-4-7) 与公式 (4-5-24) 比较，可以看出，达朗贝尔算子实质上就是四维时空的拉普拉斯算子。因此公式 (7-4-6) 也可以表示为

$$\nabla^2 w^\mu = -4\pi G\sigma^\mu \tag{7-4-8}$$

这里 ∇^2 是四维拉普拉斯算子。需要特别提醒的是，虽然表示成四维形式，但位势 w^μ 并非时空中的四维矢量。

7.4.2　DSX 场方程的意义

与一般场方程相比，公式 (7-4-6) 或公式 (7-4-8) 不仅形式更为简单，而且是场变量的线性方程，这对多体问题的场方程求解是至关重要的。另外，与洛伦兹规范下电磁势 A^μ 所满足的麦克斯韦方程

$$A^\mu = -\frac{4\pi}{c}j^\mu$$

进行比较，可以看出两者具有完全相同的形式。这也为场方程的求解带来很大方便。

DSX 场方程共有 4 个独立方程，其物理含义是什么呢？根据 5.4.2 节的讨论，可以概括如下：

(1) 引力位 w 反映了欧氏坐标相对于局域时空度量基准的变化 (长度基准和时间基准因光速不变而相互关联，因此可以用一个度规参数进行表达)。

(2) 三维矢量函数 w^i 反映了动态引力源对时空的拖曳效应，使欧氏坐标相对于本地度量基准不再具有时轴正交特性。

7.4.3　DSX 三维测地线方程

根据仿射联络计算公式 (7-3-20)，在 DSX 度规形式下，仿射联络可以表示为

$$
\begin{cases}
\Gamma^i_{00} = -\dfrac{w_{,i}}{c^2} + \dfrac{4}{c^4}\left(ww_{,i} - cw^i_{,0}\right)\\[2mm]
\Gamma^0_{00} = -\dfrac{w_{,0}}{c^2}\\[2mm]
\Gamma^i_{0j} = \dfrac{1}{c^3}\left(\delta_{ij}cw_{,0} + 2w^j_{,i} - 2w^i_{,j}\right)\\[2mm]
\Gamma^0_{0i} = -\dfrac{w_{,i}}{c^2}\\[2mm]
\Gamma^i_{jk} = \dfrac{1}{c^2}\left(\delta_{ij}w_{,k} + \delta_{ik}w_{,j} - \delta_{jk}w_{,i}\right)\\[2mm]
\Gamma^0_{jk} = 0
\end{cases}
\tag{7-4-9}
$$

将仿射联络公式 (7-4-9) 代入三维测地线方程 (7-3-5)，得到 DSX 度规形式的三维测地线方程

$$
\begin{aligned}
\frac{d^2x^i}{dt^2} &= -c^2\Gamma^i_{00} - 2c\Gamma^i_{0j}v^j - \Gamma^i_{jk}v^jv^k + \left(c\Gamma^0_{00} + 2\Gamma^0_{0j}v^j + c^{-1}\Gamma^0_{jk}v^jv^k\right)v^i\\
&= w_{,i} - \frac{1}{c^2}\left(4w - v^2\right)w_{,i} - \frac{1}{c^2}\left(3cw_{,0} + 4w_{,j}v^j\right)v^i\\
&\quad + \frac{4}{c^2}\left(cw^i_{,0} + w^j_{,i}v^j - w^i_{,j}v^j\right)
\end{aligned}
\tag{7-4-10}
$$

7.5 引力位势的展开式

7.5.1 DSX 度规的位势函数

毫无疑问，要给出物质的运动方程，必须知道引力场的位势函数。对于宇宙中的孤立系统，时空是渐近平坦的，因此全局坐标系的时空度规在无穷远处应该满足闵可夫斯基度规形式，或者说引力位函数应该满足如下的边界条件：

$$\lim_{r \to \infty} w^{\mu}\left(x^{\alpha}\right) = 0 \tag{7-5-1}$$

由此可以给出场方程 (7-4-6) 的推迟解

$$w^{\mu}_{\mathrm{ret}}\left(x^{\alpha}\right) = G \int \frac{\sigma^{\mu}\left(t_{\mathrm{ret}}, x'^{i}\right)}{\left|\vec{x}' - \vec{x}\right|} \mathrm{d}^3 x' \tag{7-5-2}$$

其中，t_{ret} 是推迟时间

$$t_{\mathrm{ret}} \equiv t - \frac{\left|\vec{x}' - \vec{x}\right|}{c} \equiv t - \frac{r'}{c} \tag{7-5-3}$$

方程的另一个解是超前解

$$w^{\mu}_{\mathrm{adv}}\left(x^{\alpha}\right) = G \int \frac{\sigma^{\mu}\left(t_{\mathrm{adv}}, x'^{i}\right)}{\left|\vec{x}' - \vec{x}\right|} \mathrm{d}^3 x' \tag{7-5-4}$$

超前时间

$$t_{\mathrm{adv}} \equiv t + \frac{\left|\vec{x}' - \vec{x}\right|}{c} \equiv t + \frac{r'}{c} \tag{7-5-5}$$

因而超前解与推迟解的混合解也是场方程的解

$$w^{\mu}_{\mathrm{mixed}}\left(x^{\alpha}\right) \equiv \frac{1}{2}\left[w^{\mu}_{\mathrm{ret}}\left(x^{\alpha}\right) + w^{\mu}_{\mathrm{adv}}\left(x^{\alpha}\right)\right] \tag{7-5-6}$$

将积分表达式在 t 附近展开

$$
\begin{aligned}
w^{\mu}_{\mathrm{ret/adv}}\left(t, x^{i}\right) &= G \int \frac{\sigma^{\mu}\left(t \mp r'/c, x'^{i}\right)}{r'} \mathrm{d}^3 x' = G \int \frac{\sigma^{\mu}\left(t, x'^{i}\right)}{r'} \mathrm{d}^3 x' \\
&\mp \frac{G}{c} \int \frac{\partial}{\partial t} \sigma^{\mu}\left(t, x'^{i}\right) \mathrm{d}^3 x' + \frac{G}{2c^2} \int \frac{\partial^2}{\partial t^2} \sigma^{\mu}\left(t, x'^{i}\right) r' \mathrm{d}^3 x'
\end{aligned} \tag{7-5-7}
$$

因此

$$w^{\mu}_{\mathrm{mixed}}\left(t, x^{i}\right) = G \int \frac{\sigma^{\mu}\left(t, x'^{i}\right)}{r'} \mathrm{d}^3 x' + \frac{G}{2c^2} \int \frac{\partial^2}{\partial t^2} \sigma^{\mu}\left(t, x'^{i}\right) r' \mathrm{d}^3 x' \tag{7-5-8}$$

7.5.2　静态引力场的多极矩展开

对于静态质能分布, 引力位势与时间无关, 所以孤立天体的外部引力位势可以表示为

$$
\begin{cases}
w\left(t, x^i\right) = G \displaystyle\int \frac{\sigma\left(x'^i\right)}{r'} \mathrm{d}^3 x' \\[2mm]
w^i\left(t, x^j\right) = 0
\end{cases}
\tag{7-5-9}
$$

由于

$$
\begin{cases}
\vec{r} = \vec{r'} + \vec{x'} \\[2mm]
\dfrac{1}{r'} = \dfrac{1}{r}\left[1 - \dfrac{x'^i}{r^2}\left(2x^i - x'^i\right)\right]^{-\frac{1}{2}}
\end{cases}
$$

所以在天体外部, 引力位可以展开为如下形式 (迈克尔·索菲和韩文标, 2015):

$$
\begin{aligned}
w\left(t, x^i\right) &= G\int \frac{\sigma\left(x'^i\right)}{r'} \mathrm{d}^3 x' \\
&= G\sum_{l\geqslant 0} \frac{(-1)^l}{l!} \frac{\partial^l}{\partial x^{i_1}\cdots\partial x^{i_l}}\left(\frac{1}{r}\right)\int \sigma x'^{i_1}\cdots x'^{i_l}\mathrm{d}^3 x' \\
&= G\sum_{l\geqslant 0} \frac{(2l-1)!!}{l!} M_L \frac{\hat{n}_L}{r^{l+1}}
\end{aligned}
\tag{7-5-10}
$$

其中

$$
\begin{cases}
M_L \equiv M_{i_1\cdots i_l} \equiv \displaystyle\int \sigma x'^{i_1}\cdots x'^{i_l}\mathrm{d}^3 x' \equiv \int \sigma x'^L \mathrm{d}^3 x' \\[2mm]
\hat{n}_L = \hat{n}_{i_1\cdots i_l} = \dfrac{x_{i_1}\cdots x_{i_l}}{r^l}
\end{cases}
\tag{7-5-11}
$$

M_L 称为笛卡儿质量多极矩, 若定义

$$
\vec{M}^{(l)} \equiv M_{i_1\cdots i_l} \vec{e}_{i_1}\cdots \vec{e}_{i_l} \equiv M_L \vec{e}_L
\tag{7-5-12}
$$

那么, $\vec{M}^{(l)}$ 是一个对称无迹 (symetric and trace-free, STF) 张量。所谓 "无迹" 是指张量任意两个相同指标分量的遍历求和 (称为张量的迹) 为零, 即

$$
\sum_{k=1}^{3} M_{i_1\cdots k\cdots k\cdots i_l} = 0
\tag{7-5-13}
$$

以 2 阶多极矩 M_{ij} (质量 4 极矩) 为例, 对称无迹表示为

$$
\begin{cases}
M_{12} = M_{21} \\
M_{13} = M_{31} \\
M_{32} = M_{23} \\
M_{11} + M_{22} + M_{33} = 0
\end{cases}
\tag{7-5-14}
$$

可见，$\vec{M}^{(2)}$ 只有 5 个独立坐标分量。为示区别，对称无迹张量的坐标分量用 $\hat{T}_L$ 表示。

由于天体近似为球形，除质量 4 极矩 $(l = 2)$ 之外，其他多极矩通常都很小，所以在很多情况下只需要考虑到质量 4 极矩，即

$$w\left(t, x^i\right) \equiv U \approx U_0 + U_1 + U_2 \tag{7-5-15}$$

其中

$$\begin{cases} U_0 = \dfrac{GM}{r} \equiv \dfrac{G}{r} \displaystyle\int \sigma \mathrm{d}^3 x' \\[3mm] U_1 = \dfrac{G}{r^3} M_i x^i \equiv \dfrac{G x^i}{r^3} \displaystyle\int \sigma x'^i \mathrm{d}^3 x' \\[3mm] U_2 = \dfrac{3}{2} \dfrac{G}{r^5} M_{ij} x^i x^j \equiv \dfrac{3}{2} \dfrac{G x^i x^j}{r^5} \displaystyle\int \sigma x'^i x'^j \mathrm{d}^3 x' \end{cases} \tag{7-5-16}$$

显然，如果坐标原点取为天体质心，则有

$$M_i \equiv \int \sigma x'^i \mathrm{d}^3 x' = 0 \tag{7-5-17}$$

即**坐标原点位于质心时，质量偶极矩为零**。因此对于静态引力场

$$U \approx U_0 + U_2 = \frac{GM}{r} + \frac{3}{2} \frac{G}{r^5} M_{ij} x^i x^j \tag{7-5-18}$$

在地球科学和天文学领域，人们更习惯采用球谐函数展开

$$U = \frac{G}{r^{l+1}} \sum_{n=0}^{\infty} \sum_{m=0}^{n} P_{nm}(\cos\theta) \left[C_{nm} \cos m\phi + S_{nm} \sin m\phi\right] \tag{7-5-19}$$

或者

$$U = \frac{GM}{r} \sum_{n=0}^{\infty} \sum_{m=0}^{n} \left(\frac{a}{r}\right)^n P_{nm}(\cos\theta) \left[\bar{C}_{nm} \cos m\phi + \bar{S}_{nm} \sin m\phi\right] \tag{7-5-20}$$

其中，$P_{lm}(\cos\theta)$ 为缔合勒让德函数 (associated Legendre function)

$$P_{lm}(x) \equiv \frac{(-1)^m}{2^l l!} \left(1 - x^2\right)^{\frac{m}{2}} \frac{\mathrm{d}^{l+m}}{\mathrm{d}x^{l+m}} \left(x^2 - 1\right)^l \tag{7-5-21}$$

a 是天体的半长径，(C_{nm}, S_{nm}) 是引力位系数，$(\bar{C}_{nm}, \bar{S}_{nm})$ 是无量纲的引力位系数

$$\begin{cases} C_{nm} = M a^n \bar{C}_{nm} \\ S_{nm} = M a^n \bar{S}_{nm} \end{cases} \tag{7-5-22}$$

引力位系数与笛卡儿质量多极矩之间有确定的对应关系如下：

$$
\left\{
\begin{aligned}
&\bar{C}_{20} = \frac{C_{20}}{Ma^2} = \frac{1}{Ma^2}\left[M_{33} - \frac{1}{2}\left(M_{11} + M_{22}\right)\right] \\
&\bar{C}_{21} = \frac{C_{21}}{Ma^2} = \frac{M_{13}}{Ma^2} \\
&\bar{C}_{22} = \frac{C_{22}}{Ma^2} = \frac{1}{4Ma^2}\left(M_{11} - M_{22}\right) \\
&\bar{S}_{21} = \frac{S_{21}}{Ma^2} = \frac{M_{23}}{Ma^2} \\
&\bar{S}_{22} = \frac{S_{22}}{Ma^2} = \frac{1}{2}\frac{M_{12}}{Ma^2}
\end{aligned}
\right.
\tag{7-5-23}
$$

与笛卡儿偶极矩类似，在取天体质心为坐标原点的情况下，一阶引力位系数为零

$$
C_{10} = C_{11} = S_{11} = \bar{C}_{10} = \bar{C}_{11} = \bar{S}_{11} = 0
\tag{7-5-24}
$$

　　由于天体近似为球形，以地球引力场为例，除了赤道隆起产生的 $J_2\left(\equiv -\bar{C}_{20}\right)$ 项 (10^{-3}) 之外，其他引力位系数都很小 (10^{-6})，因此在许多情况下只需要考虑 J_2 项

$$
U \approx \frac{GM}{r}\left[1 - \frac{a^2}{r^2}J_2\left(\frac{3}{2}\cos^2\theta - \frac{1}{2}\right)\right]
\tag{7-5-25}
$$

7.5.3　BD 多极矩

　　在物质非静态分布的情况下，引力位势可以采用如下的形式展开 (Blanchet and Darmour，1989)：

$$
\begin{aligned}
w\left(t, x^i\right) &= G\int \frac{\sigma\left(t, x'^i\right)}{r'}\mathrm{d}^3 x' \\
&= G\sum_{l\geqslant 0}\frac{(-1)^l}{l!}\partial_L\left[\frac{1}{r}M_L(t)\right] + \frac{1}{c^2}\partial_t\Lambda + O\left(c^{-4}\right)
\end{aligned}
\tag{7-5-26}
$$

$$
\begin{aligned}
w^i\left(t, x^j\right) &= G\int \frac{\sigma^i\left(t, x'^j\right)}{r'}\mathrm{d}^3 x' \\
&= G\sum_{l\geqslant 0}\frac{(-1)^l}{l!}\left[\partial_{L-1}\left(\frac{1}{r}\frac{\mathrm{d}}{\mathrm{d}t}M_{iL-1}\right) + \frac{l}{l+1}\varepsilon_{ijk}\partial_{jL-1}\left(\frac{1}{r}S_{kL-1}\right)\right] \\
&\quad - \frac{1}{4}\partial_i\Lambda + O\left(c^{-2}\right)
\end{aligned}
\tag{7-5-27}
$$

其中

$$
\begin{cases}
\Lambda \equiv 4G \sum_{l \geqslant 0} \frac{(-1)^l}{(l+1)!} \cdot \frac{2l+1}{2l+3} \partial_L \left(\frac{\mu_L}{r} \right) \\[2mm]
\mu_L \equiv \int \hat{x}'^{iL} \sigma^i \mathrm{d}^3 x' \\[2mm]
M_L \equiv \int \hat{x}'^{iL} \sigma \mathrm{d}^3 x' + \frac{1}{2(2l+3)c^2} \frac{\mathrm{d}^2}{\mathrm{d}t^2} \int \hat{x}'^{iL} r'^2 \sigma \mathrm{d}^3 x' \\[2mm]
\qquad - \frac{4(2l+1)}{(l+1)(2l+3)c^2} \frac{\mathrm{d}}{\mathrm{d}t} \int \hat{x}'^{iL} \sigma^i \mathrm{d}^3 x' \quad (l \geqslant 0) \\[2mm]
S_L \equiv \int \varepsilon^{ij\langle k_l} \hat{x}'^{L-1\rangle i} \sigma^j \mathrm{d}^3 x' \quad (l \geqslant 0)
\end{cases}
\tag{7-5-28}
$$

公式中 $\langle\ \rangle$ 表示其内的指标取对称无迹部分。M_L、S_L 分别是天体的笛卡儿后牛顿质量和自旋多极矩，称为 BD 多极矩，具有对称无迹特性。

BD 多极矩展开非常复杂，这里不进行详细介绍。在研究天体外部引力场的情况下，可以做如下简化：

(1) 删除 Λ 函数。Λ 是一个谐和函数，满足 $\nabla^2\Lambda = 0$，因此去掉该项的位势函数依然满足场方程 (这种坐标规范称为骨骼化谐和规范)。

(2) 大多数天体都具有旋转轴对称特性，因此可以忽略多极矩对时间的导数以及 $l > 1$ 的自旋多极矩。

在这些近似下，后牛顿度规位势可以表示为

$$
\begin{cases}
w(t, x^i) = G \sum_{l \geqslant 0} \frac{(-1)^l}{l!} M_L \partial_L \left(\frac{1}{r} \right) + O(c^{-4}) \\[2mm]
w^i(t, x^j) = -\frac{G}{2r^3} \left(\vec{r} \times \vec{S} \right)^i + O(c^{-2})
\end{cases}
\tag{7-5-29}
$$

其中

$$
S^i \equiv \int \varepsilon^{jki} \hat{x}'^j \sigma^k \mathrm{d}^3 x' = \int (\vec{r}' \times \vec{v}') \mathrm{d}m
\tag{7-5-30}
$$

是天体的自旋矢量或者总角动量。

综上所述，后牛顿 BD 多极矩与牛顿引力位系数具有类似的形式，因此可以通过卫星轨道测量和重力测量确定天体的 BD 多极矩或引力位系数。

第8章 后牛顿时空参考系

8.1 惯性系与相对性原理

8.1.1 相对性原理

牛顿力学定义了一类特殊的参考架，称为"惯性参考架"或"惯性坐标系"。在惯性坐标系中，所有自然定律都表现为相同的表达形式，这称为**伽利略相对性原理**。如果一个坐标系是惯性系，那么相对于该坐标系匀速运动的坐标系也是惯性系。

狭义相对论是以惯性系为基础的，但并没有给惯性系以新的定义和解释，只是将三维空间扩展为四维时空，实现了时间与空间的统一。与牛顿力学不同的是，在狭义相对论框架下，惯性参考系之间满足**洛伦兹变换**。在洛伦兹变换下，运动方程保持不变，称为**"狭义相对性原理"**(priciple of special relativity)。

如果一个参考系是惯性系，那么在笛卡儿坐标条件下，时空度规满足闵可夫斯基度规形式：

$$ds^2 = \eta_{\mu\nu}dx^\mu dx^\nu \equiv -c^2 dt^2 + \delta_{ij}dx^i dx^j \tag{8-1-1}$$

显然，在该参考系中，时间是均匀的，空间是平直的，坐标满足欧几里得几何关系，因此所有观测量的物理意义都是十分明确的。

然而，什么样的参考系是惯性参考系？或者说什么因素决定了坐标系是惯性系还是非惯性系？牛顿认为一定存在一个"绝对空间"，惯性系是在绝对空间中静止或匀速运动的坐标系。牛顿在《自然哲学之数学原理》中解释道："绝对空间：其自身特性与外在事物无关，处处均匀，永不移动。相对空间是一些可以在绝对空间中运动的结构，或是对绝对空间的量度，我们通过它与物体的相对位置感知它。"牛顿也列举了一些相对于绝对空间旋转的一些效应，其中最著名的就是"旋转水桶"效应。

8.1.2 马赫原理

历史上有很多科学家和哲学家反对牛顿的"绝对空间"假设。对牛顿观点的第一个真正具有建设性意义的批评来自奥地利哲学家马赫 (Ernst Mach, 1838~1916)。他在其著作《力学发展史》一书中评论道："牛顿的旋转水桶实验仅仅告诉我们，水对于桶壁的相对旋转不产生显著的离心力，而它对于地球及其他天体质量的相对旋转才产生这种力。没有人能够断言，如果桶壁的厚度和质量都增加，直到厚达几英里时，这个实验会有什么结果。"这种认为"地球与其他天体的质量"对于决定惯性系有若干影响的假说被称为**"马赫原理"**(温伯格，1972)。

如果马赫是对的，那么惯性系不仅依赖于所有遥远天体的共同作用，而且也依赖于邻近空间的物质分布。

8.1.3 等效原理与洛伦兹参考架

对于惯性的本质问题，爱因斯坦给出了既不同于牛顿也不完全等同于马赫的回答。爱因斯坦认为引力与惯性力等价："惯性力场和引力场的动力学效应在局域是不可区分的"，这通常被称为**"弱等效原理"**(the weak priciple of equivalence)。如果用"任何物理现象"代替"动力学效应"就成为**"强等效原理"**(the strong priciple of equivalence)。强等效原理可以准确地描述为："在任何引力场中的任一时空点，人们总能建立一个自由下落的局域参考系，在此参考系中，狭义相对论所确立的物理规律全部有效"(须重明和吴雪君，1999)。

如果把一个孤立天体系统的质心视为一个自由粒子，那么它在背景时空中做自由下落运动。因此以系统质心为原点、构建相对于遥远天体没有旋转的准惯性坐标系是可能的。尽管我们并不十分清楚欧几里得–牛顿空间的笛卡儿坐标在相对论框架中呈现什么样的度规形式，但我们知道共形各向同性坐标满足其基本特征。因此我们可以在一定近似程度上将其视为欧几里得–牛顿空间的笛卡儿坐标。

对于一个非孤立天体，我们能否构建一个与天体质心共动的准惯性坐标系呢？答案是否定的。因为对于一个非孤立天体，其他天体的潮汐作用始终是存在的，而且是距离原点越远，潮汐力作用越大，因此非孤立系统的空间根本就不具备渐近平直特性。

但是，根据等效原理，对于在时空中自由运动的任何一个质点 (观者)，我们都可以构建一个在观者局域空间范围内适用的**局域惯性坐标系**(local inertial coordinate system)，或称为**局域惯性参考架**(local inertial reference frame)，亦可称为**局域洛伦兹参考架**(local Lorentz reference frame)。它满足如下基本条件：

(1) 坐标原点与自由粒子 (观者) 共动；

(2) 时间以观者所携原子钟的读数为参考；

(3) 空间坐标轴相对于惯性陀螺没有旋转。

注意，这里之所以采用"惯性陀螺"而不用"遥远天体"来定义惯性空间的"非旋转"特性，是因为惯性空间需要顾及"非遥远"天体的影响，如 6.5 节所述，运动陀螺的自旋角速度矢量相对于遥远天体会发生"德西特进动"(也称为测地岁差)。

毫无疑问，如果空间范围足够小，那么外部天体产生的引潮力作用就可以忽略不计。由于观者附近质点所受的"引力"与观者相同，所以观者可将其视为"惯性作用"。从而在观者看来，其局域空间中的自由质点会保持匀速运动状态不变。

　　无论如何，"局域洛伦兹参考架满足牛顿惯性条件"，从数学上看也只是一种"微分"近似，其空间适用范围是十分有限的。这说明，在黎曼–爱因斯坦空间中并不存在真正意义上的牛顿惯性系。

8.2　局域惯性系

8.2.1　局域惯性条件

　　根据三维时变测地线方程 (4-6-11)，如果坐标系的仿射联络系数 $\Gamma_{\alpha\beta}^{\mu}=0$，那么，自由粒子的运动方程满足

$$\frac{\mathrm{d}^2 x^i}{\mathrm{d}t^2}=0 \tag{8-2-1}$$

或者表示为

$$x^i = x_0^i + v^i t \tag{8-2-2}$$

其中，x_0^i, v^i 为常数。这表明在该坐标系下自由粒子的相对论运动方程与牛顿惯性定律具有完全相同的形式，即粒子在无外力条件下保持匀速直线运动状态不变。

　　我们知道，仿射联络为零的基本条件是坐标基底矢量在时空中保持不变，或者说度规系数保持不变。事实上，对于任意一个坐标系，如果其度规系数保持不变，那么总可以找到另外一个坐标系，通过坐标的仿射变换使度规呈现闵可夫斯基度规形式。然而，由于宇宙质量和能量的不均匀性，在大尺度时空中使仿射联络为零或度规系数保持不变的坐标系是不存在的，所以在大尺度时空中并不存在严格意义上的惯性系。但是，在科学实践中，惯性系的概念仍然是十分重要的。人们总可以在一定的精度要求下建立覆盖一定时空范围的局域惯性系。

　　对于一个弯曲空间，如果一个坐标系 $\{x^\alpha\}$ 的坐标基底矢量在某一时空点 $P(x_A^\lambda)$ 上是正交归一的，并且其仿射联络为零，那么由该点坐标基底矢量所构成的参考架是一个洛伦兹参考架。因此它在 $P(x_A^\lambda)$ 附近形成一个局域惯性坐标系。其基本条件可以表示为

$$\begin{cases} g_{\mu\nu}\left(x_A^\lambda\right)=\eta_{\mu\nu} \\ \Gamma_{\alpha\beta}^{\mu}\left(x_A^\lambda\right)=0 \end{cases} \tag{8-2-3}$$

或者，用矢量表示

$$\begin{cases} \vec{e}_\mu\left(x_A^\lambda\right)\cdot\vec{e}_\nu\left(x_A^\lambda\right)=\eta_{\mu\nu} \\ \vec{\Gamma}_{\mu\nu}\left(x_A^\lambda\right)=0 \end{cases} \tag{8-2-4}$$

其中第一个方程是坐标基底矢量的正交归一条件。尽管正交归一性并非惯性参考系的必要条件，但笛卡儿坐标系具有天然的应用优势，因此在建立参考系时我们总

希望坐标基底能满足正交归一特性。第二个条件方程是局域惯性系的核心条件,要求坐标基底矢量在原点局域满足平行移动特性。也就是说,在原点附近局域惯性系的时间轴是一条类时测地线,空间坐标轴是类空测地线。

坐标曲线为测地线的坐标称为费米坐标,因此局域惯性系是一个 **正交费米坐标系**(normal Fermi coordinate system)。

由于时空的不均匀性,一个时空点的局域惯性系不仅在空间上的适用范围受限,而且在时间上也是受限的,因此其用途并不很大。在实际应用中,我们往往需要的是在时间上不受限制的局域惯性系,比如以航天飞行器为原点的局域惯性系。对于这样的局域参考系,其适应范围不是一个四维"球体",而是一个四维"管道"。这种时间上不受限制的局域惯性系就是自由观者的局域洛伦兹参考架。

对于发生在观者附近的"事件",采用观者局域惯性系对其表达是十分方便的。然而,在大多数情况下,要对大尺度空间范围的物质运动进行描述则必须采用覆盖整个时空范围的全局坐标。因此我们需要研究两个坐标系之间的变换关系。

8.2.2 坐标变换关系

对于在观者 $\{x_A^\lambda\}$ 附近发生的任何一个事件,其背景坐标 x^μ 可用观者局域坐标 x'^j 的级数表示

$$x^\mu = x_A^\mu\left(t'\right) + \left.\frac{\partial x^\mu}{\partial x'^j}\right|_{P_0} x'^j + \frac{1}{2}\left.\frac{\partial^2 x^\mu}{\partial x'^k \partial x'^j}\right|_{P_0} x'^j x'^k + \cdots \tag{8-2-5}$$

根据两个任意坐标系之间的变换关系

$$\begin{cases} g'_{\mu\nu} = g_{\alpha\beta}\dfrac{\partial x^\alpha}{\partial x'^\mu}\dfrac{\partial x^\beta}{\partial x'^\nu} \\[3mm] \varGamma'^\lambda_{\mu\nu} = \dfrac{\partial x'^\lambda}{\partial x^\gamma}\left(\dfrac{\partial x^\alpha}{\partial x'^\mu}\dfrac{\partial x^\beta}{\partial x'^\nu}\varGamma^\gamma_{\alpha\beta} + \dfrac{\partial^2 x^\gamma}{\partial x'^\mu \partial x'^\nu}\right) \end{cases}$$

显然,坐标系 $\{t', x'^i\}$ 在观者 $\{x_A^i, t\}$ 附近为局域惯性系的充要条件是

$$\begin{cases} g_{\alpha\beta}\left(x_A^\kappa\right)\dfrac{\partial x^\alpha}{\partial x'^\mu}\dfrac{\partial x^\beta}{\partial x'^\nu} = \eta_{\mu\nu} \\[3mm] \dfrac{\partial^2 x^\mu}{\partial x'^\beta \partial x'^\alpha} + \varGamma^\mu_{\lambda\gamma}\left(x_A^\kappa\right)\dfrac{\partial x^\lambda}{\partial x'^\alpha}\dfrac{\partial x^\gamma}{\partial x'^\beta} = 0 \end{cases} \tag{8-2-6}$$

方程组 (8-2-6) 共有 50 个独立方程, 56 个未知数。其中第一式包含 10 个独立方程, 16 个 1 阶未知偏导数;第二式包含 4 个独立方程, 40 个 2 阶未知偏导数。由此可见,在 1 阶偏导数确定的情况下, 2 阶偏导数是唯一确定的。

1 阶偏导数有 6 个自由度。这 6 个自由度不是别的,就是时间基底矢量和空间基底矢量在原点处的指向。其中三个自由度属于时间基底矢量,可以用原点的三维

空间速度表示；另外三个自由度决定了空间坐标轴的指向。我们知道，伽利略变换和洛伦兹变换并不改变坐标系的惯性特性，因此原点的速度和坐标轴指向具有任意性。但对于一个确定的观者，其速度是唯一的。

如果定义局域惯性坐标系 $\{x'^i, t'\}$ 的基底矢量为

$$\begin{cases} \dfrac{\vec{\partial}}{\partial x'^0} \equiv J_0^0\left(x^\alpha\right) \dfrac{\vec{\partial}}{\partial x^0} + J_0^i\left(x^\alpha\right) \dfrac{\vec{\partial}}{\partial x^i} \\[3mm] \dfrac{\vec{\partial}}{\partial x'^0} \equiv J_i^0\left(x^\alpha\right) \dfrac{\vec{\partial}}{\partial x^0} + J_i^j\left(x^\alpha\right) \dfrac{\vec{\partial}}{\partial x^j} \end{cases} \tag{8-2-7}$$

那么，根据公式 (8-2-5) 的第一个条件方程，有

$$\begin{cases} g_{00}\left(x^\lambda_A\right)\left(e_0^0\right)^2 + 2g_{0i}\left(x^\lambda_A\right)e_0^0 e_0^i + g_{ij}\left(x^\lambda_A\right)e_0^i e_0^j = -1 \\[2mm] g_{00}\left(x^\lambda_A\right)e_0^0 e_i^0 + g_{0j}\left(x^\lambda_A\right)\left[e_0^0 e_i^j + e_0^j e_i^0\right] + g_{jk}\left(x^\lambda_A\right)e_i^j e_0^k = 0 \\[2mm] g_{00}\left(x^\lambda_A\right)e_i^0 e_j^0 + g_{0k}\left(x^\lambda_A\right)\left[e_i^0 e_j^k + e_j^0 e_i^k\right] + g_{kl}\left(x^\lambda_A\right)e_i^k e_j^l = \delta_{ij} \end{cases} \tag{8-2-8}$$

其中

$$e_\mu^\alpha \equiv J_\mu^\alpha\left(x^\lambda_A\right) \tag{8-2-9}$$

由于在通常的低速弱场情况下，后牛顿时空度规满足

$$\begin{cases} g_{00} = -1 + \dfrac{2w}{c^2} + O\left(c^{-4}\right) \\[2mm] g_{0i} = O\left(c^{-3}\right) \\[2mm] g_{ij} = \delta_{ij}\left(1 + \dfrac{2w}{c^2}\right) + O\left(c^{-4}\right) \end{cases}$$

因此

$$\begin{cases} e_0^0 = \gamma_g \equiv \left[-g_{00}\left(x^\kappa_A\right) - 2g_{0i}\left(x^\kappa_A\right)v_A^i/c - g_{ij}\left(x^\kappa_A\right)v_A^i v_A^j/c^2\right]^{-\frac{1}{2}} \\[2mm] e_0^i = \gamma_g v_A^i/c \\[2mm] e_j^0 = \gamma_g v_A^j/c + g_{0j} + \dfrac{2}{c^3}wv_A^j + O\left(c^{-5}\right) \\[2mm] e_j^i = \delta_{ij}\left(1 - \dfrac{1}{c^2}w\right) + \dfrac{1}{2c^2}v_A^i v_A^j + O\left(c^{-4}\right) \end{cases} \tag{8-2-10}$$

是方程 (8-2-8) 的后牛顿近似解，其中 v_A^i 是坐标原点的三维速度

$$\begin{cases} v_A^i \equiv \dfrac{\mathrm{d}x_A^i}{\mathrm{d}t} \\[2mm] v_A^2 \equiv \delta_{ij}v_A^i v_A^j \end{cases} \tag{8-2-11}$$

由此看出，如果 $g_{\mu\nu}(x_0^\kappa) = \eta_{\mu\nu}$，那么公式 (8-2-10) 退化为洛伦兹变换；如果原点的运动速度 $v_A^i = 0$ 为零，则有

$$
\begin{cases}
e_0^0 = \dfrac{1}{\sqrt{-g_{00}(x_A^\kappa)}} \\[3mm]
e_0^i = 0 \\[2mm]
e_i^0 = g_{0i}(x_A^\kappa) \\[2mm]
e_i^j = \delta_{ij}\left(1 - \dfrac{w}{c^2}\right) + O\left(c^{-4}\right)
\end{cases}
\tag{8-2-12}
$$

因此，根据公式 (8-2-6) 第二方程，公式 (8-2-5) 可以进一步表示为

$$
x^\mu = x_A^\mu(t') + e_j^\mu x'^j - \frac{1}{2}\Gamma_{\lambda\gamma}^\mu(x_A^\kappa)e_j^\lambda e_k^\gamma x'^j x'^k + \cdots
\tag{8-2-13}
$$

或者

$$
\begin{cases}
t = \displaystyle\int e_0^0 \mathrm{d}t' + \frac{1}{c}e_j^0 x'^j - \frac{1}{2c}\Gamma_{\lambda\gamma}^0(x_A^\kappa)e_k^\lambda e_j^\gamma x'^j x'^k + \cdots \\[3mm]
x^i = x_0^i(t') + e_j^i x'^j - \frac{1}{2}\Gamma_{\lambda\gamma}^i(x_A^\kappa)e_k^\lambda e_j^\gamma x'^j x'^k + \cdots
\end{cases}
\tag{8-2-14}
$$

将后牛顿度规表达式 (7-4-2) 和仿射联络公式 (7-4-9) 代入公式 (8-2-10) 给出

$$
\begin{cases}
e_0^0 = \gamma_g \equiv \left[1 - \dfrac{1}{c^2}\left(2\bar{w} + v_A^2\right) + \dfrac{1}{c^4}\left(2\bar{w}^2 + 8\bar{w}^j v_A^j - 2\bar{w}v_A^2\right)\right]^{-\frac{1}{2}} \\[3mm]
\quad = 1 + \dfrac{1}{c^2}\left(\bar{w} + \dfrac{1}{2}v_A^2\right) + \dfrac{1}{c^4}\left(\dfrac{1}{2}\bar{w}^2 + \dfrac{5}{2}\bar{w}v_A^2 + \dfrac{3}{8}v_A^4 - 4\bar{w}^j v_A^j\right) + O\left(c^{-6}\right) \\[3mm]
e_0^i = \gamma_g v_A^i/c \\[2mm]
e_j^0 = \gamma_g v_A^j/c + \dfrac{1}{c^3}\left(2\bar{w}v_A^j - 4\bar{w}^j\right) + O\left(c^{-5}\right) \\[3mm]
e_j^i = \delta_{ij}\left(1 - \dfrac{1}{c^2}\bar{w}\right) + \dfrac{1}{2c^2}v_A^i v_A^j + O\left(c^{-4}\right)
\end{cases}
\tag{8-2-15}
$$

以及

$$
\begin{cases}
\Gamma_{\lambda\gamma}^0(x_A^\kappa)e_k^\lambda e_j^\gamma = -\dfrac{1}{c^3}\left[\bar{w}_{,j}v_A^k + \bar{w}_{,k}v_A^j + 2\left(\bar{w}_{,j}^k + \bar{w}_{,k}^j\right)\right] + O\left(c^{-5}\right) \\[3mm]
\Gamma_{\lambda\gamma}^i(x_A^\kappa)e_k^\lambda e_j^\gamma = \dfrac{1}{c^2}\left(\delta_{ik}\bar{w}_{,j} + \delta_{ij}\bar{w}_{,k} - \delta_{jk}\bar{w}_{,i}\right) + O\left(c^{-4}\right)
\end{cases}
\tag{8-2-16}
$$

其中

$$
\begin{cases}
w \equiv w\left(x^{\alpha}\right), \quad w^{i} \equiv w^{i}\left(x^{\alpha}\right) \\
\bar{w} \equiv w\left(x_{A}^{\alpha}\right), \quad \bar{w}^{i} \equiv w^{i}\left(x_{A}^{\alpha}\right) \\
\bar{w}_{,j} \equiv w_{,j}\left(x_{A}^{\alpha}\right), \quad \bar{w}_{,j}^{i} \equiv w_{,j}^{i}\left(x_{A}^{\alpha}\right)
\end{cases}
\tag{8-2-17}
$$

同时也考虑到

$$
a_{A}^{i} = \bar{w}_{,i} c^{-2} + O\left(c^{-2}\right)
\tag{8-2-18}
$$

从而由公式 (8-2-14) 给出局域惯性坐标与全局准惯性坐标的后牛顿变换关系为

$$
\begin{cases}
t = \int \gamma_{g} \mathrm{d}t' + \left[\dfrac{\gamma_{g}}{c^{2}} v_{A}^{j} + \dfrac{1}{c^{4}}\left(2\bar{w} v_{A}^{j} - 4\bar{w}^{j}\right)\right] x'^{j} \\
\qquad + \dfrac{1}{c^{4}}\left(\bar{w}_{,j} v_{A}^{k} + 2\bar{w}_{,j}^{k}\right) x'^{j} x'^{k} + O\left(c^{-6}\right) \\
x^{i} = x_{A}^{i}\left(t'\right) + \left[\delta_{ij}\left(1 - \dfrac{1}{c^{2}}\bar{w}\right) + \dfrac{1}{2c^{2}} v_{A}^{i} v_{A}^{j}\right] x'^{j} \\
\qquad - \dfrac{1}{c^{2}}\left(\delta_{ij}\bar{w}_{,k} - \dfrac{1}{2}\delta_{jk}\bar{w}_{,i}\right) x'^{j} x'^{k} + O\left(c^{-4}\right)
\end{cases}
\tag{8-2-19}
$$

其中

$$
\begin{aligned}
\gamma_{g} &= \left[1 - \dfrac{1}{c^{2}}\left(2\bar{w} + v_{A}^{2}\right) + \dfrac{1}{c^{4}}\left(2\bar{w}^{2} + 8\bar{w}^{j} v_{A}^{j} - 2\bar{w} v_{A}^{2}\right)\right]^{-\frac{1}{2}} \\
&= 1 + \dfrac{1}{c^{2}}\left(\bar{w} + \dfrac{1}{2} v_{A}^{2}\right) + \dfrac{1}{c^{4}}\left(\dfrac{1}{2}\bar{w}^{2} + \dfrac{5}{2}\bar{w} v_{A}^{2} + \dfrac{3}{8} v_{A}^{4} - 4\bar{w}^{j} v_{A}^{j}\right) + O\left(c^{-6}\right)
\end{aligned}
\tag{8-2-20}
$$

8.3　局域惯性系的时空度规与测地线方程

8.3.1　局域惯性系的时空度规

局域惯性系的时空度规系数可以表示为

$$
g'_{\mu\nu} \equiv \dfrac{\vec{\partial}}{\partial x'^{\mu}} \cdot \dfrac{\vec{\partial}}{\partial x'^{\nu}} = g_{\alpha\beta} J_{\mu}^{\alpha} J_{\nu}^{\beta}
\tag{8-3-1}
$$

其中

$$
J_{\mu}^{\alpha} \equiv \dfrac{\partial x^{\alpha}}{\partial x'^{\mu}} = e_{\mu}^{\alpha} - \dfrac{1}{2}\dfrac{\partial}{\partial x'^{\mu}}\left[\Gamma_{\lambda\gamma}^{\alpha}\left(x_{A}^{\kappa}\right) e_{j}^{\lambda} e_{k}^{\gamma} x'^{j} x'^{k} + \cdots\right]
\tag{8-3-2}
$$

根据坐标变换关系 (8-2-19)，给出

$$
\left\{
\begin{aligned}
J_0^0 &= \gamma_g + \left[\frac{\gamma_g}{c^2} a_A^j + \frac{1}{c^4} \left(2\bar{w} a_A^j + 4 a_A^k v_A^k v_A^j - 4 \bar{w}_{,k}^j v_A^k \right) \right] x'^j \\
&\quad + \frac{1}{c^4} \left[\left(\bar{w}_{,jl} v_A^k + 2 \bar{w}_{,jl}^k \right) v_A^l + a_A^j a_A^k \right] x'^j x'^k + O\left(c^{-6} \right) \\
J_0^i &= \gamma_g v_A^i / c - \frac{1}{c^3} \left[\delta_{ij} a_A^k v_A^k - \frac{1}{2} \left(a_A^i v_A^j + a_A^j v_A^i \right) \right] x'^j \\
&\quad - \frac{1}{c^3} \left(\delta_{ij} \bar{w}_{,kl} - \frac{1}{2} \delta_{jk} \bar{w}_{,il} \right) v_A^l x'^j x'^k + O\left(c^{-5} \right) \\
J_i^0 &= \gamma_g v_A^i / c + \frac{1}{c^3} \left(2\bar{w} v_A^i - 4\bar{w}^i \right) \\
&\quad + \frac{1}{c^3} \left(a_A^i v_A^j + a_A^j v_A^i + 2 \bar{w}_{,j}^i + 2 \bar{w}_{,i}^j \right) x'^j + O\left(c^{-5} \right) \\
J_j^i &= \delta_{ij} \left(1 - \frac{1}{c^2} \bar{w} \right) + \frac{1}{2c^2} v_A^i v_A^j \\
&\quad - \frac{1}{c^2} \left(\delta_{ij} a_A^k + \delta_{ik} a_A^j - \delta_{jk} a_A^i \right) x'^k + O\left(c^{-4} \right)
\end{aligned}
\right.
\tag{8-3-3}
$$

因此，局域惯性系的时空度规系数满足下列表达式：

$$
\left\{
\begin{aligned}
g_{00}' &= -1 + \frac{2}{c^2} \left(w - \bar{w} - a_A^j x'^j \right) - \frac{2}{c^4} \left(w - \bar{w} - a_A^j x'^j \right)^2 \\
&\quad - \frac{8}{c^4} \left(w^j - \bar{w}^j \right) v_A^j + \frac{4}{c^4} \left(w - \bar{w} \right) v_A^2 \\
&\quad - \frac{1}{c^4} \left(9 a_A^k v_A^k v_A^j - a_A^j v_A^2 - 8 \bar{w}_{,k}^j v_A^k \right) x'^j \\
&\quad - \frac{1}{c^4} \left(4 \bar{w}_{,jl} v_A^k v_A^l + 4 \bar{w}_{,jl}^k v_A^l - \delta_{jk} \bar{w}_{,il} v_A^i v_A^l + a_A^j a_A^k \right) x'^j x'^k + O\left(c^{-6} \right) \\
g_{0i}'(x'^\alpha) &= -\frac{4}{c^3} \left(w^i - \bar{w}^i \right) + \frac{4}{c^3} \left(w - \bar{w} \right) v_A^i \\
&\quad - \frac{1}{2c^3} \left(5 a_A^i v_A^j + 7 a_A^j v_A^i + 4 \bar{w}_{,j}^i + 4 \bar{w}_{,i}^j \right) x'^j \\
&\quad - \frac{1}{2c^3} \left(2 \delta_{ij} \bar{w}_{,kl} - \delta_{jk} \bar{w}_{,il} \right) v_A^l x'^j x'^k + O\left(c^{-5} \right) \\
g_{ij}'(x'^\alpha) &= \delta_{ij} \left[1 + \frac{2}{c^2} \left(w - \bar{w} - a_A^m x'^m \right) \right] + O\left(c^{-4} \right)
\end{aligned}
\right.
$$

$$
\tag{8-3-4}
$$

如果进一步定义

$$
\left\{
\begin{aligned}
W \equiv\ & w - \bar{w} - a_A^j x'^j - \frac{4}{c^2}\left(w^j - \bar{w}^j\right)v_A^j + \frac{2}{c^2}\left(w - \bar{w}\right)v_A^2 \\
& - \frac{1}{2c^2}\left(9a_A^k v_A^k v_A^j - a_A^j v_A^2 - 8\bar{w}_{,k}^j v_A^k\right)x'^j \\
& - \frac{1}{2c^2}\left(4\bar{w}_{,jl}v_A^k v_A^l + 4\bar{w}_{,jl}^k v_A^l - \delta_{jk}\bar{w}_{,il}v_A^i v_A^l + a_A^j a_A^k\right)x'^j x'^k \\
W^i \equiv\ & w^i - \bar{w}^i - \left(w - \bar{w}\right)v_A^i + \frac{1}{8}\left(5a_A^i v_A^j + 7a_A^j v_A^i + 4\bar{w}_{,j}^i + 4\bar{w}_{,i}^j\right)x'^j \\
& + \frac{1}{8}\left(2\delta_{ij}\bar{w}_{,kl} - \delta_{jk}\bar{w}_{,il}\right)v_A^l x'^j x'^k
\end{aligned}
\right.
\tag{8-3-5}
$$

则局域惯性系的时空度规可以表示为如下的简单形式:

$$
\left\{
\begin{aligned}
g_{00}'(x'^\alpha) &= -\left(1 - \frac{2W}{c^2} + \frac{2W^2}{c^4}\right) + O\left(c^{-6}\right) \\
g_{0i}'(x'^\alpha) &= -\frac{4W^i}{c^2} + O\left(c^{-5}\right) \\
g_{ij}'(x'^\alpha) &= \delta_{ij}\left(1 + \frac{2W}{c^2}\right) + O\left(c^{-4}\right)
\end{aligned}
\right.
\tag{8-3-6}
$$

但是,需要特别注意的是,局域惯性系的适用范围是非常有限的,当 $x'^\alpha > c$ 时,无论坐标变换还是度规变换,其后牛顿展开式都是不收敛的。

8.3.2　仿射联络与三维测地线方程

根据后牛顿仿射联络表达式 (7-4-9) 可知,局域惯性系的仿射联络系数为

$$
\left\{
\begin{aligned}
\Gamma_{00}'^i &= -\frac{W_{,i}}{c^2} + \frac{4}{c^4}\left(WW_{,i} - cW_{,0}^i\right) \\
\Gamma_{00}'^0 &= -\frac{W_{,0}}{c^2} \\
\Gamma_{0j}'^i &= \frac{1}{c^3}\left(\delta_{ij}cW_{,0} + 2W_{,i}^j - 2W_{,j}^i\right) \\
\Gamma_{0i}'^0 &= -\frac{W_{,i}}{c^2} \\
\Gamma_{jk}'^i &= \frac{1}{c^2}\left(\delta_{ij}W_{,k} + \delta_{ik}W_{,j} - \delta_{jk}W_{,i}\right) \\
\Gamma_{jk}'^0 &= 0
\end{aligned}
\right.
\tag{8-3-7}
$$

而根据三维测地线方程 (4-6-11),局域惯性系中的三维测地线方程可以表达为

$$
\frac{\mathrm{d}^2 x'^i}{\mathrm{d}t'^2} = W_{,i} - \frac{1}{c^2}\left(4W - v^2\right)W_{,i} - \frac{1}{c^2}\left(3W_{,0}c + 4W_{,j}v^j\right)v^i
$$

$$+ \frac{4}{c^2} \left[cW_{,0}^i + \left(W_{,j}^i - W_{,i}^j \right) v^j \right] \qquad (8\text{-}3\text{-}8)$$

公式 (8-3-8) 表明，除了坐标原点之外，其他位置的物质相对于局域惯性系的坐标加速度不等于零，这通常被称为引潮力。由公式 (8-3-5) 可知，引潮力的大小与点位的局域惯性坐标成正比。

8.4 DSX 星心局域惯性系

8.4.1 N 体系统时空参考系

由多个天体构成的孤立系统称为 N 体系统。在通常情况下，描述系统内的物质运动需要构建 $N+1$ 个坐标系。1 个是原点位于系统质心的全局坐标系 $\{x^\alpha\}$，另外 N 个是原点位于天体质心的局域坐标系 $\{X_A^\alpha\}$。前者主要用以描述天体相对于 N 体系统质心的运动 (天体平移运动)，后者主要用以描述天体局域及其邻近空间物质的相对运动 (包括转动) 或其他局域物理学问题。

毫无疑问，全局坐标系应该是一个以系统质心为坐标原点的准惯性坐标系，满足共性各向同性条件和渐近平直条件。但对于如何构建天体的质心局域坐标系，迄今并没有完全一致的认识。尽管局域惯性系有较好的力学特性，但它并不是欧几里得–牛顿空间的笛卡儿坐标。从大尺度空间看，它是在原点局域具有正交特性的曲线坐标。另外，由于天体之间的耦合和潮汐作用，有形天体的质心并不严格沿测地线运动，所以局域惯性系的概念不能直接用来建立 N 体系统的星心坐标系。

天体的空间运动，包括平移运动 (平动) 和空间转动，是由时空引力场决定的。对于由多个天体构成的 N 体系统，时空引力场必须顾及系统中每个天体的贡献。根据 DSX 场方程，系统引力位势具有简单的叠加特性，这样我们就可以分别考虑每个天体的位势。显然，天体引力位势仅在天体质心局域坐标系中才有比较明确的测量意义，在其他坐标系中所发挥的作用和物理含义只能通过坐标变换加以解决，因此坐标转换关系是 N 体系统参考系理论的核心问题。

在天体力学和天体测量学中最重要的时空参考系是太阳系质心天球参考系和地心天球参考系。从 20 世纪 60 年代开始，时空参考系一直是相对论天体测量和天体力学的研究热点。对于地心天球参考系的构建方法，可简单概括为三种：地心准费米坐标系、地心谐和坐标系和 DSX 体系。

地心准费米坐标系构建的基本思想 (Synge, 1966; Ashby and Bertotti, 1984, 1986; Fukushima, 1986) 如下：

(1) 坐标时定义为在不考虑地球自身引力场情况下地心观者的原时；

(2) 空间参考架为沿地心世界线运动、满足 Fermi-Walker 移动的共动正交 Fermi 架；

(3) 空间坐标线沿空间测地线方程向外延伸；

(4) 时空度规通过背景场与地球局域场潮汐项的耦合得到。

该构建方法具有比较明晰的几何意义，缺点是没有给出如何获取背景场时空度规的方法。

地心谐和坐标系由以 Brumberg 为首的苏联研究小组创立 (Brumberg，1991)。其构建方法如下：

(1) 全局坐标系和地心局域坐标系均采用谐和坐标条件；

(2) 各个坐标系时空度规中的多极矩在时间为常数时定义；

(3) 局域坐标系与全局坐标系之间的坐标变换假定为包含 6 个待定物理量 (包括标量、矢量和 2 阶张量) 的关系式；

(4) 待定参数通过地心坐标系与全局坐标系的度规匹配确定。

地心谐和坐标系的建立方法是比较成功的，但没有明确说明坐标变换关系的假定理由，匹配技术本身也比较复杂 (须重明和吴雪君，1999)。

DSX 体系是比较成功的 N 体时空参考系理论，其基本思想可概括为如下几个方面 (须重明和吴雪君，1999)：

(1) 通过坐标规范和指数化度规表达使场方程呈线性形式；

(2) 定义天体在局域参考系中的后牛顿多极矩；

(3) 导出天体局域参考系和全局参考系之间的坐标变换关系；

(4) 采用外多极矩表示外场产生的潮汐力，外多极矩通过各天体的本地多极矩表示；

(5) 给出全局参考系的 1PN 度规表达式和 1PN 天体力学方程 (包括天体的平动和转动方程)。

DSX 体系的核心是场方程的线性化和坐标变换关系。场方程的线性化已在 7.4 节中进行了介绍，下面讨论天体质心局域坐标系与全局坐标系之间的变换关系。

8.4.2　DSX 星心局域惯性系

任一天体质心的局域坐标系 $\{X^\alpha\}$ 与 N 体系统质心的全局坐标系 $\{x^\alpha\}$ 之间的关系可以表示成一个泰勒级数形式 (Damour et al.，1991)

$$x^\mu (X^\alpha) = z^\mu (T) + e_i^\mu X^i + \xi^\mu (T, X^i) \tag{8-4-1}$$

其中，$z^\mu(T)$ 是天体的质心坐标；$\xi^\mu(T, X^i)$ 是 X^i 的二次及以上高阶项，e_i^μ 是星心局域参考系坐标原点处空间坐标基底矢量在全局坐标系下的坐标分量

$$e_i^\mu \equiv \frac{\vec{\partial}}{\partial X^i} \cdot \vec{\mathrm{d}} x^\mu \big|_{z^\alpha(T)} = \frac{\partial x^\mu}{\partial X^i} \big|_{z^\alpha(T)} \tag{8-4-2}$$

因此，天体质心局域坐标系与全局坐标系之间的坐标变换关系可以表示为

$$
\begin{cases}
t \equiv t_A(T) + e_j^0 X^j/c + \xi^0/c \\
x^i \equiv x_A^i(T) + e_j^i X^j + \xi^j
\end{cases}
\tag{8-4-3}
$$

其中，ξ^α 是 X^j 的高阶项，表现为 c^{-2} 的后牛顿项，T 是天体质心观者的原时，满足

$$
\mathrm{d}T \equiv \left[-g_{\mu\nu} \frac{\mathrm{d}x_A^\mu}{c\mathrm{d}t} \frac{\mathrm{d}x_A^\nu}{c\mathrm{d}t} \right]^{\frac{1}{2}} \mathrm{d}t_A
\tag{8-4-4}
$$

或者

$$
\begin{cases}
t_A(T) = \displaystyle\int \left[-g_{\mu\nu}(x_A^\alpha) \frac{\mathrm{d}x_A^\mu}{c\mathrm{d}t} \frac{\mathrm{d}x_A^\nu}{c\mathrm{d}t} \right]^{-\frac{1}{2}} \mathrm{d}T \equiv \int \gamma_g \mathrm{d}T \\
\gamma_g \equiv \left[-g_{00}(x_A^\alpha) - 2g_{0i}(x_A^\alpha) v_A^i/c - g_{ij}(x_A^\alpha) v_A^2/c^2 \right]^{-\frac{1}{2}} \\
\quad = 1 + \left(w + \dfrac{1}{2} v_A^2 \right) \Big/ c^2 + O\left(c^{-4}\right)
\end{cases}
\tag{8-4-5}
$$

从而，局域参考系的坐标基底矢量可以表示为

$$
\begin{cases}
\dfrac{\vec{\partial}}{c\partial T} = J_0^0 \dfrac{\vec{\partial}}{c\partial t} + J_0^i \dfrac{\vec{\partial}}{\partial x^i} \\
\dfrac{\vec{\partial}}{\partial X^i} = J_i^0 \dfrac{\vec{\partial}}{c\partial t} + J_i^j \dfrac{\vec{\partial}}{\partial x^j}
\end{cases}
\tag{8-4-6}
$$

其中，雅可比矩阵

$$
\begin{cases}
J_0^0 \equiv \dfrac{\partial x^0}{\partial X^0} = e_0^0 + \dfrac{\mathrm{d}e_i^0}{c\mathrm{d}T} X^i + \dfrac{\partial \xi^0}{c\partial T} \\
J_0^i \equiv \dfrac{\partial x^i}{\partial X^0} = e_0^i + \dfrac{\mathrm{d}e_j^i}{c\mathrm{d}T} X^j + \dfrac{\partial \xi^i}{c\partial T} \\
J_i^0 \equiv \dfrac{\partial x^0}{\partial X^i} = e_i^0 + \dfrac{\partial \xi^0}{\partial X^i} \\
J_j^i \equiv \dfrac{\partial x^i}{\partial X^j} = e_j^i + \dfrac{\partial \xi^i}{\partial X^j}
\end{cases}
\tag{8-4-7}
$$

根据度规与基底矢量的关系

$$
G_{\alpha\beta} = \frac{\vec{\partial}}{\partial X^\alpha} \cdot \frac{\vec{\partial}}{\partial X^\beta}
$$

可以给出天体局域坐标下的时空后牛顿度规

$$
\begin{cases}
G_{00}(X^\alpha) = g_{00} J_0^0 J_0^0 + 2g_{0i} J_0^0 J_0^i + g_{ij} J_0^i J_0^j \\
G_{0i}(X^\alpha) = g_{00} J_0^0 J_i^0 + g_{0j} J_0^0 J_i^j + g_{0j} J_0^j J_i^0 + g_{jk} J_0^j J_i^k \\
G_{ij}(X^\alpha) = g_{00} J_i^0 J_j^0 + g_{0k} J_i^0 J_j^k + g_{0k} J_j^0 J_i^k + g_{kl} J_i^k J_j^l
\end{cases}
\tag{8-4-8}
$$

如果要求天体质心局域参考系满足如下的局域准惯性系条件：

$$\begin{cases} G_{0i}(X^k)=0 + O(c^{-3}) \\ G_{ij}(X^k)=0 = \delta_{ij} \\ G_{ij,k}(X^k = 0) = 0 \end{cases} \qquad (8\text{-}4\text{-}9)$$

则由方程 (8-4-8) 第一方程

$$\begin{aligned} G_{0i}(X^\alpha) &= g_{00}\left(\gamma_g + \frac{\partial \xi^0}{c\partial T}\right)\left(e_i^0 + \frac{\partial \xi^0}{\partial X^i}\right) \\ &\quad + g_{0j}e_i^j + g_{jk}\left[e_i^k \gamma_g v_A^j/c + e_i^k \frac{\partial \xi^j}{c\partial T} + \gamma_g v_A^j \frac{\partial \xi^k}{\partial X^i}\Big/ c\right] \\ &= 0 + O\left(c^{-3}\right) \end{aligned} \qquad (8\text{-}4\text{-}10)$$

可以给出

$$\begin{cases} e_i^0 = e_j^i e_0^j = e_j^i v_A^j/c \\ \xi^0 = O\left(c^{-3}\right) \end{cases} \qquad (8\text{-}4\text{-}11)$$

由方程 (8-4-9) 第二方程

$$G_{ij} = g_{00}e_i^0 e_j^0 + g_{kl}e_i^k e_j^l = \delta_{ij} \qquad (8\text{-}4\text{-}12)$$

考虑到

$$g_{00}g_{ij} = -\delta_{ij} + O\left(c^{-4}\right) \qquad (8\text{-}4\text{-}13)$$

可以给出

$$\delta_{kl}e_i^k e_j^l = \delta_{ij} - (1 + g_{00})\,\delta_{ij} - v_A^i v_A^j/c^2 + O\left(c^{-4}\right) \qquad (8\text{-}4\text{-}14)$$

从而

$$e_i^j = \left[1 - \frac{1}{2}\left(1 + g_{00}\right)\right]\left[\delta_{ij} + (\gamma - 1)\,\frac{v_A^i v_A^j}{v_A^2}\right] + O\left(c^{-4}\right) \qquad (8\text{-}4\text{-}15)$$

是该方程的一个解。

由方程 (8-4-9) 第 3 式

$$G_{ij,k} = \frac{\partial}{\partial X^k}\left[g_{00}\left(x^\alpha\right)e_i^0 e_j^0 + g_{lm}\left(x^\alpha\right)e_i^l e_j^m + e_j^l \frac{\partial \xi^l}{\partial X^i} + e_i^l \frac{\partial \xi^l}{\partial X^j}\right] = 0 + O\left(c^{-4}\right) \qquad (8\text{-}4\text{-}16)$$

给出

$$e_j^l \frac{\partial^2 \xi^l}{\partial X^i \partial X^k} + e_i^l \frac{\partial^2 \xi^l}{\partial X^j \partial X^k} = -2\delta_{ij}a_A^k + O\left(c^{-4}\right) \qquad (8\text{-}4\text{-}17)$$

从而

$$\xi^i = e_j^i \left[\frac{1}{2}a_A^j X^k X^k - a_A^k X^j X^k\right]\Big/ c^2 + O\left(c^{-4}\right) \qquad (8\text{-}4\text{-}18)$$

公式 (8-4-18) 也可以由 DSX 理论所要求的各向同性条件 (须重明和吴雪君,1999) 给出,即

$$-G_{00}\left(X^{\alpha}\right) G_{ij}\left(X^{\alpha}\right) = \delta_{ij} + O\left(c^{-4}\right) \tag{8-4-19}$$

或者 (迈克尔·索菲和韩文标,2015)

$$\begin{cases} \sqrt{g}g^{ij} = \delta_{ij} + O\left(c^{-4}\right) \\ \sqrt{G}G^{ij} = \delta_{ij} + O\left(c^{-4}\right) \\ g \equiv -\det\left(g_{\alpha\beta}\right) \\ G \equiv -\det\left(G_{\alpha\beta}\right) \end{cases} \tag{8-4-20}$$

这表明 DSX 天体质心局域坐标系是一个局域各向同性坐标系。因此,DSX 天体质心局域坐标系与全局坐标系之间的后牛顿变换关系可以表示为

$$\begin{cases} t \equiv T + \int \left(\gamma_g - 1\right) \mathrm{d}T + e_j^0 X^j/c + O\left(c^{-3}\right) \\ x^i \equiv x_A^i\left(T\right) + e_j^i X^j + \left[\frac{1}{2}a_A^i X^k X^k - a_A^k X^i X^k\right]/c^2 + O\left(c^{-4}\right) \end{cases} \tag{8-4-21}$$

其中

$$\begin{cases} \gamma_g \equiv e_0^0 = 1 + \frac{1}{c^2}\left[w\left(x_A^{\alpha}\right) + \frac{1}{2}v_A^2\right] + O\left(c^{-4}\right) \\ e_0^i = \gamma_g v_A^i/c \\ e_i^0 = \gamma_g v_A^i/c - \frac{4w^i\left(x_A^{\alpha}\right)}{c^3} + O\left(c^{-3}\right) \\ e_j^i = \delta_{ij}\left[1 - \frac{1}{c^2}w\left(x_A^{\alpha}\right)\right] + \frac{1}{2c^2}v_A^i v_A^j + O\left(c^{-4}\right) \end{cases} \tag{8-4-22}$$

将坐标变换关系 (8-4-21) 与公式 (8-2-19) 进行比较可以看出,两者是完全相同的。这说明 DSX 天体质心局域坐标系是天体质心处的局域准惯性系。

星心局域准惯性系的优点在于,在不考虑天体自身引力场的情况下,坐标具有局域正交性,并且满足局域惯性条件。缺点是空间适用范围非常有限。从空间坐标变换关系看出,只有在 $X^i \ll c$ 时,ξ^i 的展开式才是收敛的。这意味着地心准惯性坐标系的适用范围远不到月球。

8.5 N 体系统时空度规

8.5.1 系统质心准惯性系时空度规

对于孤立的 N 体系统,可以以系统的质心为原点建立相对于遥远天体 (如河

外射电源) 没有旋转的系统质心准惯性系。该参考系不但具有几何学非旋转性，也具有动力学非旋转性和渐近平直性。根据 DSX 场方程 (7-4-8)，N 体系统质心准惯性系的时空度规位势满足

$$\nabla^2 w^\mu = -4\pi G \sum_{A=1}^{N} \sigma_A^\mu \qquad (8\text{-}5\text{-}1)$$

其中，σ_A^μ 表示天体 A 产生的质量能量密度。因此根据公式 (7-5-2)，引力位势的推迟解可以表示为

$$w^\mu (x^\alpha) = \sum_{A=1}^{N} w_A^\mu (x^\alpha) \qquad (8\text{-}5\text{-}2)$$

其中

$$w_A^\mu (x^\mu) = G \int \frac{\sigma_A^\mu \left(t_{\text{ret}}, x'^i \right)}{\left| \vec{x'} - \vec{x} \right|} \mathrm{d}^3 x' \qquad (8\text{-}5\text{-}3)$$

由此可见，N 体系统质心准惯性系时空度规的位势等于系统内所有天体位势之和。

8.5.2　星心局域惯性系时空度规

观者局域惯性系对于描述观者局域的物质运动是非常优越的坐标系。该坐标系在观者局域范围内满足坐标轴相互正交和牛顿惯性条件，是一个动力学非旋转坐标系。然而，观者局域惯性系并不能直接用于天体质心 (星心) 局域坐标系的建立。天体外部引力位在天体质心处会出现分母为零的奇异现象，因此不能直接用于坐标变换公式中。为此，根据 DSX 场方程线性叠加特性，把天体附近空间的引力位势分为自势 (w_A^μ, W_A^μ) 和外势 (w_E^μ, W_E^μ) 两部分，即

$$\begin{cases} w^\mu \equiv w_E^\mu + w_A^\mu \\ W^\mu \equiv W_E^\mu + W_A^\mu \end{cases} \qquad (8\text{-}5\text{-}4)$$

如果将星心局域惯性系与全局坐标系之间的坐标变换关系仍然定义为公式 (8-4-21)，有

$$\begin{cases} t \equiv T + \int (\gamma_E - 1)\, \mathrm{d}T + e_j^0 X^j / c \\ x^i \equiv x_A^i (T) + e_j^i X^j + \left[\dfrac{1}{2} a_A^i X^k X^k - a_A^k X^i X^k \right] \Big/ c^2 \end{cases} \qquad (8\text{-}5\text{-}5)$$

并要求

$$
\left\{
\begin{aligned}
\gamma_E &\equiv e_0^0 = \left[1 - \frac{1}{c^2}\left(2\bar{w}_E + v_A^2\right) + \frac{1}{c^4}\left(2\bar{w}_E^2 + 8\bar{w}_E^j v_A^j - 2\bar{w}_E v_A^2\right)\right]^{-\frac{1}{2}} \\
&= 1 + \frac{1}{c^2}\left(\bar{w}_E + \frac{1}{2}v_A^2\right) + \frac{1}{c^4}\left(\frac{1}{2}\bar{w}_E^2 + \frac{5}{2}\bar{w}_E v_A^2 + \frac{3}{8}v_A^4 - 4\bar{w}_E^j v_A^j\right) + O\left(c^{-6}\right) \\
e_0^i &= \gamma_E v_A^i / c \\
e_j^0 &= \gamma_E v_A^j / c + \frac{1}{c^3}\left(2\bar{w}_E v_A^j - 4\bar{w}_E^j\right) + O\left(c^{-5}\right) \\
e_j^i &= \delta_{ij}\left(1 - \frac{1}{c^2}\bar{w}_E\right) + \frac{1}{2c^2}v_A^i v_A^j + O\left(c^{-4}\right)
\end{aligned}
\right.
\tag{8-5-6}
$$

那么，根据引力位势关系 (8-3-5)，有

$$
\left\{
\begin{aligned}
W_A + W_E &= w_A + w_E - \bar{w}_E - a_A^j x'^j - \frac{4}{c^2}\left(w_A^j + w_E^j - \bar{w}_E^j\right)v_A^j \\
&\quad + \frac{2}{c^2}(w_A + w_E - \bar{w}_E)v_A^2 - \frac{1}{2c^2}\left(9a_A^k v_A^k v_A^j - a_A^j v_A^2 - 8\bar{w}_{E,k}^j v_A^k\right)x'^j \\
&\quad - \frac{1}{2c^2}\left(4\bar{w}_{E,jl}v_A^k v_A^l + 4\bar{w}_{E,jl}^k v_A^l - \delta_{jk}\bar{w}_{E,il}v_A^i v_A^l + a_A^j a_A^k\right)x'^j x'^k \\
W_A^i + W_E^i &\equiv w_A^i + w_E^i - \bar{w}_E^i - (w_A + w_E - \bar{w}_E)v_A^i \\
&\quad + \frac{1}{8}\left(5a_A^i v_A^j + 7a_A^j v_A^i + 4\bar{w}_{E,j}^i + 4\bar{w}_{E,i}^j\right)x'^j \\
&\quad + \frac{1}{8}\left(2\delta_{ij}\bar{w}_{E,kl} - \delta_{jk}\bar{w}_{E,il}\right)v_A^l x'^j x'^k
\end{aligned}
\right.
\tag{8-5-7}
$$

将方程两边进行比较，可以给出星心坐标系中的自势和外势

$$
\left\{
\begin{aligned}
W_A &= w_A - \frac{1}{c^2}\left(4w_A^j v_A^j - 2w_A v_A^2\right) + O\left(c^{-4}\right) \\
W_A^i &= w_A^i - w_A v_A^i + O\left(c^{-2}\right)
\end{aligned}
\right.
\tag{8-5-8}
$$

$$
\left\{
\begin{aligned}
W_E &= w_E - \bar{w}_E - a_A^j x'^j - \frac{4}{c^2}\left(w_E^j - \bar{w}_E^j\right)v_A^j \\
&\quad + \frac{2}{c^2}(w_E - \bar{w}_E)v_A^2 - \frac{1}{2c^2}\left(9a_A^k v_A^k v_A^j - a_A^j v_A^2 - 8\bar{w}_{E,k}^j v_A^k\right)]x'^j \\
&\quad - \frac{1}{2c^2}\left(4\bar{w}_{E,jl}v_A^k v_A^l + 4\bar{w}_{E,jl}^k v_A^l - \delta_{jk}\bar{w}_{E,il}v_A^i v_A^l + a_A^j a_A^k\right)x'^j x'^k \\
W_E^i &\equiv w_E^i - \bar{w}_E^i - (w_E - \bar{w}_E)v_A^i + \frac{1}{8}\left(5a_A^i v_A^j + 7a_A^j v_A^i + 4\bar{w}_{E,j}^i + 4\bar{w}_{E,i}^j\right)x'^j \\
&\quad + \frac{1}{8}\left(2\delta_{ij}\bar{w}_{E,kl} - \delta_{jk}\bar{w}_{E,il}\right)v_A^l x'^j x'^k
\end{aligned}
\right.
\tag{8-5-9}
$$

因此

$$\begin{cases} w_A = W_A + \dfrac{1}{c^2}\left(4W_A^j v_A^j + 2W_A v_A^2\right) + O\left(c^{-4}\right) \\ w_A^i = W_A^i + W_A v_A^i + O\left(c^{-2}\right) \end{cases} \tag{8-5-10}$$

由此可见，只要给出每个天体在局域准惯性系中的自势就可以给出系统质心准惯性系中的位势

$$\begin{cases} w = \displaystyle\sum_{A=1}^{N} w_A = \sum_{A=1}^{N}\left\{ W_A + \dfrac{1}{c^2}\left(4W_A^j v_A^j + 2W_A v_A^2\right)\right\} + O\left(c^{-4}\right) \\ w^i = \displaystyle\sum_{A=1}^{N} w_A^i = \sum_{A=1}^{N}\left\{ W_A^i + W_A v_A^i \right\} + O\left(c^{-2}\right) \end{cases} \tag{8-5-11}$$

8.6   星心星固坐标系及其度规

8.6.1   星心星固坐标系

宇宙中的天体一般都具有旋转特性，因此在研究天体内部相对运动的很多情况下，使用一个与天体相固连的旋转坐标系是非常方便的。例如，我们描述地面上的位置和运动一般使用地固 (earth-fixed) 坐标系。星心星固坐标系可以由星心局域惯性系通过下列坐标变换进行定义：

$$\begin{cases} \tilde{T} \equiv T \\ \tilde{X}^i = R_j^i X^j \end{cases} \tag{8-6-1}$$

其中，R_j^i 是伽利略旋转矩阵，满足

$$\frac{\mathrm{d}R_j^i}{\mathrm{d}T} = \varepsilon_{jkl}\Omega^k R_l^i \tag{8-6-2}$$

如果取角速度矢量 $\Omega^i = (0,0,\Omega)$（简单而不失一般性），那么坐标变换雅可比矩阵可以表示为

$$\begin{cases} J_0^0 \equiv \dfrac{\partial X^0}{\partial \tilde{X}^0} = 0 \\ J_i^0 \equiv \dfrac{\partial X^0}{\partial \tilde{X}^i} = 0 \\ J_0^i \equiv \dfrac{\partial X^i}{\partial \tilde{X}^0} = \dfrac{1}{c}\varepsilon_{ijk}\Omega^j X^k \equiv \dfrac{V^i}{c} \\ J_j^i \equiv \dfrac{\partial X^i}{\partial \tilde{X}^j} = R_j^i \end{cases} \tag{8-6-3}$$

8.6.2 星心星固坐标系时空度规

根据时空度规的变换关系

$$\tilde{g}_{\mu\nu} = g_{\alpha\beta} J_\mu^\alpha J_\nu^\alpha$$

可以给出星心星固坐标系的时空度规分量

$$\begin{cases} \tilde{g}_{00} = -1 + \dfrac{2}{c^2}\left(\tilde{W} + \dfrac{1}{2}V^2\right) - \dfrac{2}{c^4}\left(\tilde{W} + \dfrac{1}{2}V^2\right)^2 + O\left(c^{-6}\right) \\[2mm] \tilde{g}_{0i} = R_j^i\left[\dfrac{1}{c}V^j - \dfrac{4}{c^3}\left(W^j - \dfrac{1}{2}WV^j\right)\right] + O\left(c^{-5}\right) \\[2mm] \tilde{g}_{ij} = \delta_{ij}\left[1 + \dfrac{2}{c^2}\left(\tilde{W} + \dfrac{1}{2}V^2\right)\right] + O\left(c^{-4}\right) \end{cases} \tag{8-6-4}$$

其中

$$\tilde{W} \equiv W + \frac{1}{c^2}\left(2WV^2 - 4W^jV^j + \frac{1}{4}V^4\right) \tag{8-6-5}$$

在大地测量学中由 $\tilde{W} + \dfrac{1}{2}V^2 = \text{const.}$ 所确定的等位面称为**重力等位面**。在通常情况下，重力等位面仅考虑天体自身引力位和旋转离心力位，而忽略其他天体引潮力位的影响。

8.7 EIH 平移运动方程

8.7.1 质点体系的时空度规

由 N 个自由质点构成的孤立系统称为**质点体系**。在宇宙大尺度空间中，每一个天体都可近似为一个质点。根据公式 (8-5-11)，系统质心准惯性系的度规位势可以表示为各个质点的位势之和

$$\begin{cases} w\left(t, x^k\right) = \displaystyle\sum_{A=1}^N \frac{GM_A}{R_A}\left(1 + \frac{2}{c^2}v_A^2\right) \\[4mm] w^i\left(t, x^k\right) = \displaystyle\sum_{A=1}^N \frac{GM_A}{R_A}v_A^i \end{cases} \tag{8-7-1}$$

其中，M_A 表示星心局域惯性系中的 BD 质量；R_A 是星心局域惯性系中的欧氏距离。根据坐标转换关系 (8-4-21)，有

$$\begin{cases} x_A^i(t) = x_A^i(T) + \dfrac{1}{c^2}v_A^i v_A^j X^j \\[3mm] x^i - x_A^i(t) = X^j - \dfrac{1}{c^2}\left(\bar{w}_E + \dfrac{1}{2}v_A^i v_A^j\right)X^j + \dfrac{1}{c^2}\left(\dfrac{1}{2}a_A^i X^k X^k - a_A^k X^i X^k\right) \end{cases} \tag{8-7-2}$$

因此

$$R_A^{-1} = r_A^{-1}\left[1 - \frac{1}{c^2}\left[w_E\left(x_A^\alpha\right) - \frac{1}{2}\left(v_A^j n_A^j\right)^2 - \frac{1}{2}a_A^j\left(x^j - x_A^j\right)\right]\right] \qquad (8\text{-}7\text{-}3)$$

其中

$$n_A^j \equiv \frac{1}{r_A}\left(x^j - x_A^j\right) \qquad (8\text{-}7\text{-}4)$$

将公式 (8-7-3) 代入公式 (8-7-1)，给出

$$\begin{cases} w\left(t, x^k\right) = \displaystyle\sum_{A=1}^{N} \frac{GM_A}{r_A}\left[1 + \frac{2}{c^2}v_A^2 - \frac{1}{c^2}\sum_{B \neq A}\frac{GM_B}{r_{AB}} - \frac{1}{2c^2}\left(v_A^j n_A^j\right)^2 - \frac{1}{2c^2}a_A^j\left(x^j - x_A^j\right)\right] \\ w^i\left(t, x^k\right) = \displaystyle\sum_{A=1}^{N}\frac{GM_A}{r_A}v_A^i \end{cases}$$

$$(8\text{-}7\text{-}5)$$

8.7.2　EIH 平移运动方程

在采用 DSX 度规的情况下，时空位势函数具有线性叠加特性，任何质点都在外势作用下沿测地线运动。根据 DSX 三维测地线方程 (7-4-10)，质点在外度规作用下的三维运动方程为

$$\begin{aligned} \frac{\mathrm{d}^2 x_A^i}{\mathrm{d}t^2} =& \breve{w}_{,i} - \frac{1}{c^2}\left(4\breve{w} - v_A^2\right)\breve{w}_{,i} - \frac{1}{c^2}\left(3c\breve{w}_{,0} + 4\breve{w}_{,j}v_A^j\right)v_A^i \\ &+ \frac{4}{c^2}\left(c\breve{w}_{,0}^i + \breve{w}_{,i}^j v_A^j - \breve{w}_{,j}^i v_A^j\right) \end{aligned} \qquad (8\text{-}7\text{-}6)$$

其中外势

$$\begin{cases} \breve{w}\left(t, x^k\right) = \displaystyle\sum_{B \neq A} w_B\left(t, x^k\right) \\ \quad = \displaystyle\sum_{B \neq A}\frac{GM_B}{r_B}\left[1 + \frac{2}{c^2}v_B^2 - \frac{1}{c^2}\sum_{C \neq B}\frac{GM_C}{r_{BC}} - \frac{1}{2c^2}\left(v_B^j n_B^j\right)^2 - \frac{1}{2c^2}a_B^j\left(x^j - x_B^j\right)\right] \\ \breve{w}^i\left(t, x^k\right) = \displaystyle\sum_{B \neq A} w_B^i\left(t, x^k\right) = \displaystyle\sum_{B \neq A}\frac{GM_B}{r_B}v_B^i \end{cases}$$

$$(8\text{-}7\text{-}7)$$

将其代入公式 (8-7-6)，给出

$$\frac{\mathrm{d}^2 x_A^i}{\mathrm{d}t^2} = \sum_{B \neq A}\frac{GM_B}{r_{AB}^2}n_{AB}^i\left\{1 + \frac{1}{c^2}\left[v_A^2 + 2v_B^2 - 4v_A^k v_B^k - \frac{3}{2}\left(v_B^k n_{AB}^k\right)^2\right]\right.$$

$$
-4 \sum_{C \neq A} \frac{GM_C}{c^2 r_{AC}} - \sum_{C \neq B} \frac{GM_C}{c^2 r_{BC}} \left[1 - \frac{1}{2} \frac{r_{AB}}{r_{BC}} \left(n^j_{AB} n^j_{BC} \right) \right] \Bigg\}
$$

$$
+ \frac{7}{2} \sum_{B \neq A} \frac{GM_B}{c^2 r_{AB}} \sum_{C \neq B} \frac{GM_C}{r^2_{BC}} n^i_{BC} - \sum_{B \neq A} \frac{GM_B}{c^2 r^2_{AB}} n^k_{AB} \left(4v^k_A - 3v^k_B \right) \left(v^i_A - v^i_B \right)
$$

$$
(8\text{-}7\text{-}8)
$$

其中

$$
\begin{cases}
n^i_{AB} \equiv \dfrac{x^i_B - x^i_A}{r_{AB}} \\[2mm]
r_{AB} \equiv \left[\delta_{ij} \left(x^i_B - x^i_A \right) \left(x^j_B - x^j_A \right) \right]^{\frac{1}{2}}
\end{cases}
\qquad (8\text{-}7\text{-}9)
$$

公式 (8-7-8) 是著名的 EIH 方程 (Einstein，Infeld and Hoffmann，1938)，是现代太阳系行星历表计算的基础。例如，美国喷气推进实验室 (JPL) 的 DE 行星历表系列所采用的力学模型就是 EIH 方程。

第 9 章　天文参考系

9.1　太阳系质心天球参考系

9.1.1　参考系与参考架

时空参考系由表征时空点位坐标的时空参考架和各种与时空度规相关的物理常数和模型构成。在天体测量和天体力学中,时空参考架通常选择以天体质心为原点的非旋转参考架。所谓"非旋转"有两种含义,一种是相对于遥远天体 (如河外射电源) 没有空间旋转,称为**"运动学非旋转"**(kinematically non-rotating),另一种是相对于惯性空间没有旋转,称为**"动力学非旋转"**(dynamically non-rotating)。

对于一个孤立系统,运动学非旋转与动力学非旋转相互等价。但是,对于非孤立系统,由于局域物质对时空的影响,"动力学非旋转"与"运动学非旋转"之间会有微小差异。例如,在地心参考系中,这一差异大约为 $1.92''/cy$(cy 表示世纪或 100 年),被称为"测地岁差"。

在现代天文学中, 最重要的空间参考系有三个: 太阳系质心天球参考系 (BCRS),地心天球参考系 (GCRS) 和地球参考系 (TRS)。太阳系质心天球参考系是一个太阳系质心准惯性系,主要用于描述太阳系天体的轨道运动和处理遥远天体的观测信息;地心天球参考系是一个原点位于地球质心的非旋转参考架,主要用于描述地球自转和人造地球卫星的轨道运动;地球参考系是一个原点位于地球质心、空间坐标轴与地球相固连、具有周日旋转运动的空间参考系,主要用于描述地面台站的坐标及其各种地球物理运动。

毫无疑问,这些参考系的定义和实现都有一定的任意性,如果不进行规范,那么由不同观测团队所给出的观测或研究成果将无法进行比较、交流或者共享。为此,国际天文学联合会 (IAU)、国际大地测量与地球物理联合会 (IUGG) 和国际计量局 (BIPM) 等国际组织长期致力于时空参考系和相关物理常数的定义、实现以及协调推荐工作。目前,国际空间参考架的建立由国际地球自转与参考系服务 (International Earth Rotation and Reference Systems Service, IERS) 负责,时间基准的建立和保持则由国际计量局的时间局负责。

IERS 由 IAU 和 IUGG 于 1987 年共同建立,起初称为国际地球自转服务 (International Earth Rotation Service),2003 年改为现名称。基本任务是为天文、大地测量和地球物理学界提供地球自转、时空参考系及其相关的数据和标准服务。IERS

提供的国际天球参考系 (international celestial reference system, ICRS) 由国际天球参考架 (international celestial reference frame, ICRF) 和相关的标准、常数和模型构成；同样，国际地球参考系 (international terrestrial reference system, ITRS) 包括国际地球参考架 (international terrestral reference frame, ITRF) 和相关的标准、常数和模型。国际地球参考系与国际天球参考系之间坐标转换通过岁差章动序列和地球定向参数 (earth orientation parameters, EOP) 实现。

随着天文观测精度的不断提高，相对论效应的影响越来越难以被忽略。1976 年第 16 届 IAU 大会首次引入了相对论时间尺度，定义了太阳系质心力学时 (TDB) 和地心力学时 (TDT)，并明确 TDB 是太阳系质心历表的时间引数，TDT 是地心视历表的时间引数。1991 年第 21 届 IAU 大会首次引入了相对论时空度规，并定义了两个新的时间尺度：太阳系质心坐标时 (TCB) 和地心坐标时 (TCG)，同时将 TDT 改称为地球时 (TT)。鉴于 IAU1991 决议所推荐的时空度规不够完整，2000 年第 24 届 IAU 大会进一步给出了比较完备的相对论时空度规。

9.1.2 质心天球参考系时空度规

根据 IAU2000 决议 B1.3，太阳系质心天球参考系和地心天球参考系均采用谐和坐标，太阳系质心天球参考系的时空度规为

$$
\begin{cases}
g_{00} = -\left(1 - \frac{2w}{c^2} + \frac{2w^2}{c^4}\right) + O(c^{-6}) \\
g_{0i} = -\frac{4w^i}{c^3} + O(c^{-5}) \\
g_{ij} = \delta_{ij}\left(1 + \frac{2w}{c^2}\right) + O(c^{-4})
\end{cases}
\tag{9-1-1}
$$

其中

$$
\begin{cases}
w(t, x^i) = G\int \frac{\sigma(t, \vec{x}')}{|\vec{x} - \vec{x}'|}\mathrm{d}^3x' + \frac{G}{2c^2}\int \frac{\partial^2}{\partial t^2}\sigma(t, \vec{x}')|\vec{x} - \vec{x}'|\mathrm{d}^3x' \\
w^i(t, x^i) = G\int \frac{\sigma^i(t, \vec{x}')}{|\vec{x} - \vec{x}'|}\mathrm{d}^3x'
\end{cases}
\tag{9-1-2}
$$

其中 $t \equiv$ TCB，σ 和 σ^i 分别表示质量密度和流密度。度规位势函数在无穷远处为零。

9.1.3 国际天球参考架

太阳系质心天球参考系要求空间坐标轴是没有旋转的，因此其指向可以通过遥远天体的位置坐标决定。1998 年之前，经典的天球参考系由一系列基本星表 (FK 系列) 实现。FK 系列星表由基于恒星绝对观测的子午环星表编制而成。所谓绝对

观测是指在进行天体位置观测时不需要事先与已知的天球参考系发生联系。1938年 IAU 推荐的 FK3 星表包含了 1535 颗基本恒星在历元 B1950.0 的赤道坐标和自行。1964 年推荐的 FK4 星表包含了 FK3 基本星以及另外 1987 颗恒星在历元 B1950.0 的赤道坐标和自行。1988 年出版的 FK5 星表是 IAU 推荐的最后一个基本星表，除对 1535 颗基本星的位置和自行进行改进之外，又增加了 3117 颗基本星在历元 J2000 的位置坐标。FK5 星表的误差估计为 30 ~ 100mas(索菲，2015)。

从 1989 年到 1995 年，IERS 每年都对河外射电源的位置坐标进行计算，以保持一个参考方向相对于河外射电源固定的天球参考系。定义源的数量从 1988 年的 23 个逐步增加到 1995 年 212 个。通过逐年处理结果的比较，发现河外射电源天球参考系的相对定向在 1992 年之前大约每年有 0.1mas 量级的漂移，1992 年之后的处理结果收敛至 0.02mas。IERS 建议将 1995 版的河外射电源参考系 (Arias et al.，1995) 定义为国际天球参考系，并于 1997 年由 IAU 所采纳。

IAU1997 决议 B2 决定，从 1998 年 1 月 1 日开始，IAU 天球参考系是国际天球参考系，其基本参考架是国际天球参考架。至此，FK 星表由河外射电源星表所取代。由 IERS 实现的国际天球参考架是通过 VLBI 观测得到的河外致密射电源 (类星体、蝎虎天体、活动星系核等) 的赤道坐标。1998 年发表的 ICRF1 包括 608 个射电源的位置，其中定义源 212 个，候选源 294 个，其他源 102 个。ICRF1 的本底噪声大约为 250μas，比 FK5 大约提高了两个数量级以上，其空间坐标轴的稳定度大约为 20μas。ICRF1 的缺点是定义源分布不均匀，主要集中在北半球。

IAU2009 决议 B3 决定，2010 年 1 月 1 日之后国际天球参考系由 ICRF2 实现。2009 年发表的 ICRF2 具有比较均匀的空间指向分布，包含了 295 个定义源在内的 3414 个射电源的精确坐标 (Fey et al.，2009)。射电源数量是 ICRF1 的 5 倍之多。ICRF2 的本底噪声降低至 40μas，坐标轴的稳定度大约为 10μas。

IAU2006 决议 B2 明确："对于所有的实际应用，除非另有声明，太阳系质心天球参考系的定向由国际天球参考系的坐标轴确定，地心天球参考系的定向由国际天球参考系定向的太阳系质心天球参考系导出。"

9.2 地心天球参考系

9.2.1 地心天球参考系时空度规

IAU2000 决议 B1.3 要求地心天球参考系的空间坐标轴与太阳系质心天球参考系的空间定向保持一致，在运动学上无空间旋转；同时要求地心天球参考系的时空度规在表达形式上与太阳系质心天球参考系一致：

$$\begin{cases} G_{00} = -\left(1 - \dfrac{2W}{c^2} + \dfrac{2W^2}{c^4}\right) + O(c^{-6}) \\[2mm] G_{0i} = -\dfrac{4W^i}{c^3} + O(c^{-5}) \\[2mm] G_{ij} = \delta_{ij}\left(1 + \dfrac{2W}{c^2}\right) + O(c^{-4}) \end{cases} \tag{9-2-1}$$

其中位势函数为

$$W^\mu(T, X^k) = W_E^\mu(T, X^k) + W_{\text{ext}}^\mu(T, X^k) \tag{9-2-2}$$

W_E^μ, W_{ext}^μ 分别表示由地球产生的度规位势和其他外部位势。在地球外部空间，地球度规位势可以表示为

$$\begin{cases} W_E(T, X^k) = \dfrac{GM_E}{R}\left\{1 + \sum\limits_{l=2}^{\infty}\sum\limits_{m=0}^{n}\left(\dfrac{a_E}{R}\right)^l P_{lm}(\cos\theta)[C_{lm}\cos(m\phi) + S_{lm}\sin(m\phi)]\right\} \\[3mm] W_E^i(T, X^k) = \dfrac{G}{2R^3}\varepsilon_{ijk}S_E^j X^k \end{cases} \tag{9-2-3}$$

公式中 M_E 为地球的后牛顿质量；S_E^i 为地球自转角动量；a_E 为地球赤道半长径，(C_{lm}, S_{lm}) 为地球引力位系数。

根据公式 (8-5-10)，在太阳系质心天球参考系中地球位势可表示为

$$\begin{cases} w_E = W_E + \dfrac{1}{c^2}(4W_E^j v_E^j + 2W_E v_E^2) + O(c^{-4}) \\[2mm] w_E^i = W_E^i + W_E v_E^i + O(c^{-2}) \end{cases} \tag{9-2-4}$$

由于地心天球参考系相对于地心局域惯性系有一个缓慢旋转 (测地岁差)，因此在地球的外部位势中会增加一个小的测地岁差项 W_{iner}^μ，即

$$W_{\text{ext}}^\mu = W_{\text{tid}}^\mu + W_{\text{iner}}^\mu \tag{9-2-5}$$

9.2.2 地心天球参考系与太阳系质心天球参考系之间的坐标转换

如果不考虑测地岁差，由公式 (8-5-5) 可以给出太阳系质心天球参考系与地心天球参考系之间的转换为

$$\begin{cases} t \equiv T + \displaystyle\int (\gamma_E - 1)\mathrm{d}T + e_j^0 X^j/c \\[3mm] x^i \equiv x_E^i(T) + e_j^i X^j + \left[\dfrac{1}{2}a_E^i X^k X^k - a_E^k X^i X^k\right]\Big/c^2 \end{cases} \tag{9-2-6}$$

其中

$$
\left\{
\begin{aligned}
\gamma_E \equiv e_0^0 &= \left[1 - \frac{1}{c^2}(2\bar{w}_E + v_E^2) + \frac{1}{c^4}(2\bar{w}_E^2 + 8\bar{w}_E^j v_E^j - 2\bar{w}_E v_E^2)\right]^{-\frac{1}{2}} \\
&= 1 + \frac{1}{c^2}\left(\bar{w}_E + \frac{1}{2}v_E^2\right) + \frac{1}{c^4}\left(\frac{1}{2}\bar{w}_E^2 + \frac{5}{2}\bar{w}_E v_E^2 + \frac{3}{8}v_E^4 - 4\bar{w}_E^j v_E^j\right) + O(c^{-6}) \\
e_0^i &= \gamma_E v_E^i/c \\
e_j^0 &= \gamma_E v_E^j/c + \frac{1}{c^3}(2\bar{w}_E v_E^j - 4\bar{w}_E^j) + O(c^{-5}) \\
e_j^i &= \delta_{ij}\left(1 - \frac{1}{c^2}\bar{w}_E\right) + \frac{1}{2c^2}v_E^i v_E^j + O(c^{-4})
\end{aligned}
\right.
$$

(9-2-7)

而根据 IAU2000 决议 B1.3，地心天球参考系与太阳系质心天球参考系之间的转换关系为

$$
\left\{
\begin{aligned}
T &= t - \frac{1}{c^2}[A(t) + v_E^i r_E^i] + \frac{1}{c^4}[B(t) + B^i(t)r_E^i + B^{ij}(t)r_E^i r_E^j + C(t,x^\alpha)] + O(c^{-5}) \\
X^i &= \delta_{ij}\left[r_E^j + \frac{1}{c^2}\left(\frac{1}{2}v_E^j v_E^k r_E^k + w_{\text{ext}}(x_E^\alpha)r_E^j + r_E^j a_E^k r_E^k - \frac{1}{2}a_E^j r_E^2\right)\right] + O(c^{-4})
\end{aligned}
\right.
$$

(9-2-8)

其中

$$
\left\{
\begin{aligned}
\frac{\mathrm{d}}{\mathrm{d}t}A(t) &= \frac{1}{2}v_E^2 + w_{\text{ext}}(x_E^\alpha) \\
\frac{\mathrm{d}}{\mathrm{d}t}B(t) &= -\frac{1}{8}v_E^4 - \frac{3}{2}v_E^2 w_{\text{ext}}(x_E^\alpha) + 4v_E^i w_E^i(x_E^\alpha) + \frac{1}{2}w_{\text{ext}}^2(x_E^\alpha) \\
B^i(t) &= \frac{1}{2}v_E^2 v_E^i + 4w_{\text{ext}}^i(x_E^\alpha) - 3v_E^i w_{\text{ext}}(x_E^\alpha) \\
B^{ij}(t) &= -v_E^i \delta_{jk}Q^k + 2\frac{\partial}{\partial x^j}w_{\text{ext}}^i(x_E^\alpha) - v_E^i \frac{\partial}{\partial x^j}w_{\text{ext}}(x_E^\alpha) + \frac{1}{2}\delta_{ij}\frac{\partial}{\partial t}w_{\text{ext}}(x_E^\alpha) \\
C(t,x^\alpha) &= -\frac{1}{10}r_E^2\left(r_E^i \frac{\partial}{\partial t}a_E^i\right)
\end{aligned}
\right.
$$

(9-2-9)

公式中 $r_E^i \equiv x^i - x_E^i$，x_E^i、v_E^i 和 a_E^i 分别表示地球在太阳系质心天球参考系中的位置、速度和加速度

$$
Q^i \equiv \delta_{ij}\left(\frac{\partial}{\partial x^j}w_{\text{ext}}(x_E^\alpha) - a_E^j\right)
$$

(9-2-10)

同时，IAU2000 决议 B1.5 进一步明确，在足够的精度上，可以将 TCG 与 TCB 的关系表示为

$$
\text{TCB} - \text{TCG} = \frac{1}{c^2}\left\{\int_{t_0}^t [w_{0,\text{ext}}(x_E^\alpha) + \frac{1}{2}v_E^2]\mathrm{d}t + v_E^i r_E^i\right\}
$$

$$- \frac{1}{c^4} \left\{ \int_{t_0}^{t} \left[\frac{1}{2} w_{0,\text{ext}}^2(x_E^\alpha) + 4 w_{\text{ext}}^j(x_E^\alpha) v_E^j - \frac{3}{2} w_{0,\text{ext}}(x_E^\alpha) v_E^2 - \frac{1}{8} v_E^4 \right] \mathrm{d}t \right.$$

$$\left. - \left[3 w_{0,\text{ext}}(x_E^\alpha) + \frac{1}{2} v_E^2 \right] v_E^i r_E^i \right\} \tag{9-2-11}$$

其中

$$w_{0,\text{ext}}(x_E^\alpha) \equiv \sum_{A \neq E} \frac{GM_A}{r_A} \tag{9-2-12}$$

若考虑到

$$\begin{cases} \bar{w}_E \equiv w_{\text{ext}} \\ x^i - x_E^i(T) = x^i - x_E^i(t) - \frac{1}{c^2} v_E^i a_E^j v_E^j = r_E^i(t) - \frac{1}{c^2} v_E^i a_E^j v_E^j \end{cases} \tag{9-2-13}$$

将公式 (9-2-6) 与公式 (9-2-8) 进行比较, 两者的空间坐标转换关系是完全相同的。另一方面, 如果考虑到

$$\mathrm{d}T \equiv \mathrm{dTCG} = \mathrm{dTCB} \left[1 + \frac{1}{c^2} \left(w_{\text{ext}}(x_E) + \frac{3}{2} v_E^2 + a_E^i r_E^i \right) \right] + O(c^{-4})$$

$$= \left[1 + \frac{1}{c^2} \left(w_{\text{ext}}(x_E) + \frac{3}{2} v_E^2 + a_E^i r_E^i \right) \right] \mathrm{d}t + O(c^{-4}) \tag{9-2-14}$$

公式 (9-2-13) 给出的时间转换关系与公式 (9-2-6) 也是相互一致的。

9.3 国际地球参考系

9.3.1 定义和实现

　　地球参考系是一个与地球一起做周日空间运动的空间坐标系。在该参考系中地球固体表面上的点位坐标基本保持不变, 仅有一些由地球内部物理效应引起的小的变化。IUGG 1991 决议 2 给出了国际地球参考系的定义, 形成了一个协议地球参考系 (CTRS) 坐标原点、尺度、方向和时间演化模型定义所需的一套协议和规范。根据该决议, 国际地球参考系是一个理想的空间参考系, 要求满足如下基本条件:

　　(1) 坐标原点位于包括海洋和大气在内的地球质量中心;

　　(2) 长度单位为 SI 米, 该尺度与地心局域参考架的坐标时 TCG 一致;

　　(3) 坐标轴的初始定向与 BIH1984.0 相一致;

　　(4) 坐标轴取向的时间演化要确保整个地球水平构造运动无整体旋转。

　　IUGG 2007 决议 2 进一步明确地心地球参考系 (geocentric terrestrial reference system, GTRS) 是相对论框架下的一个地心时空坐标系, 地心地球参考系与地球一起转动, 与地心天球参考系之间的转换通过一个地球定向参数确定的空间旋转实

现，地心地球参考系的定义与 IAU2000 决议 B1.3 保持一致；作为地心地球参考系的具体实现，国际地球参考系的定向与过去的国际协议 (BIH 定向) 保持连续。

国际地球参考系 (ITRS) 由一组全球分布的地面台站坐标和速度场实现，称为国际地球参考架 (ITRF)，并可以通过地球定向参数 (EOP) 连接到国际天球参考系 (ICRS)。国际地球参考架通过甚长基线干涉测量、卫星激光测距 (SLR)、全球卫星导航系统 (GNSS) 和卫星多普勒定位定轨系统 (DORIS) 等空间大地测量技术进行建立和维持。迄今为止，IERS 已实现 13 个国际地球参考架序列：ITRF 89，ITRF 90，ITRF 91，ITRF 92，ITRF 93，ITRF 94，ITRF 95，ITRF 96，ITRF 97，ITRF 2000，ITRF 2005，ITRF 2008，ITRF 2014。

9.3.2　国际地球参考系与地心天球参考系的转换

任意两个仿射坐标系之间的转换原则上都可以通过两个坐标系之间的 3 个欧拉角实现。然而，为了计算方便，在实际应用中通常将国际地球参考系相对于地心天球参考系的空间变化分为两部分：起因于日月和行星引力、能够通过力学建模计算的岁差章动部分和起因于地球内部物理因素、不能精确预报的地极移动部分。两部分的区分可以通过引进一个**天球中间极**(celestial intermediate pole, CIP) 实现。

从 1964 年到 1984 年，天球中间极的角色一直由地球**瞬时自转极**(instantaneous rotation pole, IRP) 扮演。但是，自转轴实际上是不能直接观测的，因而导致瞬时自转极的某些章动项和极移项在观测上难以进行严格区分。为此，在 1984~2003 年期间，作为章动和极移参考极的瞬时自转极由**天球历书极**(celestial ephemeris pole, CEP) 取代，天球历书极最初定义为相对于地心天球参考系没有近周日章动的地球平均表面的形状极，由 IAU1976 岁差模型和 IAU1980 章动模型实现，后来增加了由 VLBI 观测确定的天极偏差。2003 年以后，根据 IAU2000 决议 B1.7，天球历书极进一步由天球中间极取代 (IERS Coventions, 2010)。根据 IAU2000 决议 1.6 和 IAU2006 决议 B1，天球中间极是地心天球参考系与国际地球参考系转换的中间极，相对于地心天球参考系没有周期小于两天的章动项，相对于国际地球参考系没有逆向 (逆时针) 的近周日极移项。也就是说，在天球中间极的空间章动中包含了逆向的近周日极移，而在天球中间极的极移中包含了周期小于两天的章动项。2003 年到 2009 年，天球中间极在地心天球参考系中的位置通过 IAU2000A 岁差章动模型和参考架偏差 (frame bias) 改正得到。根据 IAU2006 决议 B1，从 2009 年 1 月 1 日开始，IAU2000A 岁差章动模型由 Capitaine 等人给出的 PO3 岁差理论 (Capitaine et al.，2003) 取代。天球中间极在国际地球参考系中的位置由极坐标描述。极移和参考架偏差等时变定向参数由 IERS 负责提供。

通过天球中间极，可以构造两个中间参考系：**天球中间参考系**(celestial interme-diate reference system, CIRS) 和**地球中间参考系**(terrestrial intermediate reference system, TIRS)。天球中间参考系和地球中间参考系具有相同的 z 轴指向，即天球中间极，x 轴则分别指向**天球中间原点**(celestial intermediate origin, CIO) 和**地球中间原点**(celestial intermediate origin, TIO)，y 轴满足右手法则。

天球中间原点 CIO 是天球中间参考系中间赤道上的赤经原点。IAU2000 决议 1.8 将其定义为地心天球参考系的非旋转原点 (non-rotating origin, NRO)，并将其称为**天球历书原点**(celestial ephemeris origin, CEO)。IAU2006 决议 2 将其改称为天球中间原点 CIO。IAU 建议 GCRS 的赤经原点与 J2000.0 历元的动力学春分点相接近。GCRS 的 x 轴指向最初由 23 个河外射电源的赤经采用值隐含定义。射电星表在编制过程中通常将类星体 3C273B 的赤经固定为 J2000.0 历元的 FK5 值 ($12^{\mathrm{h}}29^{\mathrm{m}}6.997^{\mathrm{s}}$)。因此 CIO 与 GCRS 的零度子午圈相接近，在 1900~2100 年期间偏差始终保持在 0.1 角秒之内。

地球中间原点 TIO 是地球中间参考系的经度原点。IAU2000 决议 1.8 将其定义为国际地球参考系的非旋转原点，并称其为**地球历书原点**(terrestrial ephemeris origin, TEO)。IAU2006 决议 2 将其改称为地球中间原点。TIO 起初置于 ITRF 的经度原点上，在 1900~2100 年期间，TIO 与零度子午线的偏差始终保持在 $0.1''$ 之内。

地球中间参考系 (TIRS) 与国际地球参考系 (ITRS) 之间的坐标变换可以通过一个极移矩阵 $W(t)$ 实现

$$[\mathrm{TIRS}] = W(t)[\mathrm{ITRS}] \tag{9-3-1}$$

其中

$$W(t) \equiv R_3(-s')R_2(x_{\mathrm{p}})R_1(y_{\mathrm{p}}) \tag{9-3-2}$$

式中 $(x_{\mathrm{p}}, y_{\mathrm{p}})$ 是天球中间极在国际地球参考系中的**极坐标**(称为极移)，s' 是确定地球中间原点在天球中间极赤道上的位置的参量，与国际地球参考系在天球中间极赤道上的运动学非旋转原点定义相对应，称为地球中间原点定位因子 (TIO locator)，是天球中间极极坐标的函数 (Capitaine et al.，2000)

$$s'(t) = \frac{1}{2} \int_{t_0}^{t} (x_{\mathrm{p}}\dot{y}_{\mathrm{p}} - \dot{x}_{\mathrm{p}}y_{\mathrm{p}})\mathrm{d}t \tag{9-3-3}$$

其近似值为 (Lambert and Bizouard，2002)

$$s'(t) = 47.0 \times t(\mu\mathrm{as/cy}) \tag{9-3-4}$$

该量很小，在 2003 年以前的经典变换中是被忽略的。但是，倘若要实现一个严格的瞬时首子午圈 (称为地球中间原点子午圈)，该量是必须加以考虑的。

天球中间参考系 (CIRS) 与地球中间参考系 (TIRS) 之间的变换可以通过绕 z 轴的一个坐标旋转完成，即

$$[\mathrm{CIRS}] = R_3(-\mathrm{ERA})[\mathrm{TIRS}] \tag{9-3-5}$$

其中 ERA 是 t 时刻天球中间极赤道上地球中间原点与天球中间原点之间的地球自转角 (earth rotation angle)，它为地球的空间转动提供了一个严格定义。

地心天球参考系 (GCRS) 与天球中间参考系 (CIRS) 之间的差异起因于天球中间极相对于地心天球参考系的空间运动 (岁差章动)，因此两者之间的变换可以通过基于天球中间极的变换矩阵 (岁差章动矩阵) 实现

$$[\text{GCRS}] = Q(t)[\text{CIRS}] \tag{9-3-6}$$

其中

$$Q(t) \equiv R_3(-E)R_2(-d)R_3(E+s) \tag{9-3-7}$$

如图 9-3-1 所示，(E,d) 是天球中间极在地心天球参考系中的球面坐标，天球中间极在地心天球参考系中的直角坐标可以用其表示为

$$\begin{bmatrix} X \\ Y \\ Z \end{bmatrix} = \begin{bmatrix} \cos E \sin d \\ \sin E \sin d \\ \cos d \end{bmatrix} \tag{9-3-8}$$

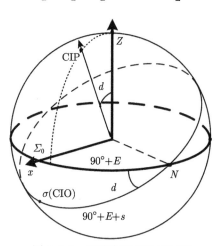

图 9-3-1　天球中间极参量示意

s 是确定 CIO 在 CIP 赤道上的位置的参量，与地心天球参考系在 CIP 赤道上的运动学非旋转原点定义相对应，称为天球中间原点定位因子 (CIO locator)。因此 CIP 赤道升交点 N 在地心天球参考系中的赤经为 $90°+E$，相对于天球中间原点的赤经为 $90°+E+s$。s 是 CIP 位置坐标的函数 (Capitaine et al., 2000)

$$s(t) = -\int_{t_0}^{t} \frac{X(t)\dot{Y}(t) - \dot{X}(t)Y(t)}{1+Z(t)} \mathrm{d}t - (\sigma_0 N_0 - \Sigma_0 N_0) \tag{9-3-9}$$

这里 Σ_0 表示地心天球参考系的 x 轴指向，σ_0 和 N_0 分别表示 CIO 和 CIP 赤道升交点在 J2000.0 历元时刻的位置，$(\sigma_0 N_0 - \Sigma_0 N_0)$ 是一个任意的积分常数，起初设定为 0，后来选择要求在 2013 年 1 月 1 日与经典坐标转换保持连续。

因此，在一般意义上，地心天球参考系 (GCRS) 与国际地球参考系 (ITRS) 的坐标变换关系可以表示为如下的矩阵形式：

$$[\text{GCRS}] = Q(t)R(t)W(t)[\text{ITRS}] \tag{9-3-10}$$

IERS 2010 规范 (IERS Conventions，2010) 给出了各参量的获取和计算方法，这里不加赘述。

9.3.3 地球坐标系时空度规

地球参考系的时空度规可以通过坐标转换关系由地心天球参考系的时空度规给出。根据 8.6 节的公式 (8-6-4)，有

$$\begin{cases} \tilde{G}_{00} = -1 + \dfrac{2}{c^2}\left(\tilde{W} + \dfrac{1}{2}V^2\right) - \dfrac{2}{c^4}\left(\tilde{W} + \dfrac{1}{2}V^2\right)^2 + O(c^{-6}) \\[2mm] \tilde{G}_{0i} = R_j^i\left[\dfrac{1}{c}V^j - \dfrac{4}{c^3}\left(W^j - \dfrac{1}{2}WV^j\right)\right] + O(c^{-5}) \\[2mm] \tilde{G}_{ij} = \delta_{ij}\left[1 + \dfrac{2}{c^2}\left(\tilde{W} + \dfrac{1}{2}V^2\right)\right] + O(c^{-4}) \end{cases} \tag{9-3-11}$$

其中

$$\begin{cases} \tilde{W} \equiv W + \dfrac{1}{c^2}\left(2WV^2 - 4W^jV^j + \dfrac{1}{4}V^4\right) \\[2mm] V^i \equiv \varepsilon_{ijk}\Omega^j X^k \end{cases} \tag{9-3-12}$$

Ω^j 是地球自转角速度矢量在地心天球参考系中的坐标分量。

第10章 时 间 系 统

10.1 时间的概念

10.1.1 时间的本质

时间是最基本的物理量，也是测量精度最高的物理量。时间在科学、技术、国防、文化、民生及其他领域中扮演着十分重要的角色。可以说人类文明是在时钟的"嘀嗒"声中不断进步的。人类对时间的认知程度和测量水平决定着人类的科技水平。

时间是什么？这不仅是一个科学问题，也是一个哲学和宗教问题。古罗马基督教思想家圣·奥古斯丁 (Aurelius Augustinus，354~430) 在他的《忏悔录》中写道："没人问我，我很清楚；一旦问起，我便茫然。"这充分说明了时间的概念是多么复杂。时间问题是近现代西方哲学中的核心问题之一。对时间本质问题的回答，在哲学上始终存在两大阵营："时间是真实的"或"时间是非真实的"。

人类的时间概念源于对事件先后顺序的排列，对昼夜交替和季节变迁的认识和对因果关系的了解。时间是一维的绵延，空间是三维的广延。绵延与广延都属于延展。然而绵延与广延不同，它还有"流逝"的含义。绵延的这种"流逝性"，在物理学上表现为自然过程的不可逆性，表现为热力学第二定律，迄今人们都不知道如何对流逝性进行度量 (赵峥，2014)。《论语》云："子在川上曰：逝者如斯夫，不舍昼夜。"孔夫子把时间比作永恒流逝的河流，他强调流逝，也是在强调时间的不可逆性。流逝性的存在使得时间概念比空间概念更为复杂，因此也就引起了更多哲学家和科学家的注意。

柏拉图认为真实的"实在世界"是"理念"，我们感受和接触到的万物和宇宙都不过是"理念"的"影子"。理念完美而永恒，它不存在于宇宙和时空中。时间是"永恒"的映象，是"永恒"的动态相似物；时间不停地流逝，模仿着"永恒"。柏拉图的学生亚里士多德则认为真实存在的不是"理念"而是万物和宇宙组成的客观世界，"时间是运动的计数"，是"运动和运动持续量的量度"。亚里士多德把老师的理论完全颠倒了过来，他为此十分痛苦，后来说了一句千古流芳的佳话："吾爱吾师，吾尤爱真理。"

牛顿认为存在不依赖于物质和运动的绝对时间，"绝对的、真实的和数学的时间，按其固有的特性均匀地流逝，与一切外在事物无关，又名绵延；相对的、表观的和通常的时间,是可悉知和外在的对运动之延续之度量,它常常用来代替真实的时间,如一小时,一天,一个月,一年。"牛顿认为时间是绝对均匀的、有方向的、没有起点和终点的"河流"。但是,他也认识到"可能并不存在一种运动可以用来准确地测量时间。"我们通常谈论、测量的时间都不是真实的绝对时间,而只是绝对时间的一种替代品 (表观时间),是"运动延续的度量"。"所有的运动可能都是加速的或减速的,但绝对时间的流逝却不会有所改变"。

同时代的德国数学家莱布尼茨 (Gottfried Wilhelm Leibniz,1646~1716) 对时空的看法与牛顿完全不同,他认为并不存在绝对的时间和绝对的空间,时间和空间都是相对的。空间是物体和现象有序性的表现方式,时间是相继发生的现象的罗列。时间和空间不能脱离物质客体而独立存在。

德国哲学家康德则认为"时间关系仅在永恒中才是可能的,因为同时或连续是时间中唯一的关系,也就是说,永恒是时间自身的经验表象的根基,一切的时间规定,只有在这种根基中才是可能的。""时间不过是内感官的形式,即我们自己的直观活动和我们内部状态的形式。因为时间不可能是外部现象的任何规定;它既不属于形状,又不属于位置,等等,相反,它规定着我们内部状态中诸表象的关系。""我在直观的感觉中产生时间本身。"他认为时间与空间不同,时间应该属于精神世界。

时间是客观的实在,还是主观感觉?迄今并没有圆满的答案。从相对论的角度看,时间既有绝对的客观性,也有和观者之间的相关性 (相对性)。

10.1.2　时间的度量

不管时间的概念和本质如何,在科学和技术层面上人们总可以在一定的精度下对时间进行度量。著名美籍犹太裔物理学家、诺贝尔物理奖获得者费曼 (Richard Phillips Feynman,1918~1988) 曾说过,并不是时间本身让物理学家感兴趣,而是如何去测量它。

英国著名哲学家洛克 (John Locke,1632~1704) 指出:时间的绵延只能用周期运动作单位进行度量,然而"绵延中任何两部分我们都不能确知是相等的"。我们只有在假定每个周期都是相等的情况下,才能对时间进行度量。18 世纪著名数学家欧拉提出了用运动定律来确认周期相等的方法。他在《时间和空间的沉思》一书中写道:如果以某个给定的循环过程为单位时间,如果牛顿第一定律成立,那么这个过程就是周期性的。也就是说,每次循环都经历相同的时间,或者说各个时间周期相等。

法国科学家庞加莱 (Jules Henri Poincaré,1854~1912) 认为时间的测量应分为两个问题,一个是如何确定"异地时钟"的同时,另一个是如何确定"相继时间段"的相等。他认为这两个问题的解决不能靠"直觉",而应靠"约定"。1888 年庞加莱在《时间的测量》一文中就提到,应该把"光速各向同性而且是一个常数"作为

一条公理 (即约定)。他提出了用交换光信号来确定两地时间"同时"的想法。1905
年，他在《科学的价值》一书中再次强调"光具有不变的速度，尤其是，光速在所
有方向都是相同的。这是一个公设。没有这个公设，便不能试图测量光速。"庞加莱
的光速约定为爱因斯坦相对论的建立奠定了基础。

10.1.3 时间频率技术

单位时间内振动的次数称为"**频率**"。因此频率与时间单位等价。

时间频率的测量、比对、传递和同步技术统称为时间频率技术。时间频率技术
可简单概括为"测时"、"守时"、"授时"、"用时"四个方面，如图 10-1-1 所示。"测
时"和"守时"的目的在于实现统一的时间频率基准 (标准时间)，并确保基准的稳
定性和准确性；"授时"也可以称为"时间发播"，目的是实现标准时间向用户的传
递，"用时"是指用户通过其时统设备根据授时信息实现所用时间的统一或频率的
校准。

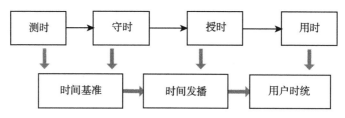

图 10-1-1 时间频率技术体系构成

时间频率技术的发展有力促进了科学技术的发展。通信、互联网和卫星导航
技术的发展都是以原子钟技术的发展为前提的。皮秒至飞秒量级的精密时间频率
测量在一系列尖端科技探索领域，诸如寻找上帝粒子、捕捉引力波等高精度物理观
测实验中，发挥着举足轻重的作用。在诺贝尔物理学奖中与时间频率有关的约占
10%。因此有人说时间频率是离诺贝尔奖距离最近的学科领域，未来的科学和技术
发展水平在很大程度上取决于人类对时间的认知水平和测量精度。

时间频率技术涉及人类生活的各个方面。从用户角度看，时间的应用主要体现
在"**时**"(时间统一)、"**频**"(频率校准)、"**相**"(相位同步) 三个方面。不同行业对时
间频率的精度指标需求千差万别，表 10-1-1 反映了时间频率在部分行业中的指标
要求。

10.1.4 时间基准与授时服务

一个国家或一个系统统一使用的时间参考称为**时间基准**(time standard)。时间
基准的选择不仅要求所选择的物质运动具有**连续性**、**周期性**、**均匀性**和**可复制性**，
而且要求时间单位的定义符合人类的生活习惯 (**习惯性**)。

表 10-1-1 时间频频率应用的概要指标

行业	应用方向/应用领域	指标要求
电力	运行调度、故障定位	0.5μs~1ms
通信	移动通信基站、个人位置服务 (定位手机、计算机等)	0.1~ 3μs
交通	道路导航、道路救援、车辆管理、智能收费、货物跟踪管理	0.1~1s
防震减灾	数字地震观测,地震前兆观测,地震现场调查、勘测	0.1μs~1ms
公安	道路交通安全预警、交通控制、交通管理效能分析评价	1ms
林业	森林调查、森林防火、飞播造林、病虫害、数字林业	1μs
导航	导航定位、精密授时、地面站同步	0.1~10ns

人们日出而作,日落而息。太阳的周日视运动 (东升西落) 和周年视运动 (季节变化) 自古就是人类时间计量的基准。18 世纪以后,由于天文学和物理学的发展,人们逐渐发现"太阳时"不仅与地理位置有关,而且是不均匀的。于是在 19 世纪末出现了**平太阳时**(mean solar time or universal time,UT),并形成了世界时和区时的概念。石英钟出现以后,人们发现平太阳时也不是足够均匀的,因此在 20 世纪60 年代前后天文学家又引进了以地球公转为参考的**历书时**(ephemeris time,ET)。与平太阳时相比,历书时尽管在理论上更为均匀,但由于测量精度的限制,其测量不确定度仅由平太阳时的 10^{-8} 提高到 10^{-9} 量级。真正使时间计量精度得到快速、大幅度提升的是以量子物理学为基础的**原子时系统**(atomic time,AT)。

从 20 世纪 50 年代第一台实用型铯原子钟出现至今,时间频率技术飞速发展,测量不确定度提高了一百万倍以上,平均 5~10 年就提高 1 个数量级。目前国际计量局保持的国际原子时的不确定度已好于 1×10^{-15}。

仅有时间基准是不够的,必须把时间基准传递给用户才能得到广泛应用。授时,也称为时间服务 (time service),是指采用广播的方式将标准时间发送至用户,实现本地时间与标准时间统一的过程。古代的授时方法主要是利用人类的视觉和听觉,如打更报时、晨钟暮鼓、午炮报时、落球报时等。相对于听觉授时,视觉授时的传播距离更远,速度更快,但受限于障碍物遮挡。

现代授时技术受益于无线电技术的发展。常用的授时手段主要包括短波无线电授时、长波无线电授时、电话授时、电视授时、网络授时和卫星授时等,如图10-1-2 所示。不同授时技术在覆盖范围、设备价格、抗干扰能力、实时性、便捷性、授时精度等方面各具优缺点,实际应用中可根据工程需求、环境条件等因素选择合理的授时技术。其中,全球卫星导航系统 (GNSS) 授时具有覆盖面广、精度高、设备廉价、应用广泛的显著特点。北斗卫星导航系统 (BDS) 具有单向授时和双向授时两种模式。单向授时不确定度好于 50ns,双向授时不确定度好于 10ns。

将时间频率从一点传递到另一点的过程,称为时间频率传递 (time and frequency transfer)。目前高精度时间频率传递的手段主要包括卫星双向时间频率传递

技术 (TWSTFT)、GNSS 卫星共视 (SCV) 技术、GNSS 精密单点定位 (PPP) 技术和光纤时间频率传递技术。其时间传递的不确定度达到纳秒, 甚至几十皮秒量级。

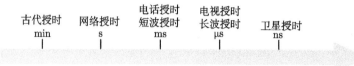

图 10-1-2   不同授时技术的误差

10.2   真太阳时与平太阳时

10.2.1   真太阳时

以本地太阳周日视运动为基准的时间称为 **真 (视) 太阳时**。真太阳时的基本单位为 "日", 是太阳连续两次过上中天 (子午圈) 的时间间隔。在西方计时体系中, 比日更小的单位是 "时"、"分"、"秒"。1 日分为 24 小时, 1 小时分为 60 分钟, 1 分钟分为 60 秒。中国古代则将 1 日分为 12 个不同的 "时辰" (子、丑、寅、卯、辰、巳、午、未、申、酉、戌、亥), 同时也使用百刻制或者 96 刻制, 即 1 日等于 100 刻 (或 96 刻)。比日更大的时间单位是月、年、世纪等, 中国也使用其他时间单位, 如 "候"、"气"、"时 (季节)"、"旬"、"轮"、"甲子" 等, 有 "五日为候, 三候为气, 六气为时, 四时为岁 (年)" 之说 (二十四节气)。60 甲子计时法在中国有 5000 年以上的历史。每个人都具有一个属相和生辰八字也是东方文化所独有的。在佛教文化中, 比日小的单位有 "须臾"、"罗预"、"弹指"、"瞬"、"念" 或者 "刹那":

1 日 =30 须臾, 1 须臾 =20 罗预, 1 罗预 =20 弹指

1 弹指 =20 瞬, 1 瞬 =20 念 (刹那)

1 刹那相当于 18ms。不过, 佛教中的时间单位说法并不唯一。

10.2.2   平太阳时

随着科学的发展, 人们发现真太阳时并不均匀, 其主要原因有二: 一是地球公转轨道不是圆而是椭圆, 二是地球的赤道面和黄道面 (地球公转轨道面) 不重合 (黄赤交角约为 23°)。鉴于真太阳时的不均匀性, 1820 年, 法国科学院决定用一年内真太阳秒的平均值作为时间的基本单位, 称为 **平太阳秒**, 即

1 平太阳秒 = 一年内真太阳日平均值的 1/86400

毫无疑问, 平太阳秒要比真太阳秒更加均匀, 因此这被认为是时间单位的第一个科学定义。然而, 这样定义的秒在 "复现性" 上仍然存在较大的困难, 一是要求的观测时间长, 要一年的连续观测; 二是真太阳的观测精度低。太阳是一个大圆盘,

对准误差比较大。为此，1886 年国际天文学联合会 (IAU) 对平太阳秒的定义进行了修正，引入了美国天文学家纽康 (Simon Newcomb，1835~1909) 假想平太阳的概念，定义**平太阳日**是平太阳连续两次下中天的时间间隔。平太阳是一个在赤道上均匀运动的假想点。纽康给出的平太阳赤经表达式为 (漆贯荣，2006)：

$$\alpha_{\bar{\odot}} = 18^{\text{h}}38^{\text{m}}48^{\text{s}}.836 + 8640184^{\text{s}}.542T + 0^{\text{s}}.0929T^2 \tag{10-2-1}$$

其中，T 是 1900.0 起算的儒略世纪数 (1 个儒略世纪等于 36525 个平太阳日)。纽康平太阳赤经表达式不仅给出了一个均匀的时间定义，而且建立了平太阳时 (mean solar time) 与恒星时 (stellar time) 之间的关系。因此，人们通过观测恒星位置就可以获得平太阳时时刻。这比观测太阳更容易、更准确。

真太阳时与平太阳时的差值称为时差 (equation of time)，即

$$\eta \equiv T_{\odot} - T_{\bar{\odot}} = \alpha_{\bar{\odot}} - \alpha_{\odot} \tag{10-2-2}$$

如图 10-2-1 所示，时差是不断变化的，一年中有 4 次等于零，日期分别是：4 月 16 日，6 月 14 日，9 月 2 日和 12 月 25 日；有 2 次极大值和 2 次极小值，日期和时差分别为：

2 月 11 日	−14 分 24 秒
5 月 14 日	+3 分 50 秒
7 月 26 日	−6 分 18 秒
11 月 3 日	+16 分 21 秒

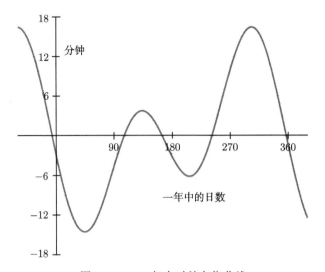

图 10-2-1 一年中时差变化曲线

10.2.3　计时仪器

太阳时可以通过测量太阳和恒星的方位得到。古埃及、古罗马和中国古代都有使用日晷和圭表进行测量时间的历史。图 10-2-2 是北京故宫博物院的日晷。作为测量日影长度的天文仪器，圭表由垂直矗立的"表"和南北水平放置"圭"构成。根据正午日影长度的变化可以确定一年的长度和二十四节气。

太阳时可以通过人造的计时仪器进行复现。根据连续两次的天文观测结果，人们就可以对计时仪器进行校准。人类使用最早的计时仪器多种多样，有水漏、沙漏、火钟和水钟等。由中国宋代科学家苏颂 (1020~1101) 和韩公廉 (生卒之年不详) 研制的"水运仪象台"(图 10-2-3)，可谓开启了近代钟表擒纵器的先河。然而，这一发明却并未被世界所广泛知晓。即使在今天的中国，人们也只记住了宋朝宰相苏颂，很少有人记得真正的研制之人、生卒之年不详的韩公廉。这不能不说是我们的悲哀。

图 10-2-2　北京故宫日晷

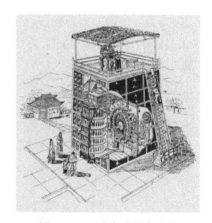

图 10-2-3　宋代水运仪象台

西方近代时间计量的历史起始于惠更斯于 1656 年根据伽利略原理实现的摆钟。钟摆振荡器的发明使计时精度得到了巨大提高，并由此导致了大航海时代的到来。

众所周知，地理纬度可以通过观测太阳和恒星的高度角 (北极的高度就是当地的纬度) 得到，但地理经度却不能由天文观测直接得到。经度问题在本质上是时间问题。18 世纪初，为了能够精确地测量地理经度，英国经度委员会专门设置了"经度奖"(longitude prize)，出资 20000 英镑，奖励给"经 6 星期航海后，所测定经度的误差在 30 海里以内装置的发明者"，这项大奖项最终颁给了伦敦钟表匠约翰·哈里森 (John Harrison，1693~1776)。他的天文钟杰作 H4 足以和现代的机械钟相媲美 (图 10-2-4，伦敦格林尼治海事博物馆收藏)，精确度相当于经度委员会要求的三倍。在官方组织的测试中，裁判以木星的伽利略卫星轨道为参考，在经历了从朴茨茅斯 (Portsmouth) 到巴巴多斯 (Barbados) 的 22 天航行之后，H4 的读数误差在 39 秒以内。这意味着 H4 每天的误差不大于 1.8 秒，准确度达到 2×10^{-5}。

图 10-2-4 约翰·哈里森 H4

到 20 世纪初，航海钟的计时准确度达到每天 0.1 秒，摆钟准确度达到每天 0.01 秒，日频率稳定度 (日长的均匀性) 相当于 $10^{-6} \sim 10^{-7}$。之后通过使用晶体振荡器和游丝使时钟的稳定度得到进一步提高，石英钟的稳定度达到了 10^{-9} 以上。20 世纪 50 年代出现了以原子跃迁为基础的原子钟。从此，世界进入了原子时时代。在之后的半个多世纪中，各种原子钟相继为问世，时间频率的计量精度得到快速提升。

原子钟种类繁多。实验室所用的铯喷泉频率基准装置 (实验室大铯钟) 和铷喷泉频率基准装置频率不确定度已经达到 10^{-16} 量级。商品原子钟主要包括铯原子钟、氢原子钟和铷原子钟三种类型。铯原子钟的特点是频率准确度高 (5×10^{-13})，没有频率漂移，有利于时间的长期自主保持；氢原子钟的特点是频率稳定度高 (日频率稳定度 $10^{-14} \sim 10^{-16}$)，但尺寸大、重量和功耗大，并存在一定的频率漂移，适合实验室或固定用户使用；铷原子钟的特点是尺寸小、重量轻、功耗低并具有良好的中短期频率稳定度 (万秒到日频率稳定度 $10^{-12} \sim 10^{-14}$)，适合于星载或者移动用户使用。

原子钟的发展趋势主要为两个方向：一是追求高稳定度指标，以提高实验室的守时能力，二是追求小型化低功耗，向芯片级原子钟发展，使用户应用更为方便。芯片级 CPT 原子钟的功耗可小到 100mW，年守时误差在毫秒甚至到微秒量级。

随着光频标技术的发展，时间频率计量精度将得到进一步提高。光频标的频率不确定度已进入 10^{-18} 量级。但设备的连续工作能力、引力场的影响和远程比对能力仍然制约着光频标的直接应用。因此在未来的一段时间内，微波原子钟 (包括传统的氢原子钟、铯原子钟和铷原子钟) 将继续发挥主导作用。同时，芯片级原子钟的发展将为用户的时间频率应用带来革命性变化。图 10-2-5 给出了实验室铯频率基准和光频标频率不确定度的演化概况 (Poli et al., 2013)。

另外需要提及的是脉冲星计时，据估计毫秒脉冲星的长期稳定度能够达到 10^{-19} 以上，未来的时间基准或许会因此由微观再次回到宏观。但从根本上讲，制约天文时应用的技术瓶颈仍然是测量精度问题。

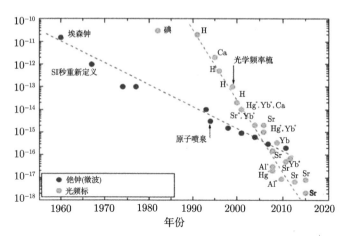

图 10-2-5　实验室铯频率基准和光频标不确定度的演化

10.3　历书时与原子时

10.3.1　历书时

在 20 世纪初出现比机械钟更为稳定的石英钟之后, 人们发现平太阳时的均匀性 (或稳定度) 只有 10^{-8} 量级, 因此, 需要寻找更稳定的时间计量单位, 从而导致了历书时的诞生。1958 年第 10 届 IAU 大会决议规定, 从 1960 年开始采用历书时代替世界时 (格林尼治平太阳时 UT1) 作为基本的时间计量系统, 并建议各国天文年历中的太阳、月球和行星历表都以历书时为准进行计算。

历书时是以地球公转运动为参考基准的时间系统。地球公转的周期是年, 视太阳连续两次过春分点的时间间隔称为 1 个回归年。19 世纪末纽康根据地球公转运动编制的太阳历表一直是天文学家使用的基本历表。在 1900 年前后 1 个回归年的长度相当于 365 个平太阳日 5 小时 48 分 45.9747 秒。因此 IAU 以纽康太阳历表为基础, 定义历书时秒为 1900 年的回归年长度的 1/3156925.9747, 并取 1900 年初太阳几何平黄经 279°41′48.04″ 的瞬间作为历书时 1900 年 1 月 0 日 12 时整, 即

历书时秒 =1900 年 1 月 0 日 12 时回归年长度的 1/3156925.9747

由于测定精度较低, 1967 年“历书时秒”被“原子时秒”所取代, 不再作为时间计量的基本单位, 只是在天文历表中继续使用。1976 年第 16 届 IAU 大会决议规定从 1984 年开始天文历表采用原子时秒为基本时间单位。

10.3.2　原子时“秒”

现代的精确时间计量是以原子钟为基础的。1945 年, 美国纽约哥伦比亚大学

物理学家拉比 (Isidor Isaac Rabi, 1898~1988) 提出了用原子束磁共振技术做原子钟的概念。1948 年, 美国国家标准局 (NBS, 后改称为 NIST) 研制成功世界上第一台原子钟 —— 氨分子钟, 稳定度可达 10^{-11} 量级。1952 年, NBS 又研制成功第一台铯原子钟。之后各种原子钟相继问世, 稳定度平均 5~10 年就提高 1 个量级。

鉴于原子钟的高稳定性, 1967 第十三届国际计量大会 (CGPM) 决定用原子时作为时间计量的基准, 并在决议 1 中给出了新的秒长定义:

"秒是铯 133 原子基态超精细能级间跃迁辐射 9192631770 个周期所持续的时间。"

这是第三个 SI 秒长的定义, 从 1967 年沿用至今。

10.3.3 国际原子时

在 1956 年实用型铯原子钟诞生之后不久, 在 BIH 和美国海军天文台 (USNO) 等几个实验室里就出现了"原子时"时标。1968 年底以前 BIH 通过几个原子钟的频率平均来实现一个稳定的原子时标, 称为国际原子时, 1969 年 BIH 开始把一些国家天文台和实验室里的多台原子钟的读数进行综合比对, 用加权平均的算法计算国际原子时。

1971 年, 第 14 届国际计量大会认为建立"国际原子时"的时机已经成熟, 因此在决议 1 中要求其下属的国际计量委员会规定国际原子时的定义。鉴于这一要求, 国际计量委员会第 59 次会议批准秒定义咨询委员会 (CCDS) 关于国际原子时的定义:"国际原子时是由国际时间局根据国际单位制时间单位秒的定义, 以各实验室运转的原子钟读数为依据而建立的时间参考坐标。"

1980 年 CCDS 进一步用法语给出了国际原子时的相对论定义:"国际原子时是地心参考系里的坐标时间尺度, 以旋转大地水准面上的 SI 秒为单位。"CCDS 关于国际原子时的报告里还给出了计算电磁波传播和搬钟时所耗费的时间。但这些公式只考虑了球对称地球的引力势, 因此只能适用于地面邻近 (黄天衣等, 1989)。1982 年国际无线电咨询委员会 (CCIR) 采纳了 CCDS 对国际原子时的定义, 但对相对论计算公式作了改进, 计入了地球形状的二阶带谐项。这样, 在地固坐标系里从 P 点到 Q 点搬钟所需的国际原子时间隔为

$$\Delta t = \int_P^Q \left(1 - \frac{\Delta \varphi}{c^2} + \frac{1}{2c^2} V^2 \right) \mathrm{d}\tau + \frac{\omega}{c^2} A_E \tag{10-3-1}$$

其中, τ 为原子钟的原时间隔; V 是原子钟在地固坐标系里的坐标速度; ω 为地球自转角速度; A_E 是原子钟的地心矢径在地固坐标系里扫过的面积在赤道面上的投影, 当矢径投影由西向东时取为正, A_E 项是由参考系旋转造成的, 称为 Saganc 效

应，$\Delta\varphi$ 是原子钟所处重力势与大地水准面重力势之差。根据 CCIR 的决议

$$\Delta\varphi = -GM_E\left(\frac{1}{r} - \frac{1}{a}\right) - \frac{1}{2}\omega^2(r^2\sin^2\theta - a^2)$$
$$+ \frac{J_2 GM_E}{2a}\left[1 + \left(\frac{a}{r}\right)^3(3\cos^2\theta - 1)\right] \tag{10-3-2}$$

其中，GM_E 是地心引力常数；a 是地球椭球半长径；r 是钟的地心向径；θ 是钟的余纬度；J_2 是地球二阶带谐项系数。CCIR 给出的电磁波传播的计算公式为

$$\Delta t = \frac{1}{c}\int_P^Q\left(1 - \frac{\Delta\varphi}{c^2}\right)\mathrm{d}l + \frac{\omega}{c^2}A_E \tag{10-3-3}$$

其中，l 是沿传播路径的固有长度。

　　国际原子时是世界上最好的综合原子时时间尺度，是全世界标准时间的基础。1985 年以后，国际计量局接替了 BIH 的国际原子时建立和保持工作。新世纪以来，参与国际原子时守时的实验室数量和原子钟数量不断增加，国际原子时的稳定度和准确度得到大幅度提升。目前，有 60 余个国家和地区、70 余个实验室的 500 多台原子钟参入国际原子时的守时，并有 10 余台实验室频率基准装置参与自由原子时 (EAL) 的校准，见图 10-3-1。国际原子时的频率准确度已经优于 1×10^{-15}，月频率稳定度好于 3×10^{-16}。

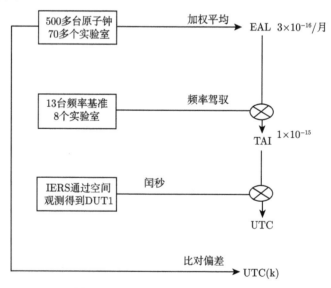

图 10-3-1　TAI 和 UTC 的计算流程

UTC(k) 表示实验室 k 保持的 UTC 时间

10.3.4 协调世界时

协调世界时 (UTC) 是由国际电信联盟 (ITU) 的国际无线电咨询委员会 (CCIR) 同 CGPM、IAU 合作制定的。1970 年，ITU 明确 (ITU-R 460-6) 国际无线电联播的时间基准是 UTC，任何无线电台站发射的时间信号与 UTC 的偏差要保持在 1 毫秒以内，频率偏差要保持在 1×10^{-10} 以内。1972 年以后，UTC 取代平太阳时成为全世界民用时的基础。UTC 是国际原子时与世界时折中的产物，其基本时间单位是国际原子时秒，在时刻上通过闰秒 (增加 1 秒或减少 1 秒) 的方式与世界时 UT1 保持在 0.9 秒以内。UTC 由国际计量局负责保持，其实现方式如图 10-3-1 所示。

UTC 从 1972 年 1 月 1 日开始实施，闰秒操作通常在 12 月 31 日或 6 月 30 日 UTC 时间的最后 1 秒进行。在起始点 UTC 调慢了 10 秒。迄今，UTC 已进行了 27 次闰秒，全部为正闰秒。最近的一次是 2016 年 12 月 31 日 UTC 时间 24 点 (北京时间 2017 年 1 月 1 日 8 点)。因此目前 UTC 与 TAI 相差 37 秒。表 10-3-1 给出了历年的闰秒情况。

表 10-3-1 UTC 闰秒情况

年份	6 月 30 日23:59:60	12 月 31 日23:59:60	年份	6 月 30 日23:59:60	12 月 31 日23:59:60
1972 年	+1 秒	+1 秒	1989 年	—	+1 秒
1973 年	—	+1 秒	1990 年	—	+1 秒
1974 年	—	+1 秒	1992 年	+1 秒	—
1975 年	—	+1 秒	1993 年	+1 秒	—
1976 年	—	+1 秒	1994 年	+1 秒	—
1977 年	—	+1 秒	1995 年	—	+1 秒
1978 年	—	+1 秒	1997 年	+1 秒	—
1979 年	—	+1 秒	1998 年	—	+1 秒
1981 年	+1 秒	—	2005 年	—	+1 秒
1982 年	+1 秒	—	2008 年	—	+1 秒
1983 年	+1 秒	—	2012 年	+1 秒	—
1985 年	+1 秒	—	2015 年	+1 秒	—
1987 年	—	+1 秒	2016 年	—	+1 秒

由于地球自转是不均匀的，闰秒一般无规律性可言，因此给用户带来了很多不便。从 20 世纪末以来，国际电信联盟和国际计量局等相关国际组织一直在探讨取消 UTC 闰秒的可能性。但迄今国际上尚未达成统一的意见。为此 2015 年世界无线电大会 (WRC-15) 作出决议在 2023 年 (WRC-23) 之前，UTC 将保持闰秒方式不变。

10.4   质心力学时与地球时

10.4.1   相对论时标的定义

1976 年第 16 届 IAU 大会提出了动力学理论和历表的时间尺度。IAU 1976 决议 5 明确:

(1) 在 1977 年 1 月 1 日 TAI 时 $00^h00^m00^s$ 瞬间,视地心历表新的时间尺度严格等于 1977 年 1.0003725 日;

(2) 新时间尺度的单位是 1 日,等于平均海平面上的 86400 (SI) 秒;

(3) 太阳系质心坐标系中运动方程的时间尺度和视地心历表的时间尺度之间只有周期变化;

(4) 对国际原子时不引入闰秒。

1979 年第 17 届 IAU 大会正式给这两个时间尺度定名为地球动力学时 (terrestral dynamical time,TDT) 和质心动力学时 (barycentric dynamical time,TDB)。1991 年第 21 届 IAU 大会决议 A4 将 TDT 改称为地球时 (terrestrial time,TT)。

IAU 1976 决议 5(a) 说了两件事,一是明确了 TT 是视地心历表的时间变量,二是规定了 TT 的时间原点。天文学家从无线电时号中所能得到的是与 TAI 直接关联的 UTC,所以 TT 也应当与 TAI 相联系。由于 IAU 决定从 1977 年 1 月 1 日起 TAI 的频率调小 10^{-12},所以两者间的联系也从 1977 年算起。零点差 0.0003725 日为 32.184 秒,正是该瞬间历书时 ET 和 TAI 的时间差。决议 5(b) 给出了 TT 的单位,它和 TAI 的单位相同,只是改用天文时间单位"日"。5(a) 和 5(b) 一起给出 TT 的定义,从而 TAI 与 TT 之间变换的常用关系式为

$$TT = TAI + 32.184s \tag{10-4-1}$$

IAU 1976 决议 5(c) 定义 TDB 为太阳系质心坐标系中运动方程的自变量,并对它的钟速作了一个约束: TDB 和 TT 的平均钟速相等,亦即两者之差只能有周期变化。然而,这一约束并没有办法严格实现。TDB 和 TT 之间的变换关系显然依赖于太阳系质心坐标系和地心参考系的选择以及地球、月球和各大行星在太阳系质心坐标系中的运动表达式。但是,IAU1976 决议并未对此作出明确规定 (黄天衣等,1989)。

为了进一步说明相对论时标之间的关系,1991 年第 21 届 IAU 大会引入地心坐标时 TCG(geocentric coordinate time) 和质心坐标时 TCB 的概念,IAU 1991 决议 A4 建议:

(1) 所有系统质心坐标系测量的坐标时单位都应该与原时的单位 SI 秒相一致;

(2) 1977 年 1 月 1 日 TAI $0^h0^m0^s$ 时刻 (JD=2443144.5，TAI)，所有坐标时在地心处的时间读数严格等于 1977 年 1 月 1 日 $0^h0^m32.184^s$；

(3) 满足上述两条的地心坐标系和太阳系质心坐标系的坐标时分别称为 TCG 和 TCB。

同时，IAU 1991 决议 A4 进一步明确：

(1) 视地心历表的时间参考是 TT；

(2) TT 与 TCG 相差一个比例常数，与大地水准面上的 SI 秒相一致；

(3) 在 1977 年 1 月 1 日 TAI $0^h0^m0^s$ 时刻，TT 的时间读数为 1977 年 1 月 1 日 $0^h0^m32.184^s$。

2000 年第 24 届 IAU 大会决议 B1.9 明确 TT 与 TCG 之间相差一个比例常数，即

$$\mathrm{dTT}/\mathrm{dTCG} \equiv 1 - L_G \tag{10-4-2}$$

其中 $L_G \equiv 6.969290134 \times 10^{-10}$ 是一个定义常数。

2006 年第 26 届 IAU 大会对 TDB 进行了重新定义。IAU2006 决议 B3 明确 TDB 与 TCB 之间满足如下的线性关系：

$$\mathrm{TDB} \equiv \mathrm{TCB} - L_B \times (\mathrm{JD}_{\mathrm{TCB}} - T_0) \times 86400 + \mathrm{TDB}_0 \tag{10-4-3}$$

其中 $T_0 = 2443144.5003725$，L_B 和 TDB_0 是定义常数：

$$\begin{cases} L_B \equiv 1.550519768 \times 10^{-8} \\ \mathrm{TDB}_0 \equiv -6.55 \times 10^{-5}\mathrm{s} \end{cases} \tag{10-4-4}$$

式中 $\mathrm{JD}_{\mathrm{TCB}}$ 是 TCB 儒略日，每日等于 86400 个 TCB 秒。1977 年 1 月 1 日 TAI $00^h00^m00^s$ 瞬间地心处的儒略日数为 $T_0 = 2443144.5003725$。TDB_0 的选择在于保持 TDB 与 TT 变换关系的连续性。

10.4.2 相对论时标之间的转换

根据 9.2 节的讨论，TCB 和 TCG 的转换关系可以表示为

$$
\begin{aligned}
\mathrm{TCB} - \mathrm{TCG} = {} & \frac{1}{c^2}\left\{ \int_{t_0}^{t} [w_{\mathrm{ext}}(x_E) + \frac{1}{2}v_E^2]\mathrm{d}t + v_E^i r_E^i \right\} \\
& - \frac{1}{c^4}\left\{ \int_{t_0}^{t} \left[\frac{1}{2}w_{\mathrm{ext}}^2(x_E) + 4w_{\mathrm{ext}}^j(x_E)v_E^j - \frac{3}{2}w_{\mathrm{ext}}(x_E)v_E^2 - \frac{1}{8}v_E^4 \right]\mathrm{d}t \right. \\
& \left. - \left[3w_{\mathrm{ext}}(x_E) + \frac{1}{2}v_E^2 \right] v_E^i r_E^i \right\}
\end{aligned} \tag{10-4-5}
$$

其中，v_E^i 是地心在太阳系质心坐标系中的速度，下标 ext 表示地球以外其他天体形成的外部引力位势。

根据 IAU2000 决议 B1.9 和 IAU2006 决议 B3，TT 与 TCG、TDB 与 TCB 之间的转换关系可表示为

$$\begin{cases} \text{TCG} - \text{TT} = \dfrac{L_G}{1 - L_G}(\text{JD}_{\text{TT}} - T_0) \times 86400\text{s} \\ \text{TDB} - \text{TCB} = -L_B \times (\text{JD}_{\text{TCB}} - T_0) \times 86400\text{s} + \text{TDB}_0 \end{cases} \tag{10-4-6}$$

其中

$$\begin{cases} L_G \equiv 6.969\ 290134 \times 10^{-10} \\ L_B \equiv 1.550519768 \times 10^{-8} \\ T_0 = 2443144.5003725 \\ \text{TDB}_0 \equiv -6.55 \times 10^{-5}\text{s} \end{cases} \tag{10-4-7}$$

由公式 (10-4-6) 可知，TCG 比 TT 每年大约要快 22ms，TCB 比 TDB 每年大约要快 490ms。

附表　IERS 数字标准 (2010)

	常数值	不确定度	说明
	自然定义常数		
c	299792458ms^{-1}	定义	光速
	辅助定义常数		
k	$1.72020985 \times 10^{-2}$	定义	高斯万有引力常数 (第 16 届 IAU 大会)
L_{G}	$6.969290134 \times 10^{-10}$	定义	$1-\mathrm{d(TT)/d(TCG)}$ (第 24 届 IAU 大会)
L_{B}	$1.550519768 \times 10^{-8}$	定义	$1-\mathrm{d(TDB)/d(TCB)}$ (第 24 届 IAU 大会)
TDB_0	$-6.55 \times 10^{-5} \text{s}$	定义	JD 2443144.5 TAI 时刻 (TDB-TCB)
θ_0	0.7790572732640 周	定义	J2000 历元的地球旋转角 (ERA)
$\mathrm{d}\theta/\mathrm{d}t$	1.00273781191135448 周/UT 1 日	定义	ERA 的进动角速率
	自然测量常数		
G	$6.67428 \times 10^{-11} \text{m}^3 \text{kg}^{-1} \text{s}^{-2}$	$6.7 \times 10^{-15} \text{m}^3 \text{kg}^{-1} \text{s}^{-2}$	引力常数
	星体常数		
$GM_\odot$	$1.32712442099 \times 10^{20} \text{m}^3 \text{s}^{-2}$	$1 \times 10^{10} \text{m}^3 \text{s}^{-2}$	日心引力常数 (与 TCB 相一致)
$J_{2\odot}$	2.0×10^{-7}	(DE421 采用值)	太阳动力学形状因子
μ	0.012300371	4×10^{-10}	月地质量比
	地球常数		
$GM_\oplus$	$3.986004418 \times 10^{14} \text{m}^3 \text{s}^{-2}$	$8 \times 10^5 \text{m}^3 \text{s}^{-2}$	地心引力常数 (与 TCG 相一致)
a_{E}	6378136.6m	0.1m	地球赤道半径 (零潮汐值)
$J_{2\oplus}$	1.0826359×10^{-3}	1×10^{-10}	地球动力学形状因子 (零潮汐值)
$1/f$	298.25642	0.00001	地球扁率 (零潮汐值)
g_{E}	9.7803278ms^{-2}	$1 \times 10^{-6} \text{ms}^{-2}$	赤道重力均值 (零潮汐值)
W_0	$62636856.0 \text{m}^2 \text{s}^{-2}$	$0.5 \text{m}^2 \text{s}^{-2}$	大地水准面重力位
R_0	6363672.6m	0.1m	地球引力位尺度因子 $GM_\oplus/W_0$
H	3273795×10^{-9}	1×10^{-9}	地球动力学扁率
	J2000 历元初值		
ε_0	$84381.406''$	$0.001''$	J2000 历元黄道倾角
	其他常量		
au	$1.49597870700 \times 10^{11} \text{m}$	3m	天文单位 (与 TDB 相一致)
L_{C}	$1.48082686741 \times 10^{-8}$	2×10^{-17}	$1-\mathrm{d(TCG)/d(TCB)}$ 的均值 (第 24 届 IAU 大会)

参 考 文 献

爱因斯坦. 1979. 爱因斯坦文集. 范岱年, 赵中立, 徐良英, 译. 北京: 商务印书馆.

程宗颐, 严豪健, 朱文耀. 1988. 旋转非球形地球相对论效应对卫星轨道的影响. 天文学报, (4): 101-110.

邓雪梅, 谢懿. 2014. 高精度相对论验证的现状与趋势 —— 太阳系实验. 天文学进展, 32(2): 227-245.

恩格斯. 1971. 自然辩证法. 北京: 人民出版社.

费保俊. 2007. 相对论在现代导航中的应用. 北京: 国防工业出版社.

韩春好, 黄天衣, 许邦信. 1990. 地心准 Fermi 坐标系与地心谐和坐系. 中国科学, 33(12): 1306-1313.

韩春好, 黄天衣, 许邦信. 1992. 相对论框架中的 VLBI 观测模型. 天文学报, (2): 6-11.

韩春好. 1994a. 相对论参考系的基本概念及常用时空坐标间的变换. 测绘科学技术学报, (3): 153-160.

韩春好. 1994b. 相对论天体测量学中的基本概念和定义. 测绘科学技术学报, (4): 238-244.

韩春好. 1997. 太阳系质心参考系与地心参考系中的激光测距问题. 测绘科学技术学报, (4): 250-255.

韩文标, 陶金河, 马维. 2014. 相对论天文参考系的回顾与展望. 天文学进展, 32(1): 95-117.

黑格尔. 1980. 自然哲学. 梁志学, 薛华, 等, 译. 北京: 商务印书馆.

黄珹, 丁晓利, 陈永奇. 2002. 天文地球动力学中的相对论效应. 云南天文台台刊, (3): 55-70.

黄栋, 黄珹. 1996. 相对论参考系中的时延问题. 中国科学院上海天文台年刊, (17): 101-106.

黄克智, 薛明德, 陆明万. 2003. 张量分析. 北京: 清华大学出版社.

黄天衣, 陶金河. 2001. 广义相对论框架中的 IAU 时间尺度和参考系. 天文学进展, 19(2): 282.

黄天衣, 许邦信, 张挥, 等. 1989. 相对论框架里的时间尺度. 天文学进展, (1): 43-51.

李耳. 2013. 道德经. 北京: 中国华侨出版社.

李令怀, 黄天衣. 1992. 相对论岁差章动的理论推导. 紫金山天文台台刊, 11(1): 27-36.

梁灿彬. 2000, 2001. 微分几何入门与广义相对论 (上册, 下册). 北京: 北京师范大学出版社.

刘利, 韩春好. 2004. 地心非旋转坐标系中的卫星双向时间比对计算模型. 宇航计测技术, 24(1): 34-39.

刘辽, 赵峥. 2003. 广义相对论. 北京: 高等教育出版社.

陆埮. 1992. 宇宙 —— 物理学的最大研究对象. 长沙: 湖南教育出版社.

迈克尔·索菲, 韩文标. 2015. 相对论天体力学和天体测量学. 北京: 科学出版社.

迈克尔·索菲, 洛夫·郎汉. 2015. 时空参考系. 王若璞, 赵东明, 译. 北京: 科学出版社.

牛顿. 2006. 自然哲学之数学原理. 王克迪, 译. 北京: 北京大学出版社.

欧几里得. 2011. 几何原本. 燕晓东, 译. 南京: 江苏人民出版社.

漆贯荣. 2006. 时间科学基础. 北京: 高等教育出版社.

陶金河, 黄天衣. 1999. 天文常数中的相对论问题. 天文学进展. (2): 93-103.

陶金河. 2006. 大地水准面的相对论定义探讨. 河南师范大学学报 (自然科学版), 34(1): 54-56.

王义遒. 2012. 原子钟与时间频率系统. 北京: 国防工业出版社.

温伯格. 1972. 引力论和宇宙论. 邹振隆, 张厉宁, 等, 译. 北京: 科学出版社.

文小刚. 2012. 我们生活在一碗汤面里吗? 物理, 41(6): 359-366.

吴承洛. 1937. 中国度量衡史. 上海: 商务印书馆.

须重明. 2010. 相对论天体测量的进展. 自然杂志, 32(5): 288-293.

须重明, 吴雪君. 1999. 广义相对论与现代宇宙学. 南京: 南京师范大学出版社.

徐济仲. 1989. 广义相对论导论. 武汉: 武汉大学出版社.

易照华, 黄珹, 李林森. 1994. 相对论天体力学. 天文学进展, (1): 3-10.

易照华. 2002. 相对论天体力学和后牛顿运动方程. 云南天文台台刊, (3): 9-16.

俞允强. 1997. 广义相对引论. 北京: 北京大学出版社.

张元仲. 1979. 狭义相对论实验基础. 北京: 科学出版社.

赵铭. 1990. 天体测量学家面前的相对论问题. 天文学进展, (3): 236-243.

赵峥. 2014. 对时间的认识与探索. 大学物理, 36(4): 2-10.

赵峥. 2015. 爱因斯坦与狭义相对论的诞生. 大学物理, 34(8): 4-8.

Arias E F, Charlot P, Feissel M, et al. 1995. The extragalactic reference system of the International Earth Rotation Service, ICRS. Astron. Astrophys., 23(303): 604-608.

Ashby N, Bertotti B. 1984. Relativistic perturbations of an earth satellite. Phys. Rev. Lett., 52(7): 485-488.

Ashby N, Bertotti B. 1986. Relativistic effects in local inertial frames, Phys. Rev. D, 34(8): 2246.

Bertotti B, Iess L, Tortora P. 2003. A test of general relativity using radio links with the Cassini spacecraft. Nature, 425: 374.

Blanchet L, Damour T. 1989. Post-newtonian generation of gravitational waves. Computational & Theoretical Chemistry, 50(1): 377-408.

Blanchet L, Salomon C, Teyssandier P, et al. 2001. Relativistic theory for time and frequency transfer to order c-3. Astron. Astrophys., 370: 320-329.

Bloom B J, Nicholson T L, Williams J R, et al. 2014. An optical lattice clock with accuracy and stability at the 10-18 level. Nature, 506: 71-75.

Brumberg V A. 1991. Essential Relativistic Celestial Mechanics. London: Adam Hilger.

Brumberg V A. 1972. Relativistic Celestial Mechanics. Moscow: Nauka.

Brumberg V A. 1991. Essential Relativistic Celestial Mechanics. Hilger: Bristol.

Capitaine N, Guinot B, McCarthy D. 2000. Definition of the celestial ephemeris origin and of UT1 in the international celestial reference frame. Astron. Astrophys., 355(1): 398-405.

Capitaine N, Wallace P T, Chapront J. 2003. Expressions for IAU 2000 precession quantities. Astron. Astrophys., 412(2): 567-586.

Chou C W, Hume D B, Rosenband T, et al. 2010. Optical clocks and relativity. Science, 329(5999): 1630.

Ciufolini I, Kopeikin S, Mashhoon B, et al. 2003. On the gravitomagnetic time delay. Phys. Lett. A, 308: 101-109.

Ciufolini I, Pavlis E C. 2004. 2A confirmation of the general relativistic prediction of the Lense-Thirring effect. Nature, 431: 959.

Damour T, Soffel M, Xu C. 1991. General-Relativistic Celestial Mechanics. I . Method and Definition of Reference Systems. Phys. Rev. D, 43:3273.

Damour T, Soffel M, Xu C. 1992. General-Relativistic Celestial Mechanics. II. Translational Equations of Motion. Phys. Rev. D, 45:1017.

Damour T, Soffel M, Xu C. 1993. General-Relativistic Celestial Mechanics. III. Rotational Equations of Motion. Phys. Rev. D, 47:3124.

Damour T, Soffel M, Xu C. 1994. General-Relativistic Celestial Mechanics. IV. Satellite Equations of Motion. Phys. Rev. D, 49: 618.

Dar A. 1992. Tests of general relativity and Newtonian gravity at large distances and the dark matter problem. Nucl. Phys. B (Suppl. A), 28: 321.

Deng X M, Xie Y. 2013. The effect of gravity on an interplanetary clock and its time transfer link. Res. Astron. Astrophys., 13: 1225-1230.

Deng X M. 2012. The transformation between τ and TCB for deep space missions under IAU resolutions. Res. Astron. Astrophys., 11: 703-712.

Deng X M, Xie Y. 2014. Spacecraft Doppler tracking with possible violations of LLI and LPI: a theoretical modeling. Res. Astron. Astrophys., 14: 319.

Einstein A, Infeld L, Hoffmann B. 1938. The gravitational equations and the problem of motion. Ann. Math., 39(1): 65-100.

Epstein R, Shapiro I I. 1980. Post-post-Newtonian deflection of light by the Sun. Phys. Rev. D, 22: 2947.

Fey A L, Ma C, Arias E F. 2004. The second extension of the international celestial reference frame: ICRF-EXT. 1. Astron. J., 127(6): 3587.

Fey A, Gordon J C. 2009. IERS Tech. Note, 35.

Fischbach E, Freeman B S. 1980. Second-order contribution to the gravitational deflection of light. Phys. Rev. D, 22: 2950.

Fomalont E B, Kopeikin S M. 2003. The Measurement of the light deflection from jupiter: experimental results. Astrophys. J., 598: 704-711.

Fomalont E B, Kopeikin S M. 2008. Radio interferometric tests of general relativity. Proc. IAU Symposium., 248: 383.

Fomalont E, Kopeikin S, Lanyi G, et al. 2009. Progress in measurements of the gravitational bending of radio waves using the VLBA. Astrophys. J., 699: 1395-1402.

Fricke W. 1982. Determination of the equinox and equator of the FK5. Astron. Astrophys., 107: 1.

Fukushima T. 1995. Time ephemeris. Astron. Astrophys., 294: 895.

Fukushima T, Fujimoto M K, Kinoshita H, et al. 1986. A system of astronomical constants in the relativistic framework. Celest. Mech., 38: 215.

Han C, Yang Y, Cai Z. 2011. BeiDou navigation satellite system and its time scales. Metrologia, 48: 213-218.

Kaplan G H, Josties F J, Angerhofer P E, et al. 1982. Precise radio source positions from interferometric observations. Astron. J., 87(3): 570-576.

Klioner S A. 2003. A Practical relativistic model for microarcsecond astrometry in space. Astron. J., 125: 1580-1597.

Klioner S A, Capitaine N, Folkner W, et al. 2009. Units of relativistic time scales and associated quantities in Relativity in Fundamental Astronomy: Dynamics, Reference Frames, and Data Analysis//Proceedings of the International Astronomical Union Symposium No.261.

Klioner S A. 1991. Influence of the quadrupole field and rotation of objects on light propagation. Soviet Astron., 35: 523.

Klioner S A. 1992. The problem of clock synchronization-a relativistic approach. Celest. Mech. Dyn. Astron., 53: 81-109.

Klioner S A. 2003. A practical relativistic model for microarcsecond astrometry in space. Astron. J., 125: 1580-1597.

Kopeikin S M, Makarov V V. 2006. Astrometric effects of secular aberration. Astron. J., 131(3): 1471-1478.

Kopeikin S M, Makarov V V. 2007. Gravitational bending of light by planetary multipoles and its measurement with microarcsecond astronomical interferometers. Phys. Rev. D, 75: 6.

Kopeikin S M. 1997. Propagation of light in the stationary field of multipole gravitational lens. J. Math. Phys., 38: 2587-2601.

Lambert S B, Bizouard C. 2001. Positioning the terrestrial ephemeris origin in the international terrestrial reference frame Astron. Astrophys., 394: 79-84.

Lense J, Thirring H. 1918. Über den Einfluss der Eigenrotation der Zen-tralkörper auf die Bewegung der Planeten und Monde nachder Einsteinschen Gravitationstheorie. Phys. Z., 19: 156.

Ma C, Arias E F, Eubanks T M, et al. 1998. The international celestial reference frame as realized by very long baseline interferometry. Astron. J., 116: 516-546.

McCarthy D D, Petit G. 1996. IERS Convention, IERS Tech. Note, 21.

McCarthy D D, Petit G. 2003. IERS Conventions, IERS Tech. Note, 32.

Misner C W, Thorne K S, Wheeler J A. 1973. Gravitation. San Francisco. CA: Freeman.

Nelson R A. 2011. Relativistic time transfer in the vicinity of the Earth and in the Solar System. Metrologia, 48: S171-S180.

Pan J Y, Xie Y. 2013. Relativistic transformation between τ and TCB for Mars missions: Fourier analysis on its accessibility with clock offset. Res. Astron. Astrophys., 13: 1358-1362.

Pan J Y, Xie Y. 2014. Relativistic transformation between τ and TCG for Mars missions under IAU Resolutions. Res. Astron. Astrophys., 14: 233-240.

Pan J Y, Xie Y. 2015. Relativistic algorithm for time transfer in Mars missions under IAU Resolutions: an analytic approach. Res. Astron. Astrophys., 15: 281-292.

Petit G, Luzum B. 2010. IERS Conventions. IERS Tech. Note, 36.

Petit G, Wolf P. 1994. Relativistic theory for picosecond time transfer in the vicinity of the earth. Astron. Astrophys., 286: 971-977.

Petit G, Wolf P. 1997. Computation of the relativistic rate shift of a frequency standard. IEEE Trans. Instrum. Meas., 46: 201-204.

Petit G, Wolf P. 2005. Relativistic theory for time comparisons: a review. Metrologia, 42:138.

Poli N, Oates C W, Gill P, et al. 2013. Optical atomic clocks. Rivista Del Nuovo Cimento, 36: 555.

Reasenberg R D, Shapiro I I, MacNeil P E, et al. 1979. Viking relativity experiment: verification of signal retardation by solar gravity. Astrophys. J., 234: 219.

Ries J C, Eanes R J, Shum C K, et al. 1992. Progress in the determination of the gravitational coeffcient of the Earth. Geophys. Res. Lett., 19(6): 529-531.

Schwan H. 1988. Precession and galactic rotation in the system of the FK5. Astron. Astrophys., 198(1-2): 116-124.

Shapiro I I, Ash M E, Ingalls R P, et al. 1971. Fourth test of general relativity: new radar results. Phys. Rev. Lett., 26: 1132.

Shapiro S S, Davis J L, Lebach D E, et al. 2004. Measurement of the solar gravitational deflection of radio waves using geodetic very-long-baseline interferometry data, 1979-1999. Phys. Rev. Lett., 92: 121101.

Soffel M, Klioner S A, Petit G, et al. 2003. The IAU2000 resolutions for astrometry, celestial mechanics and metrology in the relativistic framework: explanatory supplement. Astron. J., 126(6): 2687-2706.

Standish E M, Newhall X X, Williams J G, et al. 1997. JPL Planetary and Lunar Ephemerides.

Synge J L. 1966. Relativity: The General Theory. Amsterdam: North-Holland.

Wald R M. 1984. General Relativity. Chicago: The University of Chicago Press.

Will C M. 1993. Theory and Experiment in Gravitational Physics (Rev. Ed.). England: Cambridge Univ. Press.

Wolf P, Petit G. 1995. Relativistic theory for clock synchronization and the realization of geocentric coordinate times. Astron. Astrophys., 30: 4653.

Xie Y, Huang Y. 2015. Spacecraft Doppler tracking with possible violations of LLI and LPI: upper bounds from one-way measurements on MEX. Res. Astron. Astrophys., 15: 1751.

后　　记

阳春三月，风清气和，正值花开时节。断断续续，历时五年，当算一个段落。如果阅读此书能使您有些许裨益，那么请允许我向所有对此书作出过贡献的人表示感谢。

首先要感谢我的祖母、我的父亲母亲。他们没有多少文化，却始终教育儿女自强自立、与人为善并懂得感恩。感谢他们给予的养育之恩和朴素教育。我要感谢我的妻子和女儿。她们给了我和谐美满的家庭，并鼓励我能够静下心来做点学问。她们也是本书的最早读者，提出了不少有益的修改意见。

感谢我的导师许邦信先生和黄天衣先生。他们不仅教我如何读书、如何做学问，并且为我矗立着高尚的人生品格，耄耋之年仍在关心着学生的成长以及本书的写作。

感谢 50 余年中所有关心我、帮助我的老师、领导、长辈、同学、同事和朋友。感激之情，无以言表。名字不再一一列出。

感谢对本书产生较大影响的古今中外学者，其中最著名的当然是欧几里得、牛顿、爱因斯坦、恩格斯、老子，当代学者主要有 Brumberg V A、Soffel M、Wald R M、Weinberg S、Will C M、刘辽、梁灿彬、须重明、俞允强、张元仲等。

感谢中国计量科学研究院李天初院士和中科院上海天文台赵铭研究员对本书的推荐。感谢中科院紫金山天文台邓雪梅博士提出了很好的修改意见。感谢科学出版社赵彦超先生和周涵女士认真细致的编辑工作。

感谢国家 863 计划、国家自然科学基金的研究资助和航天创新人才基金的出版资助。

感谢所有对本书提出过修改意见的人。

再次感谢您阅读此书，愿您健康开心！

韩春好

2017 年 3 月于北京大牛坊